高等学校建筑工程专业
课程设计指导

唐岱新　孙伟民　主编

中国建筑工业出版社

图书在版编目（CIP）数据

高等学校建筑工程专业课程设计指导/唐岱新，孙伟
民主编 .—北京：中国建筑工业出版社，2000.6
ISBN 978-7-112-04025-4

Ⅰ.高…　Ⅱ.①唐…②孙…　Ⅲ.建筑工程-高等学
校-课程设计　Ⅳ.TU

中国版本图书馆 CIP 数据核字（2000）第 27377 号

　　课程设计是专业课程教学的实践性教学环节之一。本书将建筑工程专业主要专业课的课程设计加以适当组织，内容上既要体现各门课程的教学要求，又要初步建立工业与民用房屋设计较完整的概念。每个课程设计指导书的内容均包括教学要求、设计方法指导、设计例题、思考题几个部分，力求反映课程理论教学的重点、难点及理论应用于设计实际的基本方法，培养学生正确的设计计算能力和必要的构造设计方法。

　　本书内容包括：总说明，民用房屋建筑设计，民用房屋承重结构设计、民用房屋单位工程施工组织设计，民用房屋单位工程施工图预算编制，单层厂房建筑设计，单层工业厂房施工组织设计，钢筋混凝土单层厂房排架结构课程设计，钢屋架课程设计，桩基础课程设计等。

高等学校建筑工程专业
课程设计指导
唐岱新　孙伟民　主编

*

中国建筑工业出版社出版、发行(北京西郊百万庄)
各地新华书店、建筑书店经销
北京市铁成印刷厂印刷

*

开本：787×1092 毫米　1/16　印张：20½　插页：4　字数：497 千字
2000 年 6 月第一版　2010 年 1 月第五次印刷

定价：**27.00 元**
ISBN 978-7-112-04025-4
(9432)

本社网址：http://www.cabp.com.cn
网上书店:http://www.china-building.com.cn

前　言

本书的内容包括建筑工程专业主要专业课的课程设计，可供高等学校建筑工程专业师生进行课程设计教学参考。

本书由国内几所高等学校有经验的教师编写而成。共分十章：1.编写说明（哈尔滨建筑大学　唐岱新）；2.民用房屋建筑设计（哈尔滨建筑大学　金虹）；3.民用房屋承重结构设计（哈尔滨建筑大学　唐岱新、王凤来）；4.民用房屋单位工程施工组织设计（哈尔滨建筑大学　许程洁）；5.民用房屋单位工程施工图预算编制（哈尔滨建筑大学　许程洁）；6.单层工业厂房建筑设计（湖南大学　邓广、陈文琪）；7.单层工业厂房排架结构设计（湖南大学　罗国强、唐昌辉）；8.单层工业厂房施工组织设计（湖南大学　闵小莹、邓铁军）；9.普通钢屋架课程设计（西安建筑科技大学　郭成普、李峰）；10.桩基础课程设计（南京建筑工程学院　刘子彤、孙伟民）。全书由唐岱新、孙伟民主编。

本书编写思路是一种新的尝试，书中存在的问题和不足请读者批评指正。

目　　录

1. 编 写 说 明

　　课程设计是专业课程教学的实践性教学环节之一，本书将建筑工程专业主要专业课的课程设计加以适当组织，内容上既要体现各门课程的教学要求，又要初步建立较完整的工业与民用房屋设计概念。本书各课程设计的内容均包括教学要求、设计方法指导、设计例题、思考题等几个部分，力求反映课程理论教学的重点、难点、理论应用于设计实践的基本方法，培养学生初步的设计计算能力和必要的构造设计方法，企望能对学生进行课程设计过程中起到引导、辅导和参考的作用。

　　书中包括各门课程设计的指导，写法各有特色，有的附有课程设计题目的样本，考虑了各种设计条件的不同组合，可供任课教师出题参考。有的还附有课程设计考核评分方法和标准，可供选用或参考。

　　民用房屋的建筑、结构、施工组织、工程预算的课程设计例题采用了同一个工程项目，其目的是使学生建立较完整的民用房屋设计概念和了解几个课程设计之间的关系。

　　最后应该指出，本书所写的设计方法和例题，并不是也不应该是固定的模式，读者完全可以按照自己的领会自主地去完成课程设计。

2．民用房屋建筑设计

2.1 教　学　要　求

2.1.1　了解并使用标准、规范、资料

了解《房屋建筑制图统一标准(GBJ1—86)》、《总图制图标准(GBJ103—87)》、《建筑制图标准(GBJ104—87)》、《民用建筑设计通则(JGJ37—87)》、《建筑设计防火规范(GBJ16—87)》等各类建筑设计的国家规范和地方标准、建筑构配件的通用图集以及各类建筑设计资料集等，并能在设计中正确使用。

2.1.2　培养一般建筑设计的能力

1．正确运用平面设计原理进行平面设计

(1) 使学生能结合建设地点环境、自然条件，根据城乡规划建设要求，进行建筑总平面设计。

(2) 使学生能根据建筑规模和使用性质、房间组成及其使用面积指标等条件进行使用房间及交通联系部分的设计。

(3) 使学生掌握平面组合的设计方法，引导学生妥善处理好平面设计中的日照、采光、通风、保温、隔热、节能、防潮、防水、建筑防火与疏散等问题，满足不同的使用要求，并应考虑结构的经济合理性以及建筑造型等要求。

(4) 指导学生设计时尽量减少交通辅助面积和结构面积，提高平面利用系数，以利于降低建筑造价，节约投资。

2．正确运用所学知识进行剖面设计

(1) 使学生能根据建筑性质、周围环境、城市规划等因素合理确定建筑的层数。

(2) 使学生能根据功能要求、结构类型、采光、通风、人体活动及家具设备、空间比例等因素以确定建筑的层高及其各部分的标高，并选择适当的剖面形状和空间竖向组合方式。

(3) 使学生能根据建筑性质、城市规划、周围环境、地方建筑风格、技术经济等因素，运用建筑美学法则进行建筑体型及立面设计。

2.1.3　培养构造节点设计的能力

(1) 使学生能根据建筑物的功能要求及各组成部分之间的构造方法和组合原理，正确选择材料和运用材料，提出合理的构造方案和构造措施。

(2) 掌握常用的墙体材料、做法、特点和适用范围，并能较为熟练地运用。

(3) 指导学生根据楼地面层的组成及要求设计楼地面层构造。

(4) 掌握屋顶的组成和类型：屋顶的构造做法、各层次所起的作用，常用材料和构造做法；屋顶的排水方式及适用情况。指导学生能正确绘制出屋顶构造图。

(5) 掌握门窗的类型、特点及适用范围，并能正确选择使用。

（6）掌握楼梯的组成、类型和形式、坡度和踏步尺寸，并能根据所学知识进行楼梯踏步、栏杆（或栏板）、扶手等细部构造设计。

2.1.4 培养绘制建筑施工图的能力

图纸深度如下：

1. 建筑总平面图

（1）在建筑红线内标明拟建建筑物、道路、场地、绿化、设施等的位置、尺寸和标高。

（2）标注拟建建筑物与周围其他建筑物、道路及设施之间的尺寸。

（3）注明指北针或风玫瑰图等。

2. 平面图

（1）平面图应在建筑物的门窗洞口处水平剖切俯视，按直接正投影法绘制。剖到的墙体以粗实线绘制，看见的部分以细实线绘制，窗用细实线表示。

（2）标注建筑物各部分详细尺寸。

1）外墙需标注三道尺寸：总尺寸；轴线尺寸；门窗洞口、墙段尺寸及外墙厚（应表明与轴线的位置关系）。

2）内墙需标注：墙厚尺寸（应表明墙与轴线的关系）；内门窗洞口的位置及尺寸（应表明门窗洞口与轴线的关系）；柱的尺寸及与轴线的关系。

3）标注墙上预留孔洞的位置、尺寸、标高（方洞标注洞底标高，圆洞标注圆心标高）。

4）首层平面标注室外踏步、台阶、散水等尺寸。

（3）标注建筑纵横定位轴线及编号。

（4）若每层各房间标、层高不一致，应在变化处注明标高。

（5）标注门窗编号。门窗的高、宽尺寸与形式都相同者为同一编号。门以 M—1、M—2……，窗用 C—1、C—2……表示；门连窗用 CM—1、CM—2……表示；门应画出开启方向或开启方式。

（6）以剖切符号表示出剖面图的剖切位置、剖视方向，剖切线通常标注在首层平面上。

（7）详图索引及编号。

（8）楼梯应按比例绘出踏步、平台、栏杆扶手及上下行方向。

（9）首层平面应绘制台阶、坡道、散水并注明坡道的坡度。

（10）部分家具及设备布置；卫生间应画出卫生器具。

（11）标注房间名称、图名及比例。

3. 立面图

（1）表明建筑外轮廓、门窗、雨篷、阳台、雨水管及立面线脚的形式与位置。外轮廓线以中实线绘制，地坪线用粗实线绘制，门窗洞口、细部线脚等以细实线绘制。

（2）标注详细尺寸与必要的标高。

1）建筑总高。

2）门窗洞口及窗间墙尺寸。

3）檐口、门窗洞口、雨篷、装饰线脚及花饰、特殊处理部位等处的标高。

（3）注明外墙装修材料、做法、尺寸及颜色。

（4）立面细部详图索引及编号。

（5）立面端部的定位轴线及编号。

（6）立面名称及比例。（有定位轴线的建筑物，宜根据立面两端定位轴线号编注立面图名称，如：①—⑩立面图）。

4．剖面图

剖面图的剖切部位，应选择楼梯、门厅、层高及层数不同等内外空间变化复杂、最有代表性的位置。

（1）按直接正投影法绘制，剖到的画粗实线，看到的画细实线。

（2）标明建筑内各部位的高度关系，标注三道尺寸：

第一道——建筑总高；

第二道——层高尺寸；

第三道——门窗洞口及窗间墙尺寸。

（3）注明建筑各部分标高。包括室外地坪、楼地面、门窗洞口、雨篷、楼梯平台、檐口等处的标高。

（4）节点详图索引及编号。

（5）内外墙或柱的轴线尺寸及定位轴线与编号。

（6）注明图名及比例。

5．构造节点详图

构造节点详图指的是在平面、立面、剖面中未能清楚表示出来而需要放大绘制的建筑细部详图，它要求注明材料、做法及尺寸。本课程设计要求绘制的详图为楼梯和外墙剖面。

图纸深度要求如下：

（1）楼梯设计详图

1）平面图

①按比例画出楼梯的踏步、平台，并以层间平台为基准，标出楼梯上、下行指示线。

②底层平面图应标注剖切线及编号。剖切位置和剖视方向应向有梯段的方向看，并剖到楼梯间外墙窗口部分。

③标注细部尺寸

进深方向二道尺寸线：

第一道——平台净宽及梯段长（踏步宽×步数＝梯段长）；

第二道——楼梯间轴线尺寸及轴线编号（编号可暂空）。

开间方向二道尺寸线：

第一道——梯段净宽及梯井宽；

第二道——楼梯间轴线尺寸及轴线编号。

④底层平面若有直通室外的出入口，则应画出入口门、室外台阶和散水等。请注意底层、标准层与顶层楼梯平面画法的相同处与不同处。

2）剖面图

按照平面图上剖切位置及方向按比例绘制：

①踏步断面形式、梯梁、平台梁、平台板及墙体。剖到的画粗实线，看到的画细实线。

②栏杆及扶手的形式，复杂形式可简化。

③尺寸标注

室外地坪、底层地面、中间平台、楼层地面的标高。

竖向尺寸二道：

　　　第一道——梯段高度（踏步高×梯段踏步数＝梯段高）；

　　　第二道——层高。

水平标注开间、进深尺寸、定位轴线及编号。

④详图索引及编号。

⑤节点详图。

按比例绘制楼梯踏步、栏杆、扶手形式及交接处节点构造，并注明其材料、做法和尺寸。

（2）外墙剖面节点详图。

根据平面图上的剖切位置与剖视方向或剖面图上的详图索引位置，绘制建筑檐口、屋面、外墙、门窗、楼地层、勒脚及散水等处的节点详图，即从基础顶部墙身画到女儿墙顶部或挑檐顶部。各部位均以其材料符号表示。

1）注明各部位的材料名称、做法及尺寸。

①按层次画出屋面各层构造，用多层构造引出线标注各层材料、做法及厚度，并标注屋面排水方向及坡度。

②按层次画出楼板层各层构造并画出踢脚，用多层构造引出线标注各层材料、做法及厚度。楼板剖线以粗实线表示，抹灰线用细实线绘制。

③按层次画出墙身各层构造。如墙体为多层复合墙体，应用引出线标注各层材料、做法及厚度。墙身剖线为粗实线，抹灰线为细实线。

④画出窗过梁及窗台的形式、材料、做法及细部尺寸，窗台应标明流水方向与坡度。窗洞口的可见墙线与可见窗框线及剖到的抹灰线为细实线，剖到的窗框线及玻璃线为中实线。

⑤按层次画出首层地坪的各层构造并画出踢脚，并用多层构造引出线标注各层材料、做法及厚度。结构层剖线以粗实线表示，抹灰线用细实线绘制。

⑥画出墙身水平防潮层，注明材料、做法和尺寸，并标注防潮层与底层地面间的距离。

⑦按层次画出散水各层构造，用多层构造引出线标注各层材料、做法及厚度，并标注散水宽度、排水方向及坡度。结构层剖线以粗实线表示，抹灰线用细实线绘制。

2）标注定位轴线及轴线圈，并表明墙与轴线的位置关系。

3）尺寸标注。

①标明建筑内各部位的高度关系，标三道尺寸：

　　　第一道——建筑总高；

　　　第二道——层高尺寸；

第三道——门窗洞口及窗间墙尺寸。

②注明建筑各部分标高。包括室外地坪、楼地面、门窗洞口及檐口等处的标高。

③图的名称、比例。

6.设计说明

设计说明中应包括以下内容：建筑设计的依据、规模、性质、设计指导思想和设计特点；有关国家与地方法规的执行说明；方案的整体构思及在平面、立面、剖面、构造及结构方案等方面的特点；有关建筑各部位、室内外装修等的材料、做法和说明；门窗表；主要技术经济指标等。

2.2　设计方法、步骤

2.2.1　设计前的准备工作

（1）分析、研究设计任务书，明确设计目的、要求和设计条件。认真研究以下内容：

1）拟建项目的建造目的、建筑性质与建造要求。

2）拟建建筑的建设地点、建设基地范围、周围环境、道路、原有建筑、城市规划的要求和地形图。

3）供电、给排水、采暖、空调、煤气、通讯等设备管线方面的要求。

4）拟建建筑的建筑面积、房间组成与面积分配。

（2）调查研究有关内容，大体可归纳为以下几个方面：

1）进一步了解建设单位的使用要求。

2）建设地段的现场勘察。了解基地和周围环境的现状，如地形、方位、面积以及原有建筑、道路、绿化等。

3）了解当地建筑材料及构配件的供应情况和施工技术条件。

4）了解当地的生活习惯、民俗以及建筑风格。

（3）收集并学习有关设计参考资料，参观学习已建成的同类建筑，扩大眼界，广开思路。

1）有关设计参考资料主要有：《房屋建筑学》教材、《建筑设计资料集》（1～10）、《房屋建筑制图统一标准（GBJ1—86）》、《总图制图标准（GBJ103—87）》、《建筑制图标准（GBJ104—87）》、《民用建筑设计通则（JGJ37—87）》、《建筑设计防火规范（GBJ16—87）》以及相关的建筑设计规范、地方标准、建筑构配件通用图集和各类建筑设计资料集等。

2）收集下列原始数据和设计资料：

①气象资料：所在地区的气温、日照、降雨量、风向、土的冻结深度等。

②地形地貌：地质、水文资料；土的种类及承载力；地下水位及地震裂度等。

③设备管线资料：给水、排水、供热、煤气、电缆、通讯等管线布置。

3）参观同类建筑，了解、搜集以下内容：

①建筑与周围环境之间的关系。

②建筑规模与房间组成。

③平面形式与空间布局；平面组合方式；使用房间与交通联系部分的设计。

④竖向空间形式；层高与各部分标高。

⑤建筑体型、立面形式与细部做法；尤其关注其入口处的处理。

⑥有哪些优点及存在的问题。

2.2.2 构思设计方案

构思，就是不断地分析——创作——表达的过程。

方案构思是方案草图设计的关键步骤，虽然很粗略，但它却决定了方案草图设计的大局，正如一篇文章的纲目一样重要。

通常是先从方案的总体布置开始，而后逐步深入到平面、剖面、立面设计，也就是先宏观后微观、先整体后局部。设计中要在宏观、整体相对合理的情况下再考虑微观，进行微观和局部设计时也要充分考虑到对宏观、整体的影响。

1. 总平面构思

(1) 分析基地的地形地貌、面积与尺寸、周围环境及城市规划对拟建建筑的要求。

(2) 结合日照、朝向、卫生间距、防火等要求进行用地划分并初步确定建筑的位置、平面形式、层数、占地面积、道路、绿化、停车场等设施。

2. 平面构思

(1) 进行功能分析，找出各部分、各房间的相互关系，画出各部分的相互关系图，即功能分析方块图。

功能分析就是将建筑各部分以方块图来代替，用连线表示其相互关系，根据建筑的功能要求，以方块图来分析建筑功能及各部分相互关系。通常，建筑是由很多房间组成，不可能也没有必要把每个房间都用符号反映在功能分析图上，而是把那些使用功能相同或相近的房间合并在一个方块里，使建筑简化成几个部分。如以百货商店为例，其功能分析图如图 2-3 所示。围绕功能分析图，对构成建筑的各部分进行如下几个方面的分析。

1) 主次关系

组成建筑物的各部分，按其使用性质必然有主次之分。分清房间的主与次，在设计中应根据建筑物不同部位的特点，优先满足主要房间在平面组合中的位置要求。如商店建筑由于其使用特点决定，营业厅是其主要房间，而办公、接待、库房、卫生间等用房是次要房间。设计时应将营业厅置于建筑的中心部位，其他用房则应围绕营业厅布置。

2) 内外关系

在组成建筑的房间中，有些是对内联系，供内部使用，有些对外联系密切，直接为外来人员服务。如商店建筑中营业厅是直接对外服务，而办公、职工休息等房间则是内部使用的房间，在平面组合中应把营业厅布置在地段中靠近街道的位置，并有直接对外出入口；办公等用房可相对置于临近内院的位置。

3) 联系与分隔

根据房间的使用性质、特点，进行功能分区。如商店建筑中营业厅与仓库应保持最短距离，既避免顾客流与货流相互干扰又便于使用管理。营业厅与接待、职工休息、经理办公等用房应有直接联系，同时为避免营业厅的嘈杂干扰，还应使营业厅与办公用房部分既分区明确，又要联系方便。

4) 顺序与流线

通常因使用性质和特点不同，各种空间的使用往往有一定的顺序。人或物在这些空间使用过程中流动的路线，可简称为流线。流线组织合理与否，直接影响到平面设计是否合理。流线分人流和物流。在平面组合设计中，房间一般是按流线顺序关系有机组合起来的。如商店建筑分为顾客流与货流，在商店平面设计中要自然体现出这种流线关系，货流与顾客流应分开，避免交叉干扰。首先在入口的确定时就应考虑到这一点，将进货口与顾客入口分开，避免由于相互干扰带来的如顾客出入不便和运送货物管理混乱等问题。营业厅内顾客流线组织应使顾客顺畅地浏览选购商品，避免有死角，并能迅速、安全地疏散，其流线图如图2-8所示。

（2）初步分块，即将各部分、各房间根据面积要求，粗略地确定其平面形状及空间尺寸，为建筑各部分的组合作定量准备。

（3）块体组合。根据功能分析先徒手画出单线块体组合示意图，一般称此步骤为"块体组合"。块体组合要多思考、多动手、多修改、多比较。在设计中，会遇到各种矛盾，但要善于从全局出发，抓住主要矛盾，不断对方案进行修改和调整，使之逐步趋于完善。此阶段不要去抓细节，只要大局布置合理就可以。

块体组合是粗线条的设计，是从单一空间到多个空间的组合。把已经考虑好的单个房间，根据题目的使用性质和要求，进行合理的平面组合，从整体到局部，综合解决平面中各方面功能使用要求，但同时又要充分考虑到剖面、立面、结构等影响因素。

1）块体组合的依据

块体组合时，除以功能分析为依据外，还要考虑以下因素：

①合理的结构体系

房间的开间、进深参数尽量统一，以减少楼板类型。

上下承重墙尽量对齐，尽量避免在大房间上布置小房间，一般可将大房间放在顶层或依附于楼旁。

②合理的设备管线布置

民用建筑中的设备管线及管道主要包括：给排水、采暖空调、煤气、电、烟道、通风道等。在平面组合设计中，对于设备管线及管道较多的房间如卫生间等尽量集中布置，上下对应。

③气候环境

我国幅员辽阔，南北方气温差别大，建筑设计也充分体现了地区气候特点而形成各自的特色。如严寒地区的建筑尽量采用较紧凑的平面布局以减少外围护结构面积，减少散热面，提高建筑的保温性能；炎热地区的建筑则尽可能采取分散式的平面布局以利于通风。

组合设计时宜尽可能根据主要使用房间的重要程度依次将其布置于南、东、西向。

④地形、地貌

基地大小、形状、道路走向等对平面组合设计、确定平面形状及入口的布置等都有直接的影响。

2）块体组合的形式

①走道式组合：是用走道把使用房间连接起来。其特点是使用房间与交通部分明确分开，各房间相对独立，房间与房间通过走道相互联系。它适于办公、学校、旅馆等建筑。

②套间式组合：房间与房间之间相互穿套，按一定的序列组合空间。其特点是平面布局紧凑，适于要求有连续使用空间要求的展览馆、博物馆等建筑。

③大厅式组合：是以公共活动的大厅为主，穿插依附布置辅助房间。其特点是主体大厅使用人数多，适于商场、火车站、影剧院等建筑。

④单元式组合：将关系密切的房间组合在一块，成为一个相对独立的整体，称为单元。将几个单元按功能及环境等要求沿水平或竖直方向重复组合称为单元式组合。其特点是功能分区明确、各单元相对独立、互不干扰，适于住宅、幼儿园等建筑。

⑤混合式组合：大量性民用建筑，由于功能复杂，往往不能局限于一种组合方式，常常是以一种组合方式为主的多种方式的组合，适于大型的、功能复杂的建筑。

采用何种形式应根据建筑功能、特点来定。以商店为例，其使用功能要求采用以大厅式组合为主的平面形式较为合适，即以营业厅为主，穿插依附布置辅助房间的平面形式。

3）块体组合的步骤

①根据基地形状、尺寸及周围环境、气候等因素，来确定初步的建筑平面形状。

②根据功能分析图及已划分好的各部分块体进行平面组合设计。组合过程中应处理好交通联系部分与使用房间的关系，合理设计水平交通、垂直交通及交通枢纽，合理组织人流和疏散人流的路线。

③确定合理的结构方案，根据使用要求及内部空间效果及经济等因素，合理布置柱网，并反过来调整组合平面。

3. 剖面构思

（1）确定剖面形状

一般民用建筑房间的剖面形状有矩形和非矩形两种。矩形剖面具有形状规则、简单、有利于梁板布置的特点，同时施工也较方便，因此采用较多。但有些大跨建筑的空间剖面常受结构形式或采光通风、音响等使用上的要求影响，形成特有的剖面形状。

（2）确定层数

确定房屋层数要考虑的主要因素是：建设方的使用要求，建筑的性质、建筑结构和施工材料要求，基地环境和城市规划要求，以及建筑防火和社会经济条件限制等。

（3）确定层高及各部分标高

层高及各部分标高是根据室内家具设备、人体活动、采光通风、管线布置、结构高度及其布置、技术经济条件及室内空间比例等要求，综合考虑诸因素确定的，同时还要满足有关规范要求。

1）窗台高度

窗台高度与房间的使用要求、家具设备布置等因素有关。一般房间窗台高度与房间工作面一致，取 800～900mm。

2）室内外高差

民用建筑为了防止室外雨水倒流入室内，并防止底层地面过潮，底层室内地面要高出室外地面，至少不低于 150mm，常取 300～600mm。室内外高差过大，不利于室内外联系，同时也会增加建筑造价。

（4）竖向空间组合

根据建筑使用功能要求及平面构思，确定单个空间的竖向形状及其竖向组合形式。

通常尽量把高度相同、使用性质接近的房间组合在同一层，以利于统一各层标高，结构布置也合理。组合过程中，可以适当调整房间之间高差，尽可能统一房间的高度。多层建筑中，常采取把层高较大的房间布置在底层、顶层，或以群房的形式单独依附于主体建筑布置；同时尽量避免将小房间布置在平面尺寸较大的空间上面。此外，设置同一类管线或管道的房间应尽量集中并上下对应。

4. 建筑体型及立面构思设计

建筑外部形象的设计包括体型设计和立面设计两个部分，其主要内容是研究建筑物群体关系、体量大小、组合方式、立面形式及细部比例关系、色彩与质感的运用等。建筑物体型和立面的外部形象也是设计者根据自然与基地条件、周围环境、地方建筑特色、城市规划要求，运用建筑构图法则，使建筑的功能要求、平面构思、剖面构思、经济因素、结构形式等要求不断统一，进而反复修改、调整的结果。

（1）根据平面形式、剖面形状及尺寸，运用建筑构图法则进行初步的建筑体型构思。

体型设计是立面设计的先决条件。建筑体型各部分体量组合是否恰当，直接影响到建筑造型。如果建筑体型组合比例不好，即使对立面进行多么精细的装修加工也是徒劳的。

体型组合有如下两种方式：

1）单一体型

所谓单一体型就是指整个建筑基本上形成一个较完整的简单几何体型，它造型统一、完整，没有明显的主次关系。在大、中、小型建筑中都有采用。

2）组合体型

由于建筑功能、规模和地段条件等因素的影响，很多建筑物不是由单一的体量组成，往往是由若干个不同体量组成较复杂的组合体型，并且在外型上有大小不同，前后凹凸、高低错落等变化。组合体型一般又分为两类：一是对称式，另一类是非对称式。对称式体型组合主从关系明确，体型比较完整统一，给人庄严、端正、均衡、严谨的感觉；非对称体型组合布局灵活，能充分满足功能要求并和周围环境有机地结合在一起，给人以活泼、轻巧、舒展的感觉。

体型组合中各体量之间的交接如何直接影响到建筑的外部形象，在设计中常采用直接连接、咬接及以走廊为连接体相联的交接方式。

无论哪一种形式的体型组合都首先要遵循构图法则，做到主从分明、比例恰当、交接明确、布局均衡、整体稳定、群体组合、协调统一。此外体型组合还应适应基地地形、环境和建筑规划的群体布置，使建筑与周围环境紧密地结合在一起。

（2）建筑立面构思设计

建筑立面是由门、窗、墙、柱、阳台、雨篷、檐口、勒脚以及线角等部件组成，根据建筑功能要求，运用建筑构图法则，恰当地确定这些部件的比例、尺度、位置、使用材料与色彩，设计出完美的建筑立面，是立面设计的任务。

立面处理有以下几种方法：

1）立面的比例与尺度

建筑物的整体以及立面的每一个构成要素都应根据建筑的功能、材料、结构的性能以及构图法则而赋予整个建筑物的合适尺度，使其比例谐调。尺度正确是使立面完整统一的重要因素。设计者应借助于比例尺度的构图手法、前人的经验以及早已在人们心目中留下的某种确定的尺度概念，恰当地加以运用，以获得完美的建筑形象。

2）立面的虚实与凹凸

虚与实、凹与凸是设计者在进行立面设计中常采用的一种对比手法。在建筑立面构成要素中，窗、空廊、凹进部分以及实体中的透空部分，常给人以轻巧、通透感，故称之为"虚"；而墙、垛、柱、栏板等给人以厚重、封闭的感觉，称之为"实"，由于这些部件通常是结构支承所不可缺少的构件，因而从视觉上讲也是力的象征。在立面设计中虚与实是缺一不可的，没有实的部分整个建筑就会显得脆弱无力；没有虚的部分则会使人感到呆板、笨重、沉闷。只有结合功能要求、结构及材料的性能恰当地安排利用这些虚实凹凸的构件，使它们具有一定的联系性、规律性，就能取得生动的轻重明暗的对比和光影变化的效果。

3）立面的线条处理

建筑立面上客观存在着各种各样的线条，如檐口、窗台、勒脚、窗、柱、窗间墙等，利用这些线条的不同组织可以获得不同的感受。如横向线条使人感到舒展、平静、亲切；而竖线条则给人挺拔、向上的气氛；曲线有优雅、流动、飘逸感。具体采用哪一种线条来表现应视建筑的体型、性质及所处的环境而定。墙面线条的划分应既反映建筑的性格，又应使各部分比例处理得当。

4）立面的色彩与质感

色彩与质感是材料的固有特性，它直接受到建筑材料的影响和限制。

进行立面色彩处理时应注意以下几个问题：第一，色彩处理要注意统一与变化，并掌握好尺度。在立面处理中，通常以一种颜色为主色调，以取得和谐、统一的效果。同时局部运用其他色调以达到在统一中求变化、画龙点睛的目的。第二，色彩运用要符合建筑性格。如医院建筑宜采用给人安定、洁净感的白色或浅色调；商业建筑则常采用暖色调，以增加其热烈气氛。第三，色彩运用要与环境有机结合，既要与周围建筑、环境气氛相谐调，又要适应各地的气候条件与文化背景。

材料的质感处理包括两个方面，一方面可以利用材料本身的固有特性来获得装饰效果，另一方面是通过人工的方法创造某种特殊质感。随着建材业的不断发展，利用材料质感来增强建筑表现力的前景是十分广阔的。

5）重点与细部处理

立面设计中的重点处理，目的在于突出反映建筑物的功能、使用性质和立面造型的主要部分，具有画龙点睛的作用，有助于突出表现建筑物的性格。

建筑立面需要重点处理的部位有建筑物出入口、楼梯、转角、檐口等。重点部位不可过多，否则就达不到突出重点的效果。重点处理常采用对比手法，如采用高低、大小、横竖、虚实、凹凸等对比处理，以取得突出中心的效果。

立面的细部主要指的是窗台、勒脚、阳台、檐口、栏杆、雨篷等线脚，以及门廊、大门和必要的花饰，对这些部位做必要的加工处理和装饰是使立面达到简而不陋，从简洁中求丰富的良好途径。细部处理时应注意比例协调、尺度宜人，并在统一于整体形式要求的前提下，使统一中有变化，多样中求统一。

5. 根据立面草图，反过来修改并调整平面和剖面。

方案构思及草图设计一般要经历从总体及基地布局的粗略设想到方案的具体设计，然后再返到总体，从平面、剖面到立面，再从立面、剖面到平面，不断地反复修改、调整和深入的过程。在这个过程上只有不断推敲，反复修改，才能获得完整的、较为满意的建筑设计方案。在这个过程中也相应地考虑了结构方案的合理性、施工的可能性以及建筑设备的要求，同时每一步设计都应满足有关规范的规定。

2.2.3 绘制设计草图

在方案总体构思的基础上，根据建筑物的使用性质、规模、使用要求，完成以下内容：

(1) 根据平面构思草图，结合日照、朝向、卫生间距和防火要求等，合理布置建筑物、道路、绿化、停车场等，并按比例绘制总平面图。

(2) 进一步修改、调整设计草图，核算各项技术经济指标，绘制平面草图。

(3) 根据平面、剖面构思及城市规划、结构、材料、经济指标、构图法则等因素对建筑体型和立面做进一步的调整、修改，并绘制立面草图。

(4) 根据剖面构思及平面、立面草图，绘制剖面草图。

在指导教师指导下，反复修改，深入发展直至草图方案定稿，按比例绘制双线平面图、立面及剖面图，并核算出各项技术经济指标，此时即完成了方案草图设计。

2.2.4 楼梯细部、外墙剖面的节点设计

1. 楼梯设计详图

楼梯设计是根据平面设计中已经确定的楼梯形式进行细部设计，其步骤如下：

(1) 确定踏步尺寸

1) 根据有关规范确定楼梯踏步尺寸及梯段净宽。

2) 根据建筑层高计算楼梯踏步数。

3) 由踏步数和梯段净宽得出梯段与平台尺寸。

(2) 画出楼梯间平面草图，比例 1:50。

按比例要求绘制底层、标准层和顶层平面草图。

(3) 确定楼梯结构形式和构造方案。

1) 楼梯梯段形式。

2) 平台梁形式。

3) 平台板的布置。

(4) 画出楼梯剖面草图，比例 1:50。

(5) 设计踏步、栏杆、扶手的细部构造并画出草图，比例 1:2~1:10。

2. 墙体剖面详图 (比例 1:20)

墙体剖面详图包括檐口、屋面、墙身、窗台、窗过梁、楼地面层、墙脚等。要求从屋面绘至基础以上墙体。

(1) 根据剖面图，确定各部位的构造方案。

1) 确定屋面的楼板布置、保温隔热、防潮防水与排水等构造方案及檐口处的构造做法。

2）确定楼地层的结构布置、面层与顶棚及踢脚的材料、构造做法及尺寸。

3）确定墙体的材料、构造做法与尺寸。

4）确定窗台、窗过梁的材料、构造做法及尺寸。

5）确定墙身勒脚、水平防潮层的材料、构造做法及尺寸。

6）确定散水的材料、构造做法及尺寸。

（2）画出墙体剖面草图。

2.2.5 绘制正式建筑设计施工图

在肯定草图方案大布局的前提下，经过修改、完善使设计方案更合理、经济、可行，并检查各部分有无矛盾的地方，进行进一步的协调统一后，根据任务书要求，按比例绘制总平面、平面、立面、剖面及节点详图的正式图。设计图纸深度应达到施工图要求，采用一号或二号图纸，张数不限。

2.3 设 计 例 题

2.3.1 城镇区级小型百货商店设计任务书

1. 设计条件

（1）工程项目、规模及要求。

1）性质：本工程为城镇区级小型百货商店。

2）建设地点：设计项目所在地。基地地段见图2-1。

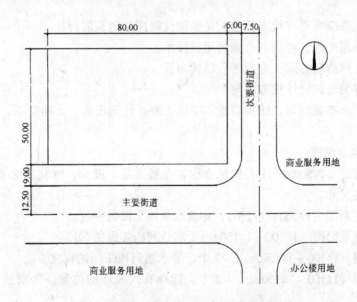

图 2-1 城镇区级小型百货商店设计地形图

3）建设规模

基地面积：50m × 80m = 4000m²；

拟建商店建筑面积：2700m²（设计允许误差 ± 5%）；

在基地内设有 $500m^2$ 的办公福利用房和 $800m^2$ 的集中商品储备库，不做具体设计，但需在总图中布置。

4）柱网尺寸：不宜小于 $6000mm \times 6000mm$。

5）层数与层高。

层数：3 层；

底层层高：$5.1 \sim 5.7m$；楼层层高：$4.5 \sim 5.1m$。

6）给水、排水、供热、电力等与城市系统联网（设计时不必考虑）。

（2）房间组成及使用面积。

1）营业厅：$600m^2$ 左右。

2）分部库房或散仓：每层约 $75m^2$（可集中设置也可分散设在营业部分）。

3）职工休息室：约 $20m^2$（每层 1 间）。

4）办公室：约 $20m^2$（每层 $1 \sim 2$ 间）。

5）卫生间：每层面积约 $25m^2$（设男女各一间）。

（3）商店设施与设备。

1）设载货电梯 2 部，载重量 630kg。

2）外向橱窗可根据情况设置，也可不设。

2. 设计要求

（1）认真贯彻"适用、经济、安全、美观"的设计原则。

（2）建筑内外应组织好交通，人流、货流，避免交叉，并应做好人流疏散及防火设计。

（3）建筑风格应既要有地方特色，又要能反映商业建筑的特征。

（4）注重采用先进、经济、合理的建筑技术。

（5）正确选择结构形式，合理进行结构布置。

（6）符合有关建筑设计规范的规定。

（7）图面要求布置均匀、线条清楚、字体工整、比例正确、干净整洁，图纸规格要统一。

3. 设计内容及深度

（1）总平面图（1:500）：注明建筑方位，布置道路、庭院、绿化及必要的停车场等。要求注明必要的尺寸。

（2）首层平面图（1:100 ~ 1:150）：要求达到施工图的深度。

（3）标准层平面图（1:100 ~ 1:150）：要求达到施工图的深度。

（4）立面图（1:100 ~ 1:150）：$1 \sim 2$ 个，要求达到施工图的深度。

（5）剖面图（1:100 ~ 1:150）：$1 \sim 2$ 个，选择有代表性的位置。要求达到施工图的深度。

（6）外墙剖面详图（1:20）：剖切窗口部位。要求达到施工图的深度。

（7）楼梯详图，要求达到施工图的深度。

1）楼梯平面图（1:50）。

2）梯段局部剖面大样（1:20）。

3）二次放大扶手与栏杆安装及踏面节点详图（1:2 ~ 1:10）。

4.设计主要参考资料

《房屋建筑学》教材；《建筑设计资料集》（第二版）5、8；《房屋建筑制图统一标准（GBJ1—86)》；《总图制图标准（GBJ103—87)》；《建筑制图标准（GBJ104—87)》；《民用建筑设计通则（JGJ37—87)》；《商店建筑设计规范（JGJ62—90)》；《建筑设计防火规范（GBJ39—90)》；当地建筑物配件通用图集。

其他有关商业建筑的设计资料等。

2.3.2 小型百货商店设计基础知识

1.百货商店位置选择及总平面布置形式

（1）商店位置应具有人流及货运通行便利的条件，且不影响居住区的安静。

（2）大中型商店建筑应有不少于两个面的出入口与城市道路相邻接；或基地应有不小于1/4的周边总长度和建筑物不少于两个出入口与城市道路的一侧相邻接；基地内应设净宽度不小于4m的运输、消防道路。

（3）商店的总面积在1000m² 以上时，应适当考虑设相应的集散场地及存放自行车和汽车的场地。

（4）总平面布置应按商店使用功能组织好顾客流线、货运流线、店员流线和城市交通之间的关系，避免人流、车流交叉、相互干扰。并考虑防火疏散的安全措施和方便残疾人使用的要求。

（5）商店的总图布置应考虑到城市道路对它的限制，其主要布置形式有如图 2-2 所示的关系。

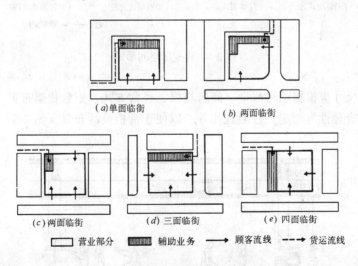

(a)单面临街　　　　　　　(b) 两面临街

(c) 两面临街　　(d) 三面临街　　(e) 四面临街

▭ 营业部分　▥ 辅助业务　→ 顾客流线　--→ 货运流线

图 2-2　总平面布置与城市道路的关系

2.百货商店功能分析方块图，如图 2-3 所示。

3.百货商店营业厅设计要点

（1）商店建筑按使用功能分为营业、仓储和辅助三部分。建筑内外应组织好交通，人流和货流应避免交叉，并应有防火安全分区。

（2）营业厅空间形式有如图 2-4 所示几种。

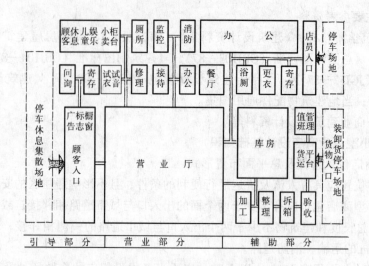

图 2-3　百货商店功能分析图

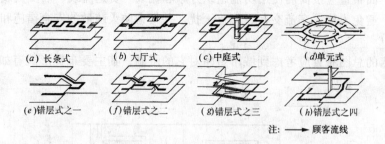

注：→ 顾客流线

图 2-4　营业厅空间形式

（3）柱网尺寸应根据顾客流量、商店规模、经营方式、柜台货架布置、有无地下车库和结构的经济合理性等而定；柱距宜相等，以便于货柜灵活布置（图 2-5、图 2-6）。

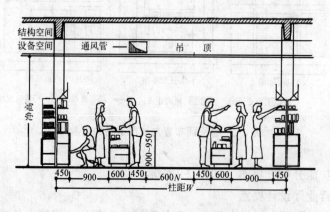

图 2-5　柱网、层高的确定

注：标准货架宽 450mm，标准柜台宽 600mm，店员通道宽 900mm，购物顾客宽（站位）450mm，
行走顾客宽（站位）600mm；N 为顾客股数，当 $N=2$ 时顾客通道最小净宽 2.1m

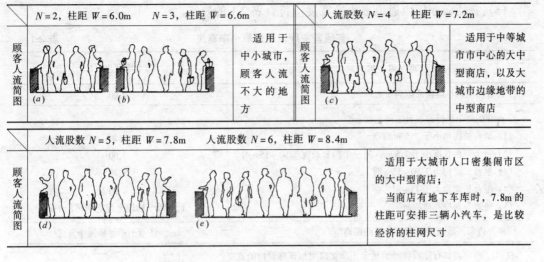

图 2-6 顾客人流与柱距选择

注：1.柱网选择在满足人流的基础上应以多摆柜台为目的。2.若营业厅需分隔、
出租使用，一般采用 7.2~7.8m 柱网比较合适。

柱距 W 计算参考公式

$$W = 2 \times (450 + 900 + 600 + 450) + 600N \quad (N \geqslant 2)$$

（4）营业厅柜台货架布置形式

柜台货架布置形式有：封闭式、半开敞式、开敞式、综合式等多种；封闭式又可形成
周边式、带散仓的周边式、半岛式、单柱岛式、双柱岛式等，如图 2-7 所示。

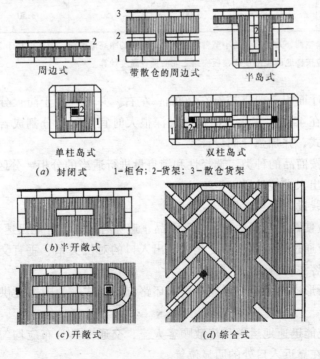

图 2-7 柜台货架布置形式

（5）普通营业厅内通道最小净宽度应符合表2-1的规定。

普通营业厅内通道最小净宽度　　　　　　　　　表2-1

通 道 位 置	最小净宽度（m）
1. 通道在柜台与墙面或陈列窗之间	2.20
2. 通道在两个平行的柜台之间，如：	
（1）柜台长度均小于 7.50m 时	2.20
（2）一个柜台长度小于 7.50m，另一个柜台长度 7.50～15m 时	3.00
（3）柜台长度均为 7.50～15m 时	3.70
（4）柜台长度均大于 15m 时	4.00
（5）通道一端设有楼梯时	上下两个梯段宽度之和再加 1m
3. 柜台边与开敞楼梯最近踏步间的距离	4m，且不小于楼梯间净宽度

注：1. 通道内如有陈设物时通道最小净宽应增加该陈设物的宽度。

　　2. 无柜台售区、小型营业厅可根据实际情况按本表数字酌减不大于20%。

　　3. 菜市场、摊贩市场营业厅宜按本表数字增加20%。

（6）营业厅的净高应按其平面形状和通风方式确定，并应符合表2-2的规定。

营 业 厅 的 净 高　　　　　　　　　表2-2

通 风 方 式	自 然 通 风			机械排风和自然通风相结合	系 统 通风空调
	单面开窗	前面敞开	前后开窗		
最大进深与净高比	2:1	2.5:1	4:1	5:1	不限
最小净高（m）	3.20	3.20	3.50	3.50	3.00

注：1. 设有全年不断空调、人工采光的小型营业厅或局部空间的净高可酌减，但不应小于2.40m。

　　2. 营业厅净高应按楼地面至吊顶或楼板底面之间的垂直高度计算。

（7）每层营业厅面积一般宜控制在 2000m² 左右，并不宜大于防火分区最大允许建筑面积，进深宜控制在 40m 左右；当面积或进深很大时宜用隔断分割成若干专卖单元，或采用室内商业街方式，并加强导向设计。

（8）营业厅应按商品的种类、选择性和销售量进行适当的分柜、分区或分层，顾客较密集的售区应位于出入方便地段。

（9）营业厅流线设计要点

1）流线组织应使顾客顺畅地浏览选购商品，避免有死角，并能迅速、安全地疏散。

2）水平流线应通过通道宽度的变化、与出入口的对位关系、垂直交通的设置、地面材料组合等区分顾客主要流线与次要流线。

3）柜台布置所形成的通道应形成合理的环路流动形式，为顾客提供明确的流动方向和购物目标。

4）垂直流线应能迅速地运送和疏散顾客人流，交通工具分布应均匀，主要楼梯、自动扶梯或电梯应设在靠近入口处的明显位置。

营业厅流线与楼梯布置如图2-8所示。

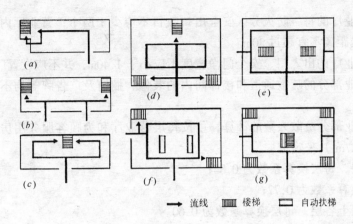

图 2-8 营业厅流线与楼梯布置

（10）小型商店只设置内部用卫生间，大中型商店应设顾客卫生间。卫生间的设计应符合规范的有关规定。

（11）营业厅尽量利用天然采光；若采用自然通风时，其外墙开口的有效通风面积不应小于楼地面面积的 1/20，不足部分用机械通风加以补充。

（12）营业厅与仓库应保持最短距离，以便于管理，厅内送货流线与主要顾客流线应避免相互干扰。

（13）非营业时间内，营业厅应与其他房间隔离。

（14）商店设计中应处理好营业部分与辅助业务的关系使它们既联系方便又分区明确。其关系如图 2-9 所示。

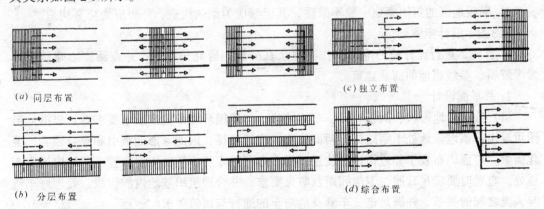

图 2-9 营业部分与辅助业务的关系

（15）营业部分的公用楼梯、坡度应符合下列规定：

1）室内楼梯的每梯段净宽不应小于 1.40m，踏步高度不应大于 0.16m，踏步宽度不应小于 0.28m；

2）室外台阶的踏步高度不应大于 0.15m，踏步宽度不应小于 0.30m；

3）供轮椅使用坡道的坡度不应大于 1:12，两侧应设高度为 0.65m 的扶手，当其水平投影长度超过 15m 时宜设休息平台。

（16）商店建筑的防火疏散设计除应符合防火规范的规定外，还应符合以下规定：

1）商店营业厅的每一防火分区安全出口数目不应少于两个；营业厅内任何一点至最近安全出口直线距离不宜超过20m。

2）商店营业厅的出入门、安全门净宽度不应小于1.40m，并不应设置门槛。

3）商店营业部分的疏散通道和楼梯间内的装修、橱窗及广告牌等均不得影响设计要求的疏散宽度。

4）商店营业部分疏散人数的计算，可按每层营业厅和为顾客服务用房的面积总数乘以换算系数（人/m^2）来确定：

第一、二层，每层换算系数为0.85；

第三层，换算系数为0.77；

第四层及以上各层，每层换算系数为0.60。

5）商店营业部分的底层外门、楼梯、走道的各自总宽度计算应符合防火规范的有关规定。

6）营业厅内如设有上下层相连通的开敞楼梯、自动扶梯等开口部位时，应按上下连通层作为一个防火分区，其建筑面积之和不应超过防火规范的规定。

7）防火分区间应采用防火墙分隔，如有开口部位应设防火门窗或防火卷帘并装有水幕。

（17）营业厅连通外界的各楼层门窗应有安全措施。

（18）营业厅不应采用彩色玻璃窗，以免商品颜色失真。

（19）商店建筑如设置外向橱窗时应符合下列规定：

1）橱窗平台高于室内地面不应小于0.20m，高于室外地面不应小于0.50m；

2）橱窗应符合防晒、防眩光、防盗等要求；

3）采暖地区的封闭橱窗一般不采暖，其里壁应为绝热构造，外表应为防雾构造。

2.3.3 设计步骤

1.首先，进行设计前的准备工作：即认真分析、研究任务书，并查阅商店建筑设计参考资料、参观当地的商业建筑。

2.总平面设计

（1）分析基地形状、面积、人、车流路线、与周围环境及城市规划要求等。根据地形图可看出，该地段地处十字路口，两面临街，交通便捷，因此考虑到吸引和疏导顾客、美化街景，将商店布置于邻近街道的位置，而将办公、库房等辅助用房布置于基地内远离街道处。布置时要满足日照、卫生间距及防火要求，并合理组织基地内的流线，处理好车流与人流之间的关系，并满足进货车辆及消防车的通行与回转要求。

（2）根据基地形状，初步确定建筑的平面形状。由于建筑位于十字路口，因此转角的处理是很关键的。为使十字路口显得更开阔一些，给人流创造通畅的条件，并有利于建筑转角的重点处理，将平面临街处转角形成45度斜切平面。

（3）为满足使用要求及当地规划部门的要求，在商店前设置相应的集散场地及能供自行车与汽车停车的场地。

（4）为创造一个良好舒适的环境，在基地内布置适当的绿化。

3.平面设计

（1）功能分析

根据任务书中的房间组成绘制功能分析图，见图 2-10。考虑到该建筑为小型百货商店，基地内有仓库，商店内仅设有散仓，商店的货流量很小，因此商店的货物可与店员共用一个入口。

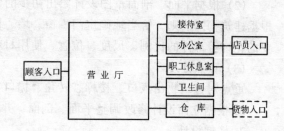

图 2-10　功能分析方块图

（2）根据设计任务书中建筑总面积、层数及各房间使用面积的要求，初步确定每层及各房间的面积、形状与尺寸，对各房间之间的面积比例关系及其在每层平面中所占的比例，作到心中有数。

（3）根据功能分析、流线分析（见图 2-8）等进行平面组合设计。

1）首先确定组合方式。从商店建筑的使用功能及任务书所给的条件看，采用以营业厅为中心，周边布置辅助房间的大厅式组合方式较为合适。

2）进行各层平面构思，并画出单线草图。

首层平面构思：

①根据功能要求和已划分好的房间以及总平面图中初步确定的平面形状，进行组合设计，从而得出一个初步的平面形式。

②初步确定柱网尺寸。根据标准货架宽、标准柜台宽、店员通道宽、购物顾客（站位）宽度、行走顾客通过宽度、顾客股数等并考虑到结构布置的经济性，初步确定柱网尺寸为 6600mm×6600mm。

③在此基础上，根据周围环境、道路分布及走向、商店内流线分析、商店客流量等因素初步确定建筑出入口以及楼梯的数量、位置与形式。

④初步确定门窗的形式、尺寸和位置。

以同样的方法进行二层以上的平面设计。

4．剖面设计

（1）根据任务书要求确定层数及各部分标高。

层　　数：三层；

首层层高：5.40m；二、三层层高：4.80m；

室内外高差：450mm。

考虑到商店营业厅通常沿墙布置货架，剖面上对窗的尺寸并没有过多的限制，因此营业厅窗台及窗的尺寸暂根据立面而定。商店建筑中的办公、休息等行政、生活辅助用房的窗台高取 800～900mm。

（2）确定空间形状。根据商店建筑的使用功能要求，其剖面形状应采用矩形。

（3）确定竖向组合方式。由于该项目功能要求较单一，各层房间数与面积基本一致，因此采取上下空间一致的竖向组合方式即可。

5．立面设计

（1）根据平面、剖面设计草图，绘出初步的建筑体型，看整体效果如何，如不满意，即在此基础上调整、修改至满意为止。再反过来根据修改后的体型设计草图，调整建筑平面、剖面设计。

（2）根据平面、剖面草图设计绘出初步的建筑立面，并在此基础上进行立面设计，即根据建筑构图法则，恰当地确定门、窗、墙、柱、阳台、雨篷、檐口、勒脚、线角以及必要的花饰等部件的比例、尺度、位置、使用材料与色彩。

（3）重点处理

重点对建筑物出入口、楼梯、转角、檐口等部位进行设计。

6. 根据立面设计修改调整平面、剖面，并确定门窗在平面、剖面上的位置与尺寸。

7. 楼梯设计

（1）根据《商店建筑设计规范（JGJ62—90）》中第4.2.5条，计算各层营业厅的疏散人数。根据任务书要求，每层营业厅和为顾客服务用房的面积总数暂取 $600m^2$。

一、二层疏散人数为　$600×0.85＝510$ 人

第三层疏散人数为　$600×0.77＝462$ 人

（2）根据《建筑设计防火规范（GBJ39—90）》第5.3.12条计算楼梯与疏散外门的总宽度：

一、二层疏散楼梯的总宽度：$510÷100×0.65＝3.315m$；

三层疏散楼梯的总宽度：$462÷100×0.75＝3.465m$。

按首层以上疏散楼梯和出入口总宽度最大者（即3.465m）计算楼梯和外门的数量（注意：疏散楼梯宽度指的是上或下的梯段净宽，而不是楼梯间的净宽）。

（3）根据商店建筑设计规范（JGJ62—90）中第3.1.6条确定楼梯的踏步尺寸与梯段净宽：

1）商店的疏散楼梯应采用平行的踏步，踏步高取150mm，踏步宽取300mm；

2）由于规范中规定，商店建筑室内楼梯的每梯段净宽不应小于1.40m，显然根据所求出的疏散楼梯总宽度（3.456m）来看，该商店的楼梯数取2即满足要求，因此确定梯段净宽为3.465m÷2＝1.7325m，暂取梯段净宽为1.80m。

（4）楼梯形式的选择应便于疏散迅速、安全，尽量减少交通面积并有利于布置平面柜台，根据草图中营业厅的规模、平面形状与尺寸、层高，确定楼梯形式为四跑并列式楼梯。

（5）确定楼梯开间进深尺寸。根据上述计算，考虑到建筑模数要求，将开间尺寸定为4200mm；楼梯两段之间的水平净距取160mm，则，

1）梯段宽度为(4200mm－240mm(墙厚)－160mm)÷2＝1900mm；

2）根据平台宽度大于等于梯段宽度的规定，平台宽度亦取1900mm。

3）楼梯梯段踏步数：

首层　踏步数——5400mm÷150mm＝36，梯段踏步数——36÷4＝9；

二、三层　踏步数——4800mm÷150mm＝32，梯段踏步数——32÷4＝8。

4）梯段长度：

首层　梯段长度——(9－1)×300mm＝2400mm；

二、三层　梯段长度——(8－1)×300mm＝2100mm。

5）确定楼梯间进深：根据梯段长与平台宽计算出楼梯间净长为　2400mm＋(1900mm×2)＝6200mm。

考虑到柱网尺寸为6600mm×6600mm，已与计算出的净长相差不多，因此楼梯间进深

取 6600mm。

（6）确定楼梯间的位置。楼梯应布置均匀、位置明显、空间导向性强，并使营业厅内任何一点至最近楼梯的直线距离小于20m，如不能满足要求，则应增设楼梯。

在楼梯设计与计算中，其形式、尺寸与位置不是唯一的，只要符合各方面要求且设计合理，都是可以的。

8．墙体剖面设计

（1）根据剖面图，确定各部位的构造方案。

1）确定屋面的楼板布置，保温隔热、防潮防水与排水等构造方案，及檐口处的构造做法。

2）确定墙身材料、构造做法及尺寸。

3）确定楼地层的结构布置，面层、顶棚及踢脚的材料、构造做法及尺寸。

4）确定窗台、窗过梁的材料、构造做法与尺寸。

5）确定墙身勒脚、水平防潮层的材料、构造做法及尺寸。

6）确定散水的材料、构造做法及尺寸。

（2）画出墙体剖面草图。

9．根据以上草图，绘制正式图，图纸深度达到任务书的要求。

2.3.4 设计图例

见图 2-11 ～ 2-17。

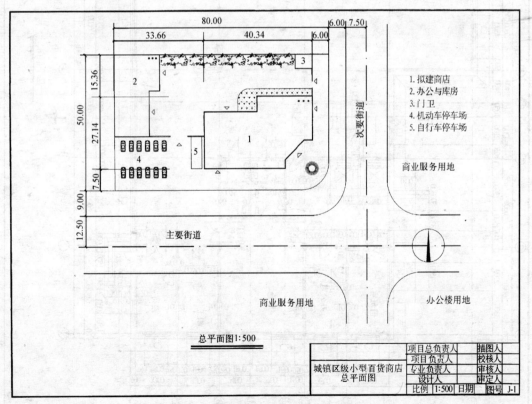

图 2-11 小型百货商店设计实例——总平面图

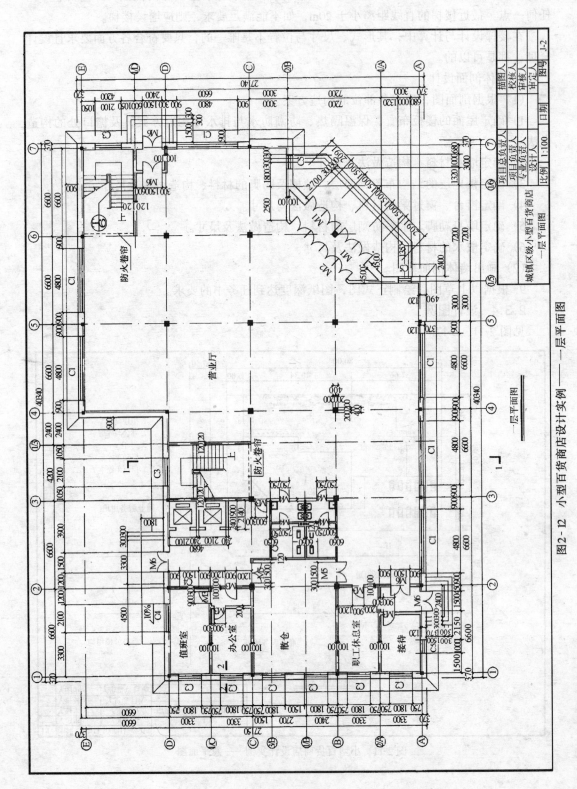

图2-12 小型百货商店设计实例——一层平面图

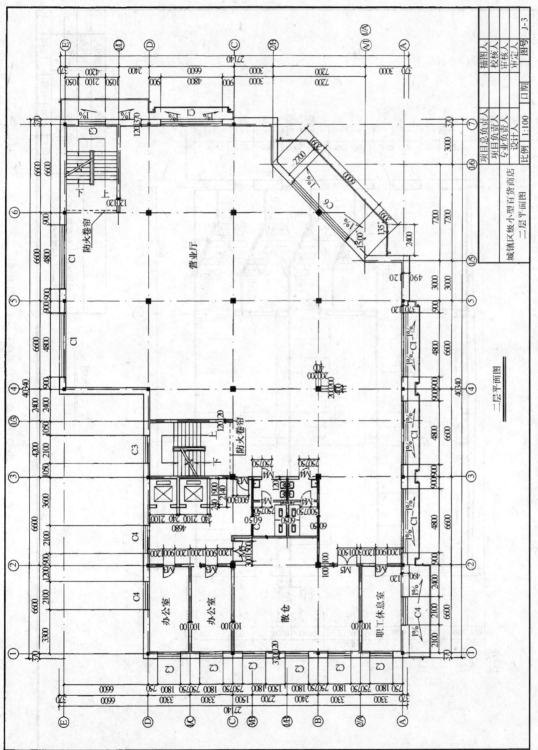

图2-13 小型百货商店设计实例——二层平面图

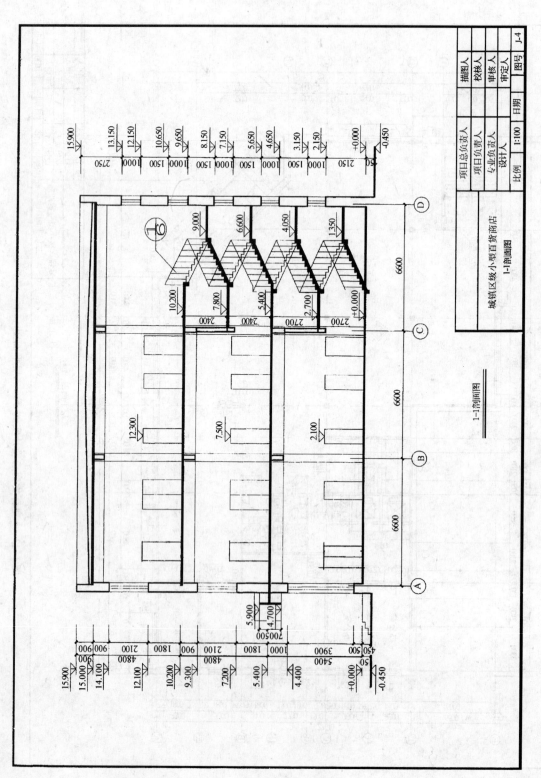

图2-14 小型百货商店设计实例——1-1剖面图

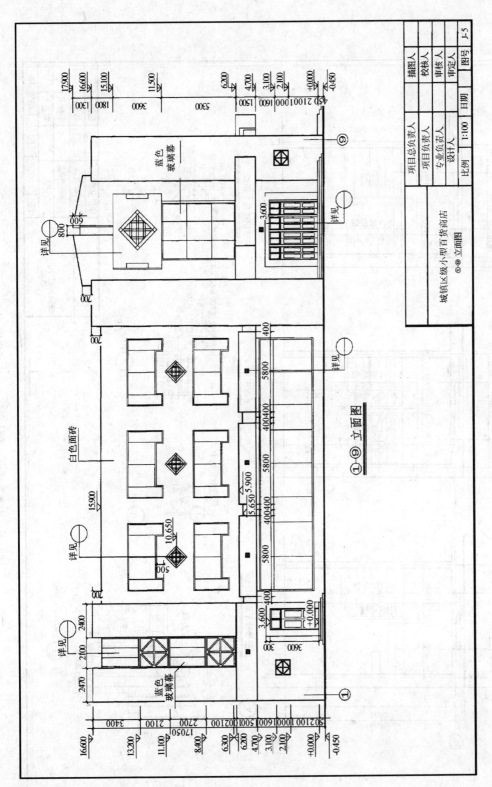

图2-15 小型百货商店设计实例——①-⑨立面图

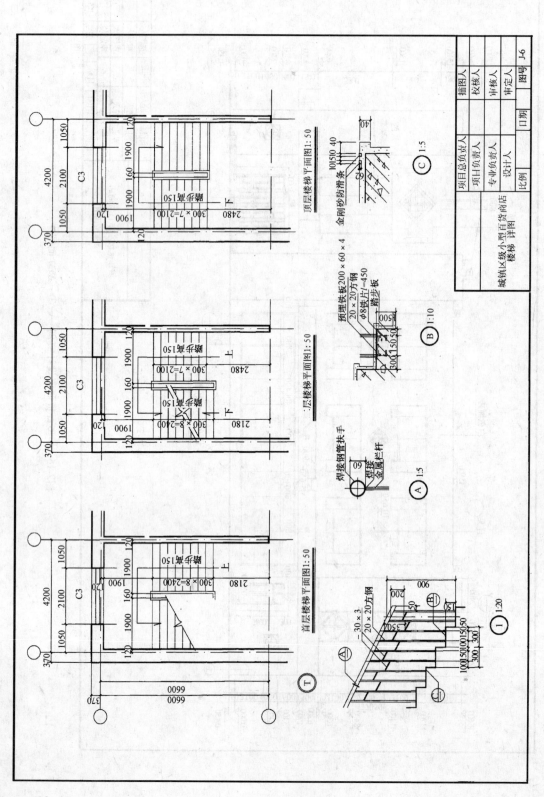

图2-16 小型百货商店设计实例——楼梯详图

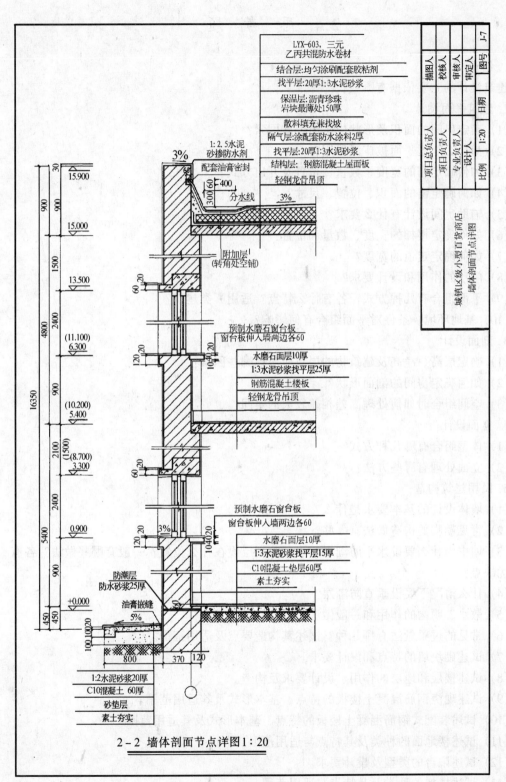

项目总负责人		描图人	
项目负责人		校核人	
专业负责人		审核人	
设计人		审定人	
比例	1:20	图号	J-7

日期	

城铁区级小型百货商店
墙体剖面节点详图

LYX-603，三元
乙丙共混防水卷材

结合层:均匀涂刷配套胶粘剂

找平层:20厚1:3水泥砂浆

保温层:沥青珍珠
岩块最薄处150厚

散料填充兼找坡

隔气层:涂配套防水涂料2厚

找平层:20厚1:3水泥砂浆

结构层:钢筋混凝土屋面板

轻钢龙骨吊顶

1:2.5水泥
砂掺防水剂

配套油膏密封

分水线

3%

附加层
(转角处空铺)

预制水磨石窗台板
窗台板伸入墙两边各60

水磨石面层10厚
1:3水泥砂浆找平层25厚
钢筋混凝土楼板
轻钢龙骨吊顶

预制水磨石窗台板
窗台板伸入墙两边各60

水磨石面层10厚
1:3水泥砂浆找平层15厚
C10混凝土垫层60厚
素土夯实

防潮层
防水砂浆25厚

油膏嵌缝

5%

1:2水泥砂浆20厚
C10混凝土 60厚
砂垫层
素土夯实

2-2 墙体剖面节点详图1:20

图2-17 小型百货商店设计实例——墙体剖面节点详图

29

2.4 思 考 题

1. 绪论
建筑设计的主要依据有哪些?

2. 建筑平面设计
(1) 确定房间的面积及形状应考虑哪些因素?

(2) 为什么矩形平面被广泛采用?

(3) 如何确定门的宽度、数量、位置及开启方式?

(4) 如何确定窗的面积、位置、尺寸?

(5) 辅助房间设计有什么要求?

(6) 如何确定楼梯的宽度、数量和位置?

(7) 如何确定走道的宽度?

(8) 门厅的作用和设计要求?

(9) 平面组合有几种方式? 各有什么特点? 适用哪类建筑?

(10) 基地环境、条件对平面组合有何影响?

3. 剖面设计
(1) 确定层高、净高及建筑物的层数应考虑哪些因素?

(2) 如何确定房间的剖面形状?

(3) 空间组合时如何处理高差相差较大的空间?

4. 立面设计
(1) 体型组合有哪几种方式?

(2) 立面处理有哪些方法?

5. 民用建筑构造
(1) 墙体设计的基本要求是什么?

(2) 常见勒脚的构造做法有哪些?

(3) 墙中为什么要设水平防潮层? 水平防潮层设在什么位置? 一般有哪些做法? 各有什么优缺点?

(4) 什么情况下要设垂直防潮层?

(5) 散水、明沟的作用和一般做法。

(6) 常见的过梁做法有哪几种? 试述其构造要点及适用范围。

(7) 试述砌块墙的特点和设计要求。

(8) 试述楼层和地层的作用、设计要求及构造。

(9) 试述现浇钢筋混凝土楼板的特点、基本形式及其适用范围。

(10) 试述装配式钢筋混凝土楼板的特点、基本形式及其适用范围。

(11) 试述楼地面的种类及其特点与适用范围。

(12) 试述阳台的类型及设计要求。

(13) 试述楼梯的种类及其特点与适用范围。

(14) 在底层平台下作出入口时, 为增加净高常采用哪些措施?

（15）试述屋顶的种类及其特点。

（16）试述平屋顶的基本组成、各部分的作用及其做法。

（17）试述坡屋顶的基本组成、各部分的作用及其做法。

（18）何为有组织排水？何为无组织排水？试述其适用范围。

（19）试述窗的种类及其特点与适用范围。

（20）试述门的种类及其特点与适用范围。

（21）变形缝的作用是什么？有几种基本类型？各有什么特点？在构造上有什么异同？

2.5　考核、评分办法

1. 单项评分

（1）设计文件评定。

设计文件主要从以下几个方面来评定：

总图设计；功能设计；创意设计；立面造型；技术设计；结构的经济合理性；图面表达等。这部分成绩占总成绩的 70%。

（2）答辩成绩

答辩成绩主要从以下几个方面来评定：

自述问题；理解问题；分析问题；回答问题；知识广度；综合表述等。这部分成绩占总成绩的 30%。

2. 综合评价

根据设计文件成绩与答辩成绩给出最后成绩，评分标准采用"优、良、中、及格、不及格"五级分制。

3. 民用房屋承重结构设计

本课程设计包括钢筋混凝土整浇楼盖、承重外墙及墙下条形基础设计。

3.1 教 学 要 求

1. 本课程设计总体要求

(1) 掌握民用房屋荷载汇集方法、搞清传力路径。

(2) 熟悉并学会运用《建筑结构荷载规范(GBJ9—87)》、《混凝土结构设计规范(GBJ10—89)》、《砌体结构设计规范(GBJ13—88)》、《建筑地基基础结构设计规范(GBJ7—89)》等规范有关规定以及有关资料。

(3) 运用课堂所学知识,通过本课程设计,初步建立民用房屋结构设计总体概念,了解结构布置、结构选型、材料及强度等级确定方法,以及结构构造和构件间连接等基本要求。

(4) 掌握民用房屋承重结构典型构件的承载力设计的基本方法。

(5) 加强计算能力训练,培养严谨、科学的工作态度,学习做到对计算内容和数据负责,运算思路清晰,计算书规整便于检查。

(6) 结构设计图是表达设计意图的具体体现,应了解每部分图纸的作用、达到的深度和正确表示方法。

2. 钢筋混凝土整浇楼盖设计部分

(1) 学会从整体结构中分析、简化、抽象为某一单元构件的计算简图;明确计算单元划分,支座性质的认定,计算跨度的合理取法。

(2) 了解荷载的性质、荷载折减系数的概念和具体规定。

(3) 掌握活荷载最不利分布的概念和具体运用方法;内力包络图的作法。

(4) 掌握塑性铰及内力重分布概念;弯矩调幅原理及其计算规定。

(5) 要求选择典型的多跨连续单向板按塑性理论设计计算的内力分析和截面配筋方法。多跨连续次梁按塑性变形内力重分布计算。对于主梁要求选择一根典型的多跨连续梁按弹性理论方法进行设计。如果是内框架房屋亦要求按连续梁计算。

(6) 了解结构构造对保证结构正常工作的重要性,它是结构设计的重要组成部分。应正确理解和在课程设计中学会具体运用有关构造规定。

3. 承重外墙的设计部分

(1) 本课程设计要求对刚性构造方案房屋典型的支承钢筋混凝土大梁的外墙窗间墙垛进行计算。外墙可以是红砖砌筑也可以是小型空心砌块砌筑。

(2) 掌握砌体构件计算单元选取、楼面承荷面积的划分、外纵墙计算简图的确定、最不利截面位置的选择以及砌体受压构件承载力计算方法。

（3）掌握梁端砌体局部受压计算方法及垫块下砌体局部受压计算方法。

4. 墙下条形基础设计部分

（1）要求按墙下带形毛石砌体刚性基础进行设计。应初步掌握工程地质资料的有关地基土主要性能指标和地基承载力确定方法。

（2）了解基础埋置深度应考虑的因素。

（3）掌握刚性基础截面尺寸确定方法和刚性角概念。

3.2 设计方法、步骤

3.2.1 钢筋混凝土整浇楼盖设计基本规定

首先应明确本课程设计的要求，根据课程学习的内容结合所给的设计条件逐步开展设计计算。

1. 楼盖结构的布置与梁格划分

现浇钢筋混凝土楼盖又称整体式楼盖，一般由板、次梁、主梁（有的情况下不设主梁）等构件组成，如果楼盖面积比较大，楼板下又要求有比较大的空间，则可能设一些柱。对单向板肋梁楼盖来说，次梁的间距即为板的跨度，主梁的间距即为次梁的跨度。如何合理地布置柱网和梁格是楼盖设计中的首要问题，对于建筑物的使用、造价和美观都有很大影响。在结构布置时应考虑以下几个问题：

（1）柱网布置应与梁格布置统一考虑。首先要满足生产工艺和使用要求，同时要注意经济合理。柱网尺寸（即梁的跨度）过大，将使梁的截面过大而增加材料用量和结构造价；反之，柱网尺寸过小，又会使柱和基础的数量增多，有时也会使造价增加，并将影响房屋的使用。因此，在柱网布置中，应综合考虑房屋的使用要求和梁的合理跨度。通常次梁跨度以取 4~6m，主梁的跨度以取 5~8m 为宜。

（2）梁格布置，除需确定梁的跨度，还应考虑主、次梁的方向和次梁的间距，并与柱网布置相协调。

主梁可沿房屋横向布置，主梁和柱构成较强的框架体系，以增强房屋的横向刚度；并由于主梁与外纵墙垂直，因而便于开大窗洞，但因次梁平行侧窗，而使天棚上形成次梁的阴影。

主梁也可沿房屋纵向布置，这可便于通风等管道通过，且因次梁垂直侧窗而使天棚明亮，但使房屋的横向刚度较差。以上两种方案应根据工程具体情况选用。

次梁间距（亦即板的跨度）增大，可使次梁数量减少，但会增大板厚，对板厚每增加一厘米整个楼盖的混凝土用量将会增加很多，因此在确定次梁间距时，应使板厚较小为宜，常用的次梁间距（即板跨）为 1.7~2.7m。

此外，在主梁跨度内以布置二根及以上次梁为宜，因其弯矩变化较为平缓，有利于主梁的受力；在遇有隔断墙、大型设备及其他较大集中荷载时，应在其相应位置布置横梁，避免其荷载直接作用在楼板上；当楼板上开有较大洞口，必要时应沿洞口周围布置小梁；主梁和次梁应避免搁置在门窗洞口上，否则过梁应另行设计。在以砖墙承重的房屋中，应力求将主梁布置在窗间墙上。

（3）梁格及柱网布置应力求简单、规整、统一，以减少构件类型，便利设计和施工，而且易于贯彻适用、经济及美观的要求。为此，柱网轴线应尽可能布置成正方形或长方形网格；梁板应尽量布置成等跨；板厚及梁截面尺寸在各跨内应尽量统一。

以上是从结构设计角度考虑的，但有时根据使用要求或工艺布置的需要，已确定了柱网的布置，或因使用中设备位置可能有变动，隔墙位置需要灵活布置而要求取消次梁增加板厚等等，则应权衡利弊，综合考虑。

本课程设计是从结构设计基本训练角度规定做单向板肋梁楼盖设计的。实际工程中双向板肋梁楼盖也用得较多。

所谓"单向板"是指板的支承边中长边的长度 l_1 与短边的长度 l_2 之比 >2（按弹性计算），或 >3（按塑性计算）。经分析此时沿短边方向传递的荷载占板面总荷载的 95% 以上。所以按短边方向作为单向受力构件进行计算有足够的精确度。实际上，只要板的四边都有支承，单向板与双向板之间就没有一个明显的界限，以上的划分可认为是考虑设计上的方便。例如板的边长比稍小于2，按单向板进行设计也是能保证安全的。

2. 构件截面尺寸的选定

在具体结构计算之前需要对楼盖的梁、板构件的截面尺寸初步确定，这对于估算结构自重及其相互间尺寸关系是必要的。估算截面尺寸主要考虑：（1）构件的变形应在规范允许的范围内；（2）符合构件的尺寸模数；（3）构造要求。具体规定可参考表 3-1，或有关资料。当计算结果所得的截面尺寸与原先估算的尺寸相差较大时，应重新估算，最后确定其截面尺寸。

一般不作挠度验算的板、梁截面参考尺寸 表 3-1

构 件 种 类		高跨比（h/l）	附　　注
单 向 板	简 支	$\dfrac{1}{35}$	最小板厚： 屋盖　　　　　　　$h \geqslant 60\text{mm}$ 民用房屋楼盖　　$h \geqslant 70\text{mm}$ 工业房屋楼盖　　$h \geqslant 80\text{mm}$
	两端连续	$\dfrac{1}{40}$	
双 向 板	四边简支	$\dfrac{1}{45}$	一般 $160\text{mm} \geqslant h \geqslant 80\text{mm}$ l 为短向计算跨度
	四边连续	$\dfrac{1}{50}$	
多跨连续次梁		$\dfrac{1}{18} \sim \dfrac{1}{12}$	最小梁高：　　　　次梁 $h \geqslant \dfrac{1}{25}$
多跨连续主梁		$\dfrac{1}{14} \sim \dfrac{1}{8}$	主梁 $h \geqslant \dfrac{1}{15}$
单跨简支梁		$\dfrac{1}{14} \sim \dfrac{1}{8}$	宽高比（b/h）：　　$\dfrac{1}{3} \sim \dfrac{1}{2}$ 并以 50mm 为模数

3. 计算简图的确定

在内力计算前，应首先对实际结构进行分析，常需忽略一些次要因素，对实际结构加以简化，抽象为某一计算简图，据此进行内力计算。计算简图应尽量反映结构的实际受力状态，但又要便于计算。

单向板肋梁楼盖的板、次梁、主梁和柱均整浇在一起，形成一个复杂体系，但由于板的刚度很小，次梁的刚度又比主梁的刚度小很多，因此可以将板看作被简单支承在次梁上的结构部分，将次梁看作被简单支承在主梁上的结构部分，则整个楼盖体系即可以分解为板、次梁和主梁几类构件单独进行计算。作用在板面上的荷载传递路线则为：荷载→板→次梁→主梁→柱（或墙），它们均为多跨连续梁，其计算简图应表示出梁（板）的跨数、计算跨度、支座的特点以及荷载形式、位置及大小等。

（1）支座特点

在肋梁楼盖中，当板或梁支承在砖墙（或砖柱）上时，由于其嵌固作用较小，可假定为铰支座，其嵌固的影响可在构造设计中加以考虑。

当板的支座是次梁，次梁的支座是主梁，则次梁对板，主梁对次梁将有一定的嵌固作用，为简化计算通常亦假定为铰支座，由此引起的误差将在内力计算时加以调整。

若主梁的支座是柱，其计算简图应根据梁柱抗弯刚度比而定，如果梁的抗弯刚度比柱的抗弯刚度大很多时（通常认为主梁与柱的线刚度比大于3~4），可将主梁视为铰支于柱上的连续梁进行计算，否则应按框架梁进行设计。

应该指出，上述次梁以主梁为铰支座，而且是不动的铰支座。这是有条件的，并不是所有情况下都能成立的。因为主梁受力后本身要产生挠度，严格说主梁对次梁提供的是个弹性支座，将其视为不动铰支座将对内力分析产生误差。计算分析表明，只有当主梁线刚度与次梁线刚度比值大于8时，简化为不动铰支座引起的内力误差才能控制在工程上允许的范围内。

（2）计算跨数

连续梁任何一个截面的内力值与其跨数、各跨跨度、刚度，以及荷载等因素有关，但对某一跨来说，相隔两跨以远的上述因素对该跨内力的影响很小，因此一等跨连续梁随跨数的增多，除两边跨外，各中间跨内力的差异将越来越小。为了简化计算，对于跨数多于五跨的等跨、等刚度、等荷载的连续梁板，可近似地按五跨计算。例如图3-1 (a)的9跨连续板，可按图3-1(b)所示的5跨连续板计算；在配筋计算时，中间各跨（4、5

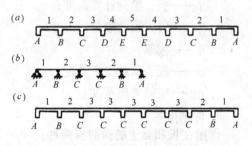

图3-1　连续板或梁的简图
(a) 实际简图；(b) 计算简图；(c) 构造简图

跨）的跨中内力可取与第3跨的内力相同，中间各支座（D、E）的内力取与C支座的内力相同，梁的配筋即按图3-1(c)所得内力计算。

对于跨数少于五跨的连续梁板，按实际跨数计算。

（3）计算跨度

梁、板的计算跨度是指在计算弯矩时所应取用的跨间长度，其值与支座反力分布有关，即与构件本身刚度和支承长度有关。在设计中一般按下列规定取用：

当按弹性理论计算时，计算跨度取两支座反力之间的距离：

对单跨板和梁

两端搁置在墙体上的板 $\qquad l = l_0 + a \leqslant l_0 + h$

两端与梁整体连接的板 $\qquad l = l_0$

单跨梁 $\qquad l = l_0 + a \leqslant 1.05 l_0$

对多跨连续板和梁

边跨 $\qquad l = l_0 + \dfrac{a}{2} + \dfrac{b}{2}$

且 $\qquad l \leqslant l_0 + \dfrac{h}{2} + \dfrac{b}{2}$（板）

$$l \leqslant l_0 + 0.025 l_0 + \frac{b}{2} = 1.025 l_0 + \frac{b}{2}（梁）$$

中间跨 $\qquad l = l_0 + b = l_c$

且 $\qquad l \leqslant 1.1 l_0$（板）

$\qquad l \leqslant 1.05 l_0$（梁）

当连续板和梁按塑性理论计算时，计算跨度应由塑性铰位置确定：

边跨 $\qquad l = l_0 + \dfrac{a}{2}$

且 $\qquad l \leqslant l_0 + \dfrac{h}{2}$（板）

$$l \leqslant l_0 + 0.025 l_0 = 1.025 l_0（梁）$$

中间跨 $\qquad l = l_0$

式中　l_c——支座中心线间距离；

l——板、梁的计算跨度；

l_0——板、梁的净跨；

h——板厚；

a——板、梁端支承长度；

b——中间支座宽度。

4. 荷载汇集

作用在板和梁上的荷载有两种：

其一，永久荷载，也称恒荷载，是在结构使用期间内基本不变的荷载，如结构自重、构造层重等。

其二，可变荷载，也称活荷载，是在结构使用期间，时有时无可能变动的荷载，如楼面活荷载（包括人群、家具及可移动的设备等）、屋面活荷载和雪荷载等。

永久荷载一般为均布荷载，如结构自重，其标准值可根据梁、板几何尺寸求得；可变荷载的分布通常是不规则的，一般均折合成等效均布荷载计算，其标准值可由荷载规范查得。

对于板、梁等结构自重，可按前述构件截面尺寸估算值或有关资料预选估算确定。若计算结果所得的截面尺寸与原估算的尺寸相差很大时，需重新估算，最后确定其截面尺寸。

在设计民用房屋楼盖梁时，应注意楼面活荷载折减问题，因为当梁的负荷面积较大时，全部满载的可能性较小，所以适当降低其荷载值更能符合实际。

具体计算按荷载规范进行。例如，计算楼面梁时，对于住宅、宿舍、办公楼等建筑当楼面梁从属面积超过 $25m^2$ 时，楼面均布活荷载标准值应乘以 0.9 的折减系数；对于教室、商店等几项建筑，当楼面梁从属面积超过 $50m^2$ 时，折减系数取 0.9。

在设计墙、柱和基础时，还应按荷载规范表 3.1.2 规定的折减系数采用。

对于板，通常取宽为 1m 的板带作为计算单元，代表板中间大部分区域的受力状态，此时板上单位面积荷载值也就是计算板带上的线荷载值。次梁承受左右两边板上传来的均布荷载和次梁自重；主梁承受次梁传来的集中荷载和主梁自重。主梁自重较次梁传来的荷载小很多，为简化计算，通常将其折算成集中荷载一并计算。计算板传给次梁和次梁传给主梁的荷载时，可不考虑结构的连续性。荷载作用的范围如图 3-2（a）所示。

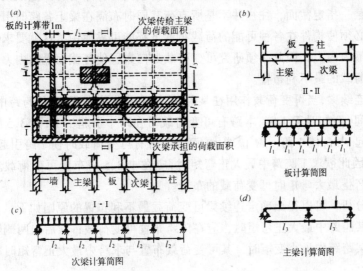

图 3-2　单向板肋梁楼盖平面、剖面及计算简图

3.2.2　现浇楼盖按弹性理论方法计算内力

钢筋混凝土连续梁、板的内力按弹性理论方法计算时，是假定梁板为理想弹性体系，内力计算可按结构力学中所述的方法进行。

1. 内力系数表

为了减轻计算工作量，对于等跨连续板、梁在各种不同布置的荷载作用下的内力系数，已制成计算表格，详见教材。设计时可直接从表中查得内力系数，即可按下式计算各截面的弯矩和剪力值，作为截面设计的依据。

在均布及三角形荷载作用下，

$$M = 表中系数 \times ql^2$$
$$V = 表中系数 \times ql$$

在集中荷载作用下，

$$M = 表中系数 \times Ql$$
$$V = 表中系数 \times Q$$

式中　q——均布荷载（kN/m）；

　　　Q——集中荷载（kN）。

若连续板、梁的各跨跨度不等，但相差不超过 10% 时，仍可近似地按等跨用内力系数表进行计算。但求支座负弯矩时，计算跨度可取相邻两跨的平均值（或取其中较大值）；而求跨中弯矩时，则取相应跨的计算跨度。若各跨板厚或梁截面尺寸不同，但其惯性矩之比不大于 1.5 时，可不考虑构件刚度的变化对内力的影响，仍可用上述内力系数表计算内力。

2. 荷载的最不利组合

连续梁所受荷载包括永久荷载和可变荷载两部分，其中可变荷载的位置是变化的，所以在计算内力时要考虑荷载的最不利组合和截面内力的包络图。

对于单跨梁，显然是当全部永久荷载和可变荷载同时作用时将产生最大内力。但对于多跨连续梁的某一指定截面，往往并不是所有荷载同时布满在梁上各跨时引起的内力为最大。结构设计必须使构件在各种可能的荷载布置下都能可靠使用，这就要求找出在各截面上可能产生的最大内力，因此必须研究可变荷载如何布置使各截面上的内力为最大不利的问题，即可变荷载的最不利布置。

对于五跨连续梁，当可变荷载作用在某跨时，该跨跨中为正弯矩，邻跨跨中为负弯矩，然后正负弯矩相间；例如对于 1 跨，本跨有可变荷载时在跨中引起 $+M$，当 3、5 跨有可变荷载时也使 1 跨引起 $+M$，使 1 跨 $+M$ 值增大，而 2、4 跨有可变荷载时使 1 跨引起 $-M$，使 1 跨 $+M$ 值减小。因此欲求 1 跨跨中最大正弯矩时，应在 1、3、5 跨布置可变荷载。同理可以类推求其他截面产生最大弯矩时可变荷载的布置。

根据上述分析，可以得出确定连续梁可变荷载最不利布置的原则如下：

（1）欲求某跨跨中最大正弯矩时，应在该跨布置可变荷载；然后向两侧隔跨布置。

（2）欲求某跨跨中最小变矩时，其可变荷载布置与求跨中最大正弯矩时的布置完全相反。

（3）欲求某支座截面最大负弯矩时，应在该支座相邻两跨布置可变荷载，然后向两侧隔跨布置。

（4）欲求某支座截面最大剪力时，其可变荷载布置与求该截面最大负弯矩时的布置相同。

根据以上原则可以确定可变荷载最不利布置的各种情况，它们分别与永久荷载（布满各跨）组合在一起，就得到荷载的最不利组合，如图 3-3 所示为五跨连续梁的六种最不利荷载组合。

1）永久 + 可变 1 + 可变 3 + 可变 5（产生 M_{1max}、M_{3max}、M_{5max}、M_{2min}、M_{4min}、$V_{A右max}$、$V_{F左max}$）；

2）永久 + 可变 2 + 可变 4（产生 M_{2max}、M_{4max}、M_{1min}、M_{3min}、M_{5min}）；

3）永久 + 可变 1 + 可变 2 + 可变 4（产生 M_{Bmax}、$V_{B左max}$、$V_{B右max}$）；

4）永久 + 可变 2 + 可变 3 + 可变 5（产生 M_{Cmax}、$V_{C左max}$、$V_{C右max}$）；

5）永久 + 可变 1 + 可变 3 + 可变 4（产生 M_{1max}、$V_{D左max}$、$V_{D右max}$）；

6）永久 + 可变 2 + 可变 4 + 可变 5（产生 M_{Emax}、$V_{E左max}$、$V_{E右max}$）。

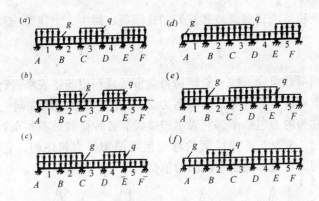

图 3-3　五跨连续梁六种最不利荷载组合

3. 荷载调整

在计算简图中，将板与梁整体连接的支承简化为铰支座，即忽略次梁对板以及主梁对次梁的弹性约束作用。实际上，当板承受隔跨布置的可变荷载作用而转动时，作为支座的次梁，由于其两端固结在主梁上，将产生扭转抵抗而约束板在支座处的自由转动，其转角 θ'（图 3-4b）将小于计算简图中简化为铰支座时的转角 θ（图 3-4a），其效果相当于降低了板的跨中弯矩值。同样，在不同程度上，也将发生在次梁与主梁之间。要精确算出这种整体作用与铰支座间变形的差异，较为复杂。为了减小这一误差，使理论计算时的变形与实际情况较为一致（图 3-4c）。实用上近似地采取减小可变荷载加大永久荷载的方法，即以折算荷载代替计算荷载。又由于次梁对板的约束作用较主梁对次梁的约束作用大，故对板和次梁采用不同的调整幅度。调整后的折算荷载取为：

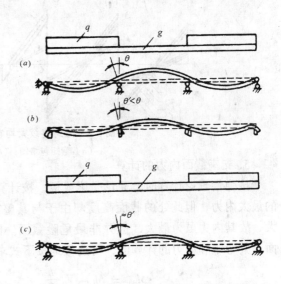

图 3-4　支座弹性约束时变形与折算荷载时的变形
（a）理想支座时的变形；（b）支座弹性的约束时的变形；
（c）采用折算荷载时的变形

对于板　　$$g' = g + \frac{q}{2}$$

$$q' = \frac{q}{2}$$

对于次梁　　$$g' = g + \frac{q}{4}$$

$$q' = \frac{3}{4}q$$

式中　g、q——实际作用的永久荷载和可变荷载；
　　　g'、q'——折算永久荷载和折算可变荷载。

39

在连续主梁和支座均为砖墙（或砖柱）的连续板、梁中，上述影响较小，因此不需要对荷载进行调整。

4. 内力包络图

根据各种最不利荷载组合，按一般结构力学方法或利用前述表格进行计算，即可求出各种荷载组合作用下的内力图（弯矩图和剪力图），把它们叠加画在同一坐标图上，其外包线所形成的图形称为内力包络图，它表示连续梁有各种荷载最不利布置下各截面可能产生的最大内力值，图3-5为五跨连续梁的弯矩包络图和剪力包络图，它是确定连续梁纵筋、弯起钢筋和箍筋的布置和绘制配筋图的依据。

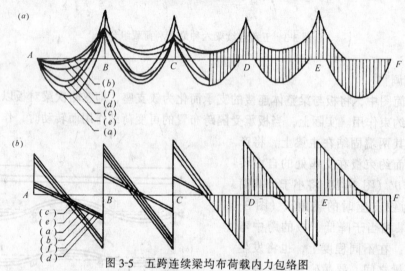

图3-5　五跨连续梁均布荷载内力包络图

（a）弯矩包络图；（b）剪力包络图

5. 支座截面内力的计算

按弹性理论计算时，无论是梁或板，按计算简图求得的支座截面内力为支座中心线处的最大内力，但此处的截面高度却由于与其整体连结的支承梁（或柱）的存在而明显增大，故其内力虽为最大，但并非最危险截面。因此，应取支座边缘截面作为计算控制截面，其弯矩和剪力的计算值，可近似地按下式求得（图3-6）。

$$M_边 = M - V_0 \frac{b}{2}$$

$$V_边 = V - (g + q)\frac{b}{2}$$

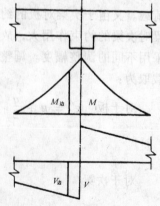

式中　M、V——支座中心线处截面的弯矩和剪力；

　　　V_0——按简支梁计算的支座剪力；

　　　g、q——均布永久荷载与可变荷载；

　　　b——支座宽度。

3.2.3　现浇楼盖按塑性理论方法计算内力

1. 按弹性理论方法计算存在的问题

（1）钢筋混凝土是由两种材料所组成，混凝土是一种弹塑性材料，钢筋在达到屈服强度以后也表现出塑性特点，它不是均质弹性体。如仍按弹性理论计算其内力，则必然不能反映结构的实际工作状况，而且

图3-6

40

与截面计算理论不相协调。

（2）按弹性理论方法计算连续梁时，是按弹性内力包络图进行配筋的，由于各种最不利荷载组合并不同时出现，所以各截面钢筋不能同时被充分利用，结构的承载能力未能充分发挥。

（3）按弹性理论方法算得的支座弯矩一般大于跨中弯矩，使支座处配筋拥挤，给施工造成困难，不容易保证工程质量。

为解决上述问题，充分考虑钢筋混凝土构件的塑性性能，挖掘结构潜在承载力，节省材料和改善配筋，提出了按塑性内力重分布的计算方法。

2. 塑性内力重分布的基本原理

钢筋混凝土简支梁在集中荷载 P 作用下，跨中垂直截面内力，从加荷至破坏经历了三个阶段（图3-7），当进入第Ⅲ阶段时，受拉钢筋开始屈服并产生塑流；混凝土垂直裂缝迅速发展，受压区高度不断缩小，截面绕中和轴而转动，最后其受压区混凝土边缘压应变到达极限压应变而被压碎，致使构件破坏。从受拉钢筋屈服到受压混凝土被压碎这一过程，该截面仍可承受极限弯矩，而且具有转动能力（转动方向与弯矩作用方向相同），具有铰的特性，它是由截面塑性变形所引起的，故称为塑性铰。

塑性铰的形成与截面转动能力的大小有关，截面相对受压区高度 ξ 是衡量它的一个参数，当 $\xi = \xi_b$ 时，截面处于超筋与适筋的界限状态，不具备转动能力，只有 $\xi < \xi_b$ 才能形成塑性铰。规范规定若构件按塑性设计时，要满足 $\xi \leqslant 0.35$，才可以保证截面有足够的塑性变形能力。

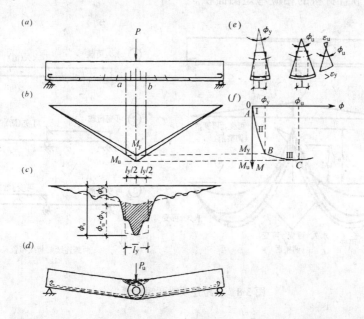

图3-7 适筋梁截面弯矩与变形、曲率和转角的关系曲线

对于静定结构,任一截面出现塑性铰后,即可使其变成几何可变体系而丧失承载能力。

但对于超静定结构，由于存在多余联系，构件某一截面出现塑性铰，并不能使其立即成为可变体系，仍能继续承受增加的荷载，直到其他截面出现塑性铰，使结构成为几何可变体系，才丧失其承载能力。

塑性铰的出现，使结构承载力极限状态的概念得以扩展。从弹性理论的某个截面的承载力极限状态扩展到整个结构的承载力的极限状态，这样充分挖掘和利用结构实际潜在的承载能力，可以使结构设计更加经济、合理。

3. 连续梁板考虑塑性内力重分布的计算方法——调幅法

考虑塑性内力重分布的计算方法目前工程中常用调幅法，即在弹性理论计算的弯矩包络图基础上，将选定的某些首先出现塑性铰截面的弯矩值，按内力重分布的原理加以调整，然后进行配筋计算。这一方法的优点是计算较为简便，调整的幅度明确，平衡条件自然得到满足。

以两跨连续梁为例，图 3-8（c）的外包线为按弹性理论计算求得的弯矩包络图，支座是最大负弯矩 M_B，如人为地减少所需的配筋，将此弯矩调整降低至 M'_B，即调幅为 $(M_B - M'_B)/M_B$，则在荷载的最不利组合（永久 + 可变1 + 可变2）作用下，支座截面弯矩达到 M'_B 时出现塑性铰，此时支座截面弯矩不再增加，而跨中截面弯矩增大，相当在（永久 + 可变1 + 可变2）弯矩图上叠加一个直线弯矩图（图 3-8（b））；叠加后得出的弯矩图（图 3-8c 中粗线所示），即为考虑塑性内力重分布后的弯矩包络图。如果对调整后的 M'_B 取值适当，使支座截面弯矩降低不过多，则在这一荷载作用下的相应跨中截面弯矩仍不超过或接近原弯矩包络图所示的最大弯矩，这表明在不增加跨中截面配筋的情况下，减少了支座截面配筋，从而节省了材料，而且改善了支座配筋拥挤现象，在图 3-8（c）中的阴影部分为所节省材料的相应弯矩图面积。

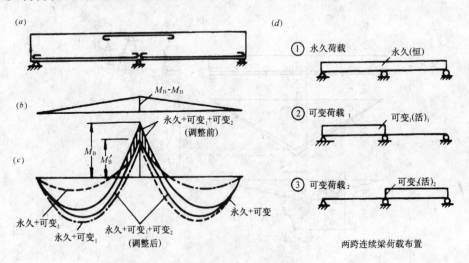

图 3-8　二跨连续梁弯矩调幅

上述为调幅法应用的一例，如果选择不同的截面、不同的调幅进行调整，就可以得到不同的内力重分布和不同的调整后的弯矩包络图，因此也就存在一个根据什么原则来调整的问题。

4. 考虑塑性内力重力分布计算的一般原则

根据理论分析及试验结果，连续梁板按塑性内力重分布计算应遵循以下原则：

42

（1）为了尽可能地节省钢材,应使调整后的跨中截面弯矩尽量接近原包络图的弯矩值。

（2）为了保证塑性铰具有足够的转动能力，避免受压区混凝土"过早"被压坏，以实现完全的内力重分布，必须控制截面配筋，即需满足 $x \leqslant 0.35h_0$ 的限制条件要求。同时宜采用具有较好塑性性能的Ⅰ、Ⅱ级钢筋。

（3）为了避免塑性铰出现过早，转动幅度过大，致使梁的裂缝过宽及变形过大，应控制支座截面的弯矩调整幅度，一般应满足 $M'_B \geqslant 0.7M_B$。

（4）为了满足平衡条件，应使调整后的各跨两端支座弯矩 M_A 及 M_B 绝对值的平均数与跨中弯矩 M_C 之和不小于按简支梁计算的跨中最大弯矩 M_0（图3-9），即

$$\left| \frac{M_A + M_B}{2} \right| + M_C \geqslant M_0 \qquad (3\text{-}1)$$

5. 等跨连续梁、板在均布荷载作用下的内力计算

为了计算方便，对工程中常用的承受均布荷载的等跨连续板和次梁，采用调幅法导得其内力计算公式系数，设计时可直接查得，按下列公式计算内力：

弯矩 $\quad M = \alpha(g + q)l^2 \qquad (3\text{-}2)$

剪力 $\quad V = \beta(g + q)l_0 \qquad (3\text{-}3)$

图3-9 弯矩图

式中 $\quad \alpha$——弯矩系数，按表3-2取值；

$\quad \beta$——剪力系数，按表3-3取值；

$\quad g$、q——均布永久荷载与可变荷载设计值；

$\quad l$——计算跨度，按前面规定取值；

$\quad l_0$——净跨。

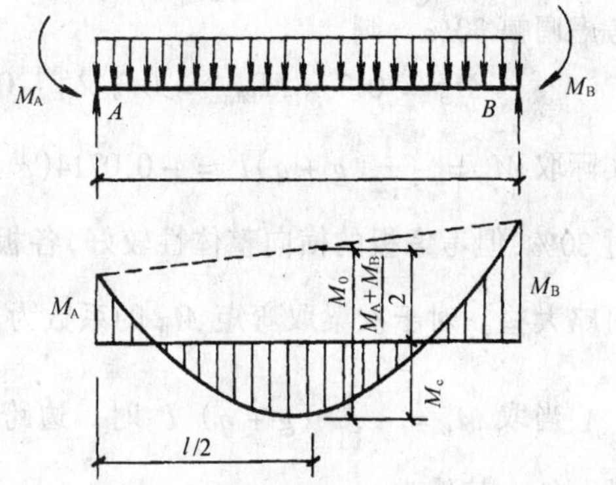

对相邻跨度差小于10%的不等跨连续板和次梁，仍可采用式（3-2）、（3-3）计算，但支座弯矩应按相邻较大的计算跨度计算。

弯　矩　系　数　　　　　　　　　表3-2

系　　　数	截　　面			
	边　跨　中	第一内支座	中　跨　中	中间支座
α　值	$\dfrac{1}{11}$	$-\dfrac{1}{14}$（板） $-\dfrac{1}{11}$（梁）	$\dfrac{1}{16}$	$-\dfrac{1}{16}$

剪　力　系　数　　　　　　　　　表3-3

系　　　数	截　　面			
	边　跨　中	第一内支座	中　跨　中	中间支座
β　值	0.4	0.6	0.5	0.5

上述内力系数即按弹性理论计算，是考虑支座弹性约束取折算荷载，再按调幅法考虑内力重分布，进行推导而得出的。

现以均布荷载作用下的五跨等跨连续板为例，说明了用调幅法求算弯矩系数的方法。

设可变荷载与永久荷载之比 $q/g = 3$，则 $g + q = \dfrac{4}{3} q = 4g$，折算永久荷载 $g' = g + \dfrac{1}{2} q$ $= 0.625(g + q)$，折算可变荷载 $q' = \dfrac{1}{2} q = 0.375(g + q)$。

按弹性理论计算，支座 B 截面产生最大负弯矩时，其可变荷载应布置在 1、2、4 跨，由表得到：

$$M_{B\max} = -0.105 g'l^2 - 0.119 q'l^2 = -0.1102(g + q)l^2$$

考虑调幅 30%，则

$$M_B = 0.7 \times M_{B\max} = 0.7 \times [-0.1102(g + q)l^2] = -0.0771(g + q)l^2$$

实际取 $M_B = -\dfrac{1}{14}(g + q)l^2 = -0.0714(g + q)l^2$，其绝对值小于 $0.0771(g + q)l^2$，即调幅超过 30%，但考虑板的横向整体性较好，各板带间可相互制约，且板的配筋率较低，因而调幅可略大些。对于次梁取弯矩 M_B 的系数为 $-\dfrac{1}{11}$，则使调幅不超过 30%。

当取 $M_B = -\dfrac{1}{11}(g + q)l^2$ 时，边跨跨中弯矩最大值发生在距 A 支座 $x = 0.42861$ 的截面处，其值为

$$M_1 = \dfrac{1}{2} \times 0.4286(g + q)l \times 0.42861 = 0.0918(g + q)l^2$$

而按弹性理论计算，边跨跨中最大正弯矩发生于可变荷载布置在 1、3、5 跨，由表得到：

$$M_1 = 0.078 g'l^2 + 0.100 q'l^2 = 0.0863(g + q)l^2 < 0.0918(g + q)l^2$$

说明边跨跨中最大正弯矩应按 $0.0918(g + q)l^2$ 计算，否则将不满足平衡条件。为了便于记忆及计算，取 $M_l = \dfrac{1}{11}(g + q)l^2 = 0.0909(g + q)l^2$。

其余系数可按类似方法推导。

考虑塑性内力重分布计算时，次梁弯矩及剪力包络图如图 3-10 所示。图中跨中最大弯矩系按本跨承受总荷载 $(g + q)$ 绘制，而最小弯矩则按全跨承受折算永久荷载 $(g + q/4)$ 绘制。绘制边跨最小弯矩图时，其第一内支座的弯矩按 $\dfrac{1}{16}(g + q)l^2$ 计算弯矩图零点的位置，该点距第一内支座 B 的距离 a，可按下式计算，即

$$\left(g + \dfrac{q}{4}\right)\left(\dfrac{la}{2} - \dfrac{a^2}{2}\right) - \dfrac{1}{16}(g + q)l^2 \dfrac{(1 - a)}{l} = 0$$

则

$$a = \dfrac{(g + q)}{q(g + q/4)} \tag{3-4}$$

边跨最小弯矩图即按 $M_B = \dfrac{1}{11}(g + q)l^2$ 和弯矩零点间作直线近似地确定。

6. 按塑性内力重分布方法计算的适用范围

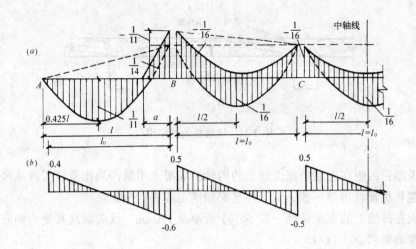

图 3-10　次梁内力包络图

(a) 弯矩包络图；(b) 剪力包络图

按塑性理论方法计算，较之按弹性理论计算能节省材料，改善配筋，计算结果更符合结构的实际工作情况，故对于大多数结构来说应尽量采用这种计算方法。但它不可避免地导致构件在使用阶段的裂缝过宽及变形较大，因此并不是在任何情况下都能适用的。通常在下列情况下，应按弹性理论方法进行设计：

(1) 直接承受动力荷载作用的结构；

(2) 裂缝控制等级为一级或二级的结构构件；

(3) 处于重要部位而又要求有较大承载力储备的构件，如肋梁楼盖中的主梁，一般按弹性理论设计。

3.2.4　整浇楼盖梁板截面计算和构造要求

当求得连续板、梁的内力以后，即可进行截面承载力计算。在一般情况下，如果满足了构造要求，可不进行变形和裂缝验算。板、梁的截面计算及一般构造要求可见《混凝土结构设计规范》。下面仅介绍整体式连续板、梁的截面计算及构造要求的特点。

1.板的计算要点

(1) 在求得单向板的内力后，可根据正截面抗弯承载力计算，确定各跨跨中及各支座截面的配筋。

板在一般情况下均能满足斜截面抗剪承载力要求，设计时可不进行抗剪承载力计算。

(2) 连续板跨中由于正弯矩作用截面下部开裂，支座由于负弯矩作用截面上部开裂，这就使板的实际轴线成拱形（图 3-11）。如果板的四周存在有足够刚度的边梁，即板的支座不能自由移动时，则作用于板上的一部分荷载将通过拱的作用直接传给边梁，而使板的最终弯矩降低。为考虑这一有利作用，《混凝土结构设计规范》规定，对四周与梁整体连接的单向板中间跨的跨中截面及中间支座截面，计算弯矩可减少 20%。但对于边跨的跨中截面及第一内支座截面，由于边梁侧向刚度不大（或无边梁）难以提供水平推力，因此计算弯矩不予降低。

2.板的构造要求

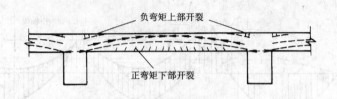

图 3-11 连续板的拱作用

（1）板厚：因板在楼盖中是大面积的构件，混凝土用量占的比重较大，从经济方面考虑应尽可能将板设计得薄一些，但其厚度必须满足表 3-1 的规定。

（2）板在砖墙上的支承长度一般不小于板厚及 120mm，且应满足其受力钢筋在支座内的锚固长度的要求。

（3）受力钢筋：受力钢筋直径常采用 6、8、10mm；而支座负筋直径不宜太小。

受力钢筋间距，不应小于 70mm；当板厚 $h \leq 150$mm 时，不应大于 200mm；$h > 150$mm 时，不应大于 $1.5h$，且每米宽度内不少于三根。

按计算求得的连续板各跨跨中和支座配筋数量各不相同。为便于施工，应注意使各截面的钢筋间距相互配合，成有规律的变化。

配筋方式

弯起式，见图 3-12（a）是将跨中正弯矩钢筋在支座附近弯起一部分以承受支座负弯矩。这种配筋锚固好，并可节省钢筋，但施工稍为复杂。

分离式，见图 3-12（b）是将跨中正弯矩钢筋和支座上负弯矩钢筋分别设置。这种配筋施工方便，但钢筋用量较大且锚固较差，不宜用于承受动力荷载的板中。

多跨连续板，当各跨跨度相差不超过 20% 时，可以不画弯矩包络图，而直接按图 3-12 确定钢筋的弯起和切断的位置。若各跨跨度相差超过 20%，或各跨荷载相差悬殊时，则必须根据弯矩包络图来确定钢筋的布置。

跨中正弯矩钢筋可在距支座边 $l_0/10$ 处切断（分离式配筋）或在 $l_0/6$ 处弯起 $1/2 \sim 2/3$（弯起式配筋），以承受支座上的负弯矩，如数量不足可另加直钢筋。弯起钢筋的弯起角度一般为 30°，当板厚 $h > 120$mm 时可为 45°。

但是，在切断或弯起以后，至少要保留相当跨中受力钢筋截面面积 1/3 的钢筋伸入支座，且间距不得大于 400mm。

支座处的负弯矩钢筋，可在距支座边不小于 a 的距离处切断，其取值如下

$$当 \frac{q}{g} \leq 3 \text{ 时}, \qquad a = \frac{1}{4} l_0$$

$$当 \frac{q}{g} > 3 \text{ 时}, \qquad a = \frac{1}{3} l_0$$

式中　g、q——永久荷载及可变荷载；

　　　　l_0——板的净跨度。

板的支座负弯矩钢筋，为保证在施工时不致改变有效高度，可做成直钩使其抵在模板上。

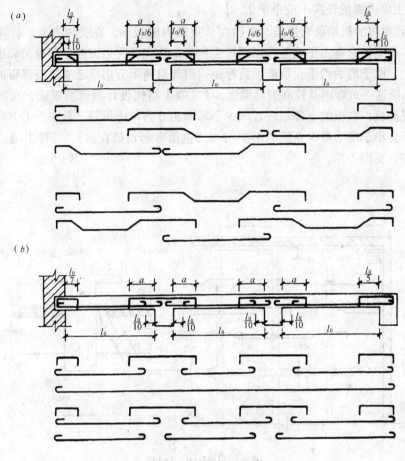

图 3-12 单向板的配筋
(a) 弯起式配筋；(b) 分离式配筋

(4) 分布钢筋

单向板，除沿短边方向布置受力钢筋外，还应沿长边方向布置分布钢筋，其作用是：

1) 浇筑混凝土时固定受力钢筋位置；

2) 抵抗由于收缩或温度变化引起的内力；

3) 将板上的集中荷载更均匀地传递给受力钢筋；

4) 对四边支承的单向板，可承担在长向上实际存在的一些弯矩。

分布钢筋应布置受力钢筋内侧，每米不少于 3 根，并不得少于受力钢筋截面面积的 1/10。

(5) 负弯矩构造钢筋

除了根据内力计算进行配筋之外，楼盖中还须配置一些构造钢筋。

1) 板中垂直于主梁的构造钢筋　单向板上荷载将主要沿短边方向传到次梁上，但由于板和主梁整体连接，在靠近主梁两侧一定宽度范围内，板内仍将产生一定大小与主梁方向垂直的负弯矩，为承受这一弯矩和防止产生过宽的裂缝，应在跨越主梁的板上部配置与主梁垂直的构造钢筋 (图 3-13)，其数量应不少于板中受力钢筋的 1/3，且不少于每米

5φ6，伸出主梁边缘的长度不应小于 $l_0/4$。

2）嵌固墙内的板端负弯矩筋　嵌固在承重墙内的板端，在受力方向，计算简图与实际受力并不相同，它将由于墙的约束而产生负弯矩。在非受力方向，部分荷载也将直接就近传至墙上，由于墙的约束也将产生负弯矩，因此沿两个方向靠近墙边处都可能引起板顶裂缝，为承受这一负弯矩及控制裂缝宽度，《混凝土结构设计规范》规定，对嵌固在承重砖墙内的现浇板，在板的上部应放置不少于每米5φ6的构造钢筋，且在受力方向，钢筋的截面面积不宜小于跨中受力钢筋的 1/3～1/2（包括弯起钢筋在内），其伸出墙边的长度不应小于 $l_0/7$，见图 3-13。

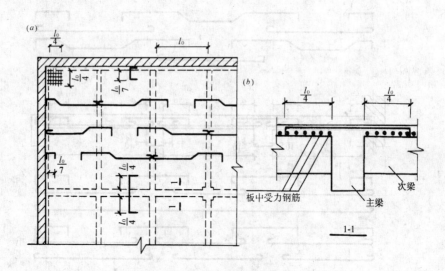

图 3-13　单向板中配筋
（a）板中配筋平面布置；（b）板中垂直于主梁的构造钢筋

对两边均嵌固在墙内的板角部分，当受到墙体约束时，也将产生负弯矩，在板顶引起圆弧形裂缝，因此应在板的上部双向配置构造钢筋，以承受弯矩和防止这种裂缝的扩展，数量仍不少于每米5φ6，其伸出墙边的长度不应小于 $l_0/4$，见图 3-13。

3．梁的计算要点

（1）连续次梁、主梁应根据所求的内力进行正截面和斜截面承载力计算来配筋，由于板和次梁、主梁整体连接，板可作为梁的翼缘而参加工作，因此在跨中正弯矩作用区段，板处在梁的受压区应按 T 形截面计算，在支座附近（或跨中）的负弯矩作用区段，由于板处在梁的受拉区，应按矩形截面计算（图 3-14）。

（2）在进行主梁支座截面承载力计算时，应根据主梁负弯矩钢筋的实际位置来确定截面的有效高度 h_0，如图 3-15 所示。由于在主梁支座处，次梁与主梁负弯矩钢筋相互交叉重叠，而主梁钢筋一般均在次梁钢筋下面，主梁支座截面 h_0 应较一般取值为低，具体为

当为单排钢筋时　　　　　　　　　$h_0 = h - (50 \sim 60mm)$

当为双排钢筋时　　　　　　　　　$h_0 = h - (70 \sim 80mm)$

（3）次梁内力可按塑性理论方法计算，而主梁内力则按弹性理论方法计算，故承载力

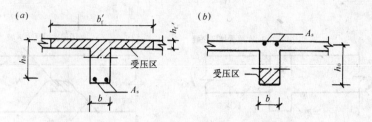

图 3-14 梁的计算截面形式

（a）跨中正弯矩作用下；（b）支座负弯矩作用下

计算中应取支座边缘截面的内力作为支座截面配筋的依据。

4. 梁的构造要求

（1）梁的截面尺寸，可参照表 3-1 初步估算。

（2）钢筋的布置。

对于次梁当各跨跨度相差不超过 20%，可变荷载与永久荷载的比值 $\frac{q}{g} \leqslant 3$ 时，可不必画材料图，而按图 3-16 的构造规定确定钢筋的切断和弯起的位置。

对于主梁及其他不等跨次梁，应在弯矩包络图上作材料图来确定纵向钢筋的切断和弯起的位置。

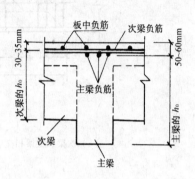

图 3-15 主梁支座处 h_0 取法

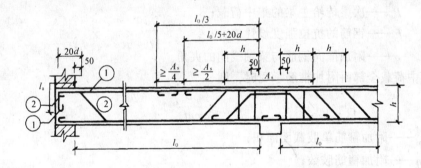

图 3-16 不必画材料图的次梁配筋构造规定

①号为架立钢筋作构造负筋，不少于 2 根；②号为弯起钢筋

（3）附加横向钢筋

在次梁与主梁相交处，次梁顶部在负弯矩作用下将产生裂缝（图 3-17a），因此，次梁传来的集中荷载将通过其受压区的剪切作用传至主梁截面高度的中、下部，使其下部混凝土可能产生斜裂缝最后被拉脱而发生局部破坏，为保证主梁在这些部位有足够承载力，应设附加横向钢筋（吊筋或箍筋），使次梁传来的集中力传至主梁上部的受压区。其所需截面面积按下式计算。

如集中力全部由附加吊筋承受时，则

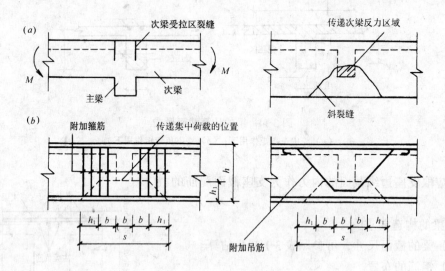

图 3-17　附加横向钢筋的布置

（a）次梁和主梁相交处的裂缝情况；（b）承受集中荷载处附加横向钢筋的布置

$$A_s \geqslant \frac{P}{2f_y \sin\alpha}$$ (3-5)

式中　A_s——附加吊筋截面面积；

P——次梁传给主梁的集中荷载；

f_y——钢筋的抗拉强度设计值；

α——附加横向钢筋与梁轴线间的夹角。

如集中荷载全部由附加箍筋承受时，则

$$A_{svi} \geqslant \frac{P}{mnf_y}$$ (3-6)

式中　A_{svi}——附加箍筋单肢截面面积；

n——附加箍筋肢数；

m——附加箍筋排数。

计算所得的附加横向钢筋应布置在图 3-17（b）所示的 s（$s = 2h_1 + 3b$）范围内。

3.2.5　承重外墙设计计算

民用房屋多数采用砌体墙作为承重外墙，而且往往设计成刚性构造方案的房屋。由于室内使用空间的需要，有的设计成钢筋混凝土内柱的内框架砌体房屋。

1. 刚性构造方案房屋砌体外墙强度验算

外墙的材料、墙厚尺寸以及门窗洞口的设置往往在建筑设计阶段就已经确定，北方地区外墙的厚度通常由墙体保温条件起控制作用。但是，如果房屋层数比较多，门窗洞口比较大，窗间墙还是必须进行砌体强度验算。

（1）计算简图

混合结构的墙体一般比较长，设计时可仅取其中有代表性的一段进行计算。例如，外纵墙上开有很多窗洞，通常取一个开间的窗洞轴线间距内的竖向墙带作为计算单元（图3-18）。如果室内各房间使用荷载不同，则应选取荷载比较大的开间。这个墙带的纵向剖面见图3-19（a），墙带承受的竖向荷载有墙体自重、屋盖楼盖传来的永久荷载及可变荷载。这些荷载对墙体作用的位置见图3-20。图中：

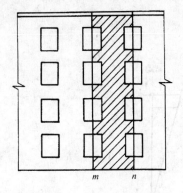

图 3-18　外墙计算单元

N_l 为所计算的楼层内，楼盖传来的永久荷载及可变荷载，即楼盖大梁的支座处压力。由于梁端的转动，梁端支承面处砌体的应力可认为是曲线分布的，其合力 N_l 至墙内皮的距离可取等于 $0.4a_0$。

N_u 为由上面各层楼盖、屋盖及墙体自重传来垂直荷载（包括永久荷载及可变荷载），可以认为 N_u 作用于上一楼层的墙柱的截面重心。

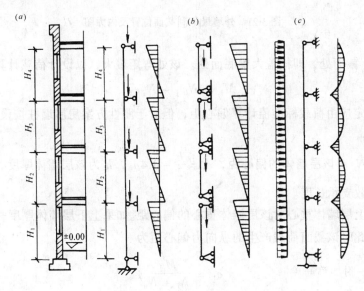

图 3-19　外纵墙计算图形

前面已经指出刚性方案房屋中屋盖和楼盖可以视为纵墙的不动铰支点，因此，竖向墙带就好象一个承受各种纵向力支承于楼盖及屋盖的竖向连续梁。其弯矩图形见图3-19（a），但考虑到楼盖大梁支承处，墙体截面被削弱。实际上该处不可能承受很大弯矩，为了简化计算，偏于安全地可将大梁支承处视为铰接。在底层砖墙与基础连接处，墙体虽未减弱，但由于多层房屋上部传来的轴向力与该处弯矩相比大很多，因此底端也认为是铰接支承。这样，墙体在每层高度范围内就成了两端铰支的竖向构件，其偏心荷载引起的弯矩图形见图3-19（b）。

应当指出，设计多层房屋时，考虑到各层楼面均布活荷载不大

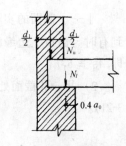

图 3-20　纵墙荷载
位置图

可能同时都满载，因此，应按荷载规范的有关规定，将活荷载乘以相应的折减系数。

（2）最不利截面的位置及内力计算

对每层墙体一般有下列几个截面比较危险（图3-21）：

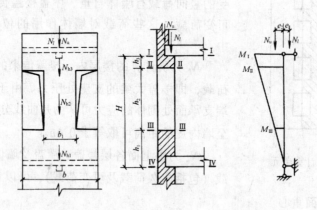

图 3-21 外墙最不利截面位置及内力图

1）Ⅰ—Ⅰ截面处，即楼盖大梁底面处。该处弯矩最大，以设计荷载计算的弯矩值为

$$M_{\mathrm{I}} = N_l e_1 - N_{\mathrm{u}} e_2$$

按规范规定应由荷载标准值计算偏心距，但对于刚性方案房屋墙柱按设计值计算影响不大。

式中　e_1——N_l 对该层墙体的偏心距，$e_1 = \dfrac{h}{2} - 0.4 a_0$，$h$ 为该层墙体厚度，a_0 为梁端有效支承长度。

　　　e_2——上层墙体重心对该层墙体重心的偏心距。如果上下层墙体厚度一样，则 $e_2 = 0$。此时该截面荷载产生的纵向力偏心距为

$$e_1 = \frac{M_{\mathrm{I}}}{N_l + N_{\mathrm{u}}}$$

而设计荷载产生的纵向力为

$$N_{\mathrm{I}} = N_l + N_{\mathrm{u}}$$

Ⅰ—Ⅰ截面的实际面积应为墙厚 h 与窗口轴线间距 b 的乘积，即 $A_{\mathrm{I}} = b \cdot h$，但考虑到有时与窗口上边缘的距离不大，为简化计算并偏于安全，一般均按窗间墙截面积采用，即 $A_{\mathrm{I}} = b_1 h$。

2）Ⅱ—Ⅱ截面处，即窗口上边缘处。该处弯矩可由三角形弯矩图按内插法求得（图3-21）。

$$M_{\mathrm{II}} = M_{\mathrm{I}} \frac{h_1 + h_2}{H}$$

该截面的纵向力为

52

$$N_{\text{II}} = N_{\text{I}} + N_{\text{h3}}$$

式中　N_{h3}——高为 h_3、宽为 b 的墙体自重。

纵向力偏心距　　　　　　$$e_{\text{II}} = \frac{M_{\text{II}}}{N_{\text{I}} + N_{\text{h3}}}$$

截面面积　　　　　　　　$$A_{\text{II}} = b_1 h$$

3）Ⅲ—Ⅲ截面处，即窗口下边缘处，该处弯矩为

$$M_{\text{III}} = M_{\text{I}} \frac{h_1}{H}$$

该截面的纵向力为　　　　$$N_{\text{III}} = N_{\text{II}} + N_{\text{h2}}$$

式中　N_{h2}——高为 h_2 宽为 b_1 的窗间墙自重。

纵向力偏心距　　　　　　$$e_{\text{III}} = \frac{M_{\text{u}}}{N_{\text{II}} + N_{\text{h2}}}$$

截面面积　　　　　　　　$$A_{\text{III}} = b_1 h$$

4）Ⅳ—Ⅳ截面处，也即下层楼盖大梁底面处。该处 $M_{\text{IV}} = 0$，$N_{\text{IV}} = N_{\text{III}} + N_{\text{h1}}$，$N_{\text{h1}}$ 是高为 h_1 宽为 b 的墙体自重。截面面积仍取 $A_{\text{IV}} = b_1 h$。

上述 4 个截面中显然Ⅰ—Ⅰ截面比较不利，因为该处弯矩比较大，如果弯矩影响较小有时Ⅳ—Ⅳ截面可能更不利。

（3）截面承载力计算

根据上面所述方法求出最不利截面的 N 和纵向力偏心距 e 之后就可按受压构件强度公式进行计算。

在竖向荷载作用下砌体构件受压承载力可按下式计算

$$N \leqslant \varphi A f \tag{3-7}$$

式中　N——计算截面上竖向力设计值的总和；

　　　φ——考虑竖向力偏心影响及构件高厚比 β 对受压构件承载力的影响系数，可由规范或教材中直接查表采用；

　　　A——计算截面处的截面面积。

　　　f——砌体抗压强度设计值，可由选用的块材强度等级和采用的砂浆强度等级由规范或教材中砌体抗压强度指标表直接查得，但应注意在某些情况下，表中查得的砌体强度设计值尚应乘以调整系数 γ_{a} 才能用于截面强度计算（具体规定见规范）。

（4）刚性方案的外纵墙在水平风荷载作用下的计算方法

刚性方案房屋的外纵墙在水平风荷载作用下，同样应将计算单元的竖向墙带看作为一个竖向连续梁，墙带跨中及支座弯矩可近似取（图 3-19c）：

$$M = \frac{1}{12} q H^2 \tag{3-8}$$

式中　H——楼层高度；

　　　q——沿竖直方向每单位长度风荷载值。

水平风荷载作用下产生的弯矩应与垂直荷载作用下的弯矩进行组合，风荷载取正风压

（压力）还是取负风压（吸力）应以组合后弯矩的代数和增大来决定。

当风荷载、永久荷载、可变荷载进行组合时，尚应按荷载规范的有关规定考虑组合系数。

对于刚性方案多层房屋的外墙，当洞口水平截面面积不超过全截面面积的 2/3，其层高和总高不超过表 3-4 规定，且屋面自重不小于 $0.8kN/m^2$ 时，可不考虑风荷载的影响，仅按竖向荷载进行计算。

刚性方案多层房屋外墙不考虑风荷载影响时的最大高度（m）　　　　表 3-4

基本风压值（kN/m²）	层　高　　（m）	总　高　　（m）
0.4	4.0	28
0.5	4.0	24
0.6	4.0	18
0.7	3.5	18

（5）计算表格化

对多层砌体结构房屋进行计算，数据比较多，每层需要计算的截面可能不止一个。为了更科学地书写结构计算书，建议适当采用表格形式进行计算，使计算思路清晰、规整也便于检查。

例如，墙体内力计算中，由于纵向墙带的有效截面只取窗间墙范围，所以各层要分别计算上层大梁底面处 I—I 截面和本层底部 IV—IV 截面处的内力。这样可以列表进行计算（见表 3-5）。

墙体内力计算（表式举例）　　　　表 3-5

楼层	墙厚（mm）	上　层　传　荷		本　层　楼　盖　荷		截　面　I—I		截面 IV—IV
		N_u（kN）	e_2（mm）	N_l（kN）	e_1（mm）	N_l（kN）	M_I（kN·m）	N_{IV}（kN）
5								
4								
3								
2								
1								

表中
$$N_I = N_u + N_l$$
$$M_I = N_u \cdot e_2 + N_l \cdot e_1 \text{（负值表示相反方向）}$$
$$N_{IV} = N_I + N_w \text{（墙重）}$$

对于截面承载力也可以列表进行计算（见表 3-6）。一般可对 I—I 截面计算即可，但多层房屋的底下几层可能 IV—IV 截面更为不利。所以先按 I—I 截面计算，然后再对 IV—IV 截面进行验算。计算结果如果不满足强度要求，可提高砂浆强度等级重算。如果还满足不了，墙垛数量不多，可考虑采用网状配筋砌体加强。如果大部分墙垛不能满足就应考虑改变墙体厚度或其它更有效方法加强。

计算项目	第 5 层	第 4 层	第 3 层	第 2 层		第 1 层	
				I—I	IV—IV	I—I	IV—IV
M (kN－m)							
N (kN)							
e (mm)							
h (mm)							
e/h							
$\beta = \dfrac{H_0}{h}$							
φ							
A (mm)^2							
砖 MU							
砂浆 M							
f (N/mm^2)							
φAf (kN)							
$\varphi Af/N$							

2．梁端砌体局部受压计算

（1）梁端有效支承长度确定

当钢筋混凝土梁直接支承在外墙砌体上时，首先应计算梁端底面有效支承长度，因为梁受力后，必然产生一定的弯曲变形，使梁端有脱开砌体的趋势，梁端底面没有离开砌体的长度就是有效支承长度 a_0，它并不一定都等于梁搁置到砌体上的实际支承长度，a_0 的大小主要取决于梁的刚度和砌体的刚度，规范规定可按下式计算

$$a_0 = 38\sqrt{\frac{N_l}{bf\mathrm{tg}\theta}} \tag{3-9}$$

式中　a_0——梁端有效支承长度（mm），当 a_0 大于梁端实际支承长度 a 时，应取 $a_0 = a$；

　　　N_l——梁端荷载设计值产生的支承压力（kN），即梁端支座反力；

　　　b——梁的截面宽度（mm）；

　　　$\mathrm{tg}\theta$——梁变形时，梁端轴线倾角的正切，对于受均布荷载的简支梁，当挠度与跨度之比等于 1/250 时，可近似取 $\mathrm{tg}\theta = 1/78$。

对于均布荷载作用的钢筋混凝土简支梁，其跨度小于 6m 时，可将公式（3-9）作进一步简化。取 $N_l = \dfrac{1}{2}ql$，$\mathrm{tg}\theta = \dfrac{ql^3}{24B_l}$，考虑混凝土梁开裂对刚度影响以及长期荷载下刚度折减，钢筋混凝土梁的长期刚度 B_l 在经济含钢率范围内可近似取 $B_l = 0.33E_cI_c$，E_cI_c 为梁的弹性模量和惯性矩，对于常用的 C20 混凝土，$E_c = 25.5\mathrm{kN/mm}^2$，再近似取 $\dfrac{h_c}{l} = \dfrac{1}{11}$，则公式（3-9）可简化为

$$a_0 = 10\sqrt{\frac{h_c}{f}} \tag{3-10}$$

式中　h_c——为梁的截面高度。

公式（3-10）还是反映了梁和砌体刚度对 a_0 的影响。

在计算荷载传至下部砌体的偏心距时，对于屋盖，N_l 的作用点距墙的内表面假定为 $0.33a_0$；对于楼盖假定为 $0.4a_0$。

(2) 梁端砌体局部受压强度计算

规范规定梁端支承处砌体的局部受压承载力应按下式计算

$$\psi N_0 + N_l \leqslant \eta \gamma f A_l \tag{3-11}$$

式中　ψ——上部荷载的折减系数，$\psi = 1.5 - 0.5 \dfrac{A_0}{A_l}$，当 $A_0 / A_l \geqslant 3$ 时，取 $\psi = 0$，这是因为 A_0 / A_l 比较大时，墙体本身存在内拱卸荷作用，上部荷载影响可以不予考虑。

N_0——局部受压面积内上部轴向力设计值，$N_0 = \sigma_0 A_l$，σ_0 为上部平均压应力设计值。

η——梁端底面压应力图形的完整系数，一般认为梁底局压应力为丰满的曲线分布，可取 $\eta = 0.7$。

A_l——局部受压面积 $A_l = a_0 b$，b 为梁宽，a_0 为梁端有效支承长度。

γ——砌体局部抗压强度提高系数，可按规范中均匀局压情况下的数值采用，即

$$\gamma = 1 + 0.35 \sqrt{\frac{A_0}{A_l} - 1} \tag{3-12}$$

A_0——影响砌体局部抗压强度的计算面积，应按规范规定采用。

算出的 γ 值，尚应符合规范规定的 γ 限值要求。

当按公式（3-11）计算梁端局部受压承载力不能满足要求时，应在梁端设置垫块。

另外，规范规定跨度大于 6m 的屋架，对砖砌体跨度大于 4.8m 的梁，对于砌块砌体跨度大于 4.2m 的梁，其支承面下的砌体应设置混凝土或钢筋混凝土垫块。

(3) 垫块下砌体的局部受压承载力计算

当梁下设置预制刚性垫块时，规范规定垫块下砌体局部受压承载力按下式计算，

$$N_0 + N_l \leqslant \varphi \gamma_1 A_b f \tag{3-13}$$

式中　N_0——垫块面积 A_b 上由上部荷载设计值产生的轴向力，$N_0 = \sigma_0 A_b$；

φ——垫块上 N_0 及 N_l 的轴向力影响系数，但不考虑纵向弯曲影响，即查《砌体结构设计规范》附录表中 $\beta \leqslant 3$ 时的 φ 值。

公式（3-13）基本上是偏心受压承载力计算公式，即用偏压计算模式来反映垫块下砌体局压的实质。考虑到垫块以外砌体面积的有利影响，所以用 γ_1 来作适当反映。$\gamma_1 = 0.8\gamma$ 但不小于 1，γ 为局部承压强度提高系数，可按公式（3-12）以 A_b 代替 A_l 计算得出。由于垫块面积比梁的端部要大得多，内拱卸荷作用不显著，所以按应力叠加原理取 $N_0 + N_l$ 计算。

A_b 为刚性垫块的面积，$A_b = a_b b_b$。a_b 为垫块伸入墙内方向的长度，计算时 a_b 不得大于 $a_0 + t_b$，t_b 为垫块厚度，一般不宜小于 180mm；b_b 为垫块宽度，同时自梁边算起的垫块挑出长度应不大于 t_b。

常用的混凝土刚性垫块的尺寸为宽度 500mm，伸入墙厚方向的长度同墙厚，当墙厚大

于等于 370mm 时，可采用墙厚尺寸减 120mm，有利于墙面保温和清水墙的美观。垫块高度一般不小于 180mm。

应当指出，梁与垫块之间有效支承长度在现行规范中尚未给出计算公式，有待新的规范给予补充，目前可近似地以梁与砌体之间的 a_0 代替。

当垫块与梁端浇成整体时，梁端支承处砌体的局部受压可按公式（3-11）计算，这时 $A_l = a_0 b_b$，在计算 a_0 时，公式（3-9）中的 b 用 b_b 代替。

当梁端支承于墙上的圈梁上时，可按规范中柔性垫梁下局部承压公式计算。

3.2.6 墙下条形基础设计计算

根据本课程设计教学要求，外墙下设条形毛石基础，按浅基础设计。

1. 基础埋置深度

基础埋置深度的确定关系到地基是否可靠，施工的难易程度以及造价的高低。影响基础埋深选择的因素很多，一般来说应考虑建筑物本身的条件（有无地下室、设备层等）、工程地质条件、水文地质条件（是否有承压含水层）以及地基冻融条件等。

地基基础设计时，应具备建设场地的工程地质勘察报告，提供场地各土层厚度、性质以及必要的参数作为设计的依据。

直接支承基础的土层称为持力层，其下的各土层称为下卧层。为保证建筑物的安全，必须根据荷载的大小和性质给基础选择可靠的持力层。上层土的承载力大于下层土时，应尽量选择上层土作为持力层。如果下层土存在软弱土层时，还要验算下卧层的地基承载力。

北方寒冷地区存在土层冰冻深度问题，即一定深度范围内土层在冬季结冻、天暖解冻的现象。如果细粒土（粉砂、粉土和粘性土）含水量比较高，而且冻结期间地下水位低于冻结深度不足 1.5～2.0m，则有可能发生冻胀，容易导致上部墙体开裂。所以基础最小埋深 d_{min} 应按下式确定

$$d_{min} = z_0 \cdot \psi_t - d_{fr} \tag{3-14}$$

式中 d_{min}——基础最小埋深；

z_0——标准冻深，按《建筑地基基础设计规范》查用或按当地资料采用；

ψ_t——采暖对冻深的影响系数，按《建筑地基基础设计规范》表 4.2.3 采用；

d_{fr}——基底下允许残留冻土层的厚度。

对于弱冻胀土 $d_{fr} = 0.17 z_0 \psi_t + 0.26$

冻胀土 $d_{fr} = 0.15 z_0 \psi_t$

强冻胀土 $d_{fr} = 0$

冻胀土的强弱程度应按《建筑地基基础设计规范》表 4.2.1 分类。

2. 地基承载力设计值

地基基础设计首先必须保证在荷载作用下地基对土体产生剪切破坏而失效方面应具有足够的安全度。为此，建筑物浅基础的地基承载力验算均应满足下列要求

$$p \leq f \tag{3-15}$$

式中 p——基础底面处的平均压力设计值，以传至基础底面的荷载按基本组合的设计值计算；

f——地基竖向承载力设计值。

地基承载力标准值 f_k 的确定方法可归纳为三类：1）根据土的抗剪强度指标以理论公式计算；2）按现场载荷试验的 p—s 曲线确定；3）按《建筑地基基础设计规范》提供的承载力表确定。必要时可以按多种方法综合确定。工程地质钻探报告中提供的土层地耐力也可以直接作 f_k 应用。

当基础宽度大于 3m 或埋置深度大于 0.5m 时，应按下式计算地基承载力设计值

$$f = f_k + \eta_b \gamma (b - 3) + \eta_d \gamma_0 (d - 0.5) \tag{3-16}$$

式中　f_k——地基承载力标准值；

η_b、η_d——基础宽度和埋深的地基承载力修正系数，根据基底下土的类别查"地基规范"表 5.1.3；

γ——土的重度，为基底以下土的天然质量密度 ρ 与重力加速度 g 的乘积，地下水位以下取有效重度；

b——基础底面宽度（m），当基宽小于 3m 按 3m 考虑，大于 6m 按 6m 考虑；

γ_0——基础底面以上土的加权平均重度，地下水位以下取有效重度；

d——基础埋置深度（m），一般自室外地面标高算起。在填方整平地区，可自填土地面标高算起，但填土在上部结构施工后完成时，应从天然地面标高算起。

当计算所得设计值 $f < 1.1 f_k$ 时，可取 $f = 1.1 f_k$。

当偏心荷载作用时，除符合公式（3-15）要求外，尚应符合下式要求

$$p_{max} \leq 1.2 f \tag{3-17}$$

式中　p_{max}——基础底面边缘的最大压力设计值。

3. 基础底面尺寸的确定

对于中心荷载作用下的基础，基底平均压应力设计值 p 可按下式计算

$$p = (F + G)/A \tag{3-18}$$

式中　F——上部结构传至基础顶面的竖向力设计值；

G——基础自重设计值加基础上的土重标准值，对一段实体基础，可近似取 $G = \gamma_G A d$（γ_G 为基础及回填土的平均重度，可取 $\gamma_G = 20 \text{kN/m}^3$），但在地下水位以下部分应扣去浮托力。

将式（3-18）代入式（3-15），可得

$$A \geq \frac{F}{f - \gamma_G d} \tag{3-19}$$

对于条形基础，F 为每米长度上的外荷载（kN/m）。此时，沿基础长度方向取单位长度（1m）计算，故上式可改写为

$$b \geq \frac{F}{f - \gamma_G d} \tag{3-20}$$

当偏心荷载作用时

$$p_{max} = \frac{F + G}{A} + \frac{M}{W} \tag{3-21}$$

$$p_{min} = \frac{F + G}{A} - \frac{M}{W} \tag{3-22}$$

式中　M——作用于基础截面底面的力矩设计值；

　　　　W——基础底面的抵抗矩；

p_{max}、p_{min}——基础底面边缘的最大、最小压力设计值。

以上计算过程中必须先估算出基础底面尺寸后才能进行下去，这样，就需反复试算才能得合适的结果。

4. 毛石基础的刚性角

毛石基础的高度以及台阶具体尺寸的确定必须满足刚性角的要求。

基础顶面受到墙体传来荷载后，将按一定的扩散角往下传递压力，即自墙边向下按一定的角度 α 传递分布于较大的面积上，在 α 角范围以内的毛石砌体的拉应力和剪应力很小，不致于引起毛石砌体的强度破坏，这样的 α 角称为刚性角。因此设计时应使基础超出墙边的伸臂宽度与高度组成的夹角小于刚性角，即伸臂宽度与高度之比 $\dfrac{b}{H}$（包括各个台阶宽高比）不应超过宽高比的容许值（图 3-22）。

$\dfrac{b}{H}$ 比值与基础材料、基础型式和地基承载力

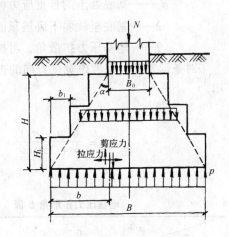

图 3-22　毛石基础的压力分布角

有关。毛石基础宽高比容许值见表 3-7。当不能满足刚性角要求时，应提高砂浆强度或增大基础高度。

毛石基础台阶宽高比的容许值　　　　　　　　　　　表 3-7

砌筑砂浆强度等级	地　基　压　应　力	
	$p \leq 10$	$10 < p < 20$
M2.5、M5	1:1.25	1:1.50
M1.0	1:1.50	

5. 地基软弱下卧层的验算

当地基受力层范围内存在软弱下卧层（承载力显著低于持力层的高压缩性土层）时，按持力层土的承载力计算得出基础底面所需的尺寸后，还必须对软弱下卧层进行验算，要求作用在软弱下卧层顶面处的附加应力与自重应力之和不超过它的承载力设计值，即

$$\sigma_z + \sigma_{cz} \leq f_z \tag{3-23}$$

式中　σ_z——软弱下卧层顶面处的附加应力设计值；

　　　　σ_{cz}——软弱下卧层顶面处土的自重应力标准值；

　　　　f_z——软弱下卧层顶面处经深度修正后的地基承载力设计值。

关于附加应力 σ_z 的计算，《建筑地基基础设计规范》提出了以下简化计算方法：当持力层与下卧软弱土层的压缩模量比值 $E_{x1}/E_{x2} \geq 3$ 时，对矩形或条形基础，式（3-23）中的 σ_z 可按压力扩散角的概念计算。如图 3-23 假设基底处的附加压力（$p_0 = p - \sigma_z$）往下传递

时按某一角度 θ 向外扩散分布于较大的面积上。根据基底与扩散面积上的总附加压力相等的条件，可得

$$\sigma_z = \frac{lb(p - \sigma_c)}{(1 + 2z\tan\theta)(b + 2z\tan\theta)} \qquad (3\text{-}24)$$

式中　l、b——分别为矩形基础底面的长度和宽度；

　　　p——基底的平均压力设计值；

　　　σ_c——基底处土的自重应力标准值；

　　　z——基底至软弱下卧层顶面的距离；

　　　θ——地基压力扩散角，可按表 3-8 采用。

对条形基础，仅考虑宽度方向的扩散，并沿基础纵向取单位长度为计算单元，于是可得

$$\sigma_z = \frac{b(p - \sigma_c)}{b + 2z\tan\theta} \qquad (3\text{-}25)$$

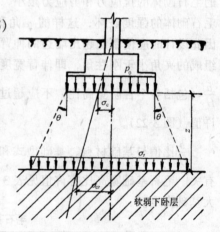

图 3-23　软弱下卧层顶面的总压应力

地基压力扩散角 θ 值　　　　　　表 3-8

E_{s1}/E_{s2} $\diagdown$ z/b	0.25	$\geqslant 0.50$
1	4°	12°
3	6°	23°
5	10°	25°
10	20°	30°

注：1. 当 $0.25 < z/b < 0.50$ 时，θ 可内插求得；

　　2. $z/b < 0.25$ 时，一般取 $\theta = 0°$。

3.3　设　计　例　题

以第 2 章民用房屋建筑设计例题所给百货商店的平、立面图为例，进行现浇钢筋混凝土楼盖的结构布置和楼盖板、次梁、主梁的内力计算，绘出局部构件配筋图。接着针对该建筑设计的外墙，进行砌体构件强度计算和墙下条形基础设计计算。

3.3.1　设计资料

某多层商场，采用整体式钢筋混凝土内框架结构，楼盖结构布置见结构施工图（图 3-30、3-31）。

（1）楼面构造层做法：20mm 厚水泥砂浆打底，10mm 厚水磨石面层，20mm 厚混合砂浆天棚抹灰。

（2）可变荷载：由《建筑结构荷载规范》（GBJ9—87）》查得楼面可变荷载标准值为 3.5kN/m^2。

（3）永久荷载分项系数 $\gamma_G = 1.2$；可变荷载分项系数 $\gamma_Q = 1.4$。

(4) 材料选用：

混凝土，采用 C20（$f_{cm} = 11N/mm^2$，$f_c = 10N/mm^2$）。

钢筋　　梁中受力纵筋采用Ⅱ级钢筋（$f_y = 310N/mm^2$）。

其余采用Ⅰ级钢筋（$f_y = 210N/mm^2$）。

3.3.2 板的计算

板按考虑塑性内力重分布方法计算

板的厚度取 $h = 80mm > \dfrac{l}{40} \approx \dfrac{2200}{40} = 55mm$。

次梁截面高度取 $h = 450mm > \dfrac{l}{25} \approx \dfrac{6600}{25} = 264mm$，截面宽度 $b = 200mm$，板的尺寸及支承情况如图 3-24（a）所示。

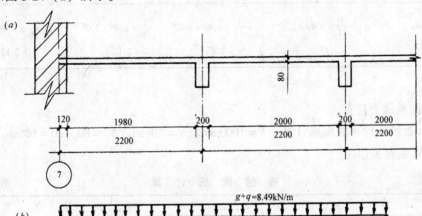

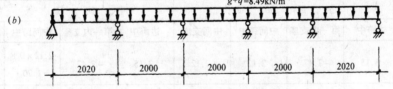

图 3-24　板的构造和计算简图

（a）板的构造；（b）板的计算简图

1. 荷载

永久荷载标准值

20mm 水泥砂浆打底，10mm 水磨石面层	$0.65kN/m^2$
80mm 钢筋混凝土板	$0.08 \times 25 = 2.0$
20mm 混合砂浆天棚抹灰	$0.02 \times 17 = 0.34$
	$g_k = 2.99kN/m^2$
永久荷载设计值	$g = 1.2 \times 2.99 = 3.59kN/m^2$
可变荷载设计值	$q = 1.4 \times 3.5 = 4.90kN/m^2$
合　　　计	$= 8.49kN/m^2$

2. 内力计算

计算跨度

$$边跨 \quad l = 2.2 - 0.12 - \frac{0.2}{2} + \frac{0.08}{2} = 2.02\text{m}$$

$$中间跨 \quad l = 2.2 - 0.2 = 2.0\text{m}$$

跨度差 $(2.02 - 2.0)/2.0 = 1.0\% < 10\%$，可以按等跨连续板计算内力。取 1m 宽板带为计算单元，其计算简图如图 3-24（b）所示。

板的各截面弯矩计算见表 3-9。

板 的 各 截 面 弯 矩 计 算   表 3-9

截　　面	边 跨 中	第一内支座	中间跨中	中间支座
弯矩系数 α	$\dfrac{1}{11}$	$-\dfrac{1}{14}$	$\dfrac{1}{16}$	$-\dfrac{1}{16}$
$M = \alpha\ (g + q)\ l^2$ (kN·m)	$\dfrac{1}{11} \times 8.49 \times 2.02^2$ $= 3.15$	$-\dfrac{1}{14} \times 8.49 \times 2.02^2$ $= -2.47$	$\dfrac{1}{16} \times 8.49 \times 2.0^2$ $= 2.12$	$-\dfrac{1}{16} \times 8.49 \times 2.0^2$ $= -2.12$

3. 截面承载力计算

取 1m 板带进行板的配筋计算，$b = 1000\text{mm}$，$h = 80\text{mm}$，$h_0 = 80 - 20 = 60\text{mm}$，各截面的配筋计算见表 3-10。

板 的 配 筋 计 算   表 3-10

板带部位	边 区 板 带				中 间 区 板 带			
截　　面	边跨中	第一内支座	中间跨中	中间支座	边跨中	第一内支座	中间跨中	中间支座
M （kN·m）	3.15	-2.47	2.12	-2.12	3.15	-2.47	2.12×0.8 $= 1.70$	-2.12×0.8 $= -1.70$
$\alpha_s = \dfrac{M}{f_{cm}bh_0^2}$	0.08	0.06	0.05	0.05	0.08	0.06	0.04	0.04
γ_s	0.958	0.969	0.974	0.974	0.958	0.969	0.979	0.979
$A_s = \dfrac{M}{\gamma_s f_y h_0}$ (mm^2)	261	202	173	173	261	202	138	138
选配钢筋	$\phi8$ @160	$\phi6/8$ @160	$\phi6$ @160	$\phi6$ @160	$\phi8$ @180	$\phi6/8$ @180	$\phi6$ @180	$\phi6$ @180
实配钢筋面积 (mm^2)	314	246	177	177	279	218	157	157

对中间区板带四周与梁整体连接的中间跨中和中间支座截面，考虑板的内拱作用，其计算弯矩降低 20%。

3.3.3　次梁的计算

次梁按考虑塑性内力重分布方法计算。

取主梁的梁高 $h = 600\text{mm} > \dfrac{l}{15} \approx \dfrac{6600}{15} = 440\text{mm}$，梁宽 $b = 300\text{mm}$。次梁有关尺寸及支承情况见图 3-25（a）。

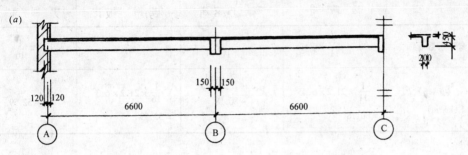

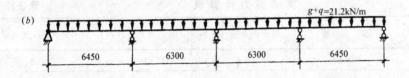

图 3-25　次梁的构造和计算简图

（a）次梁的构造；（b）次梁的计算简图

1. 荷载

永久荷载设计值

由板传来	$3.59 \times 2.2 = 7.90\text{kN/m}$
次梁自重	$1.2 \times 25 \times 0.2 \times (0.45 - 0.08) = 2.22$
次梁梁侧抹灰	$1.2 \times 17 \times 0.02 \times 2 \times \underline{(0.45 - 0.08) = 0.30}$
	$g = 10.42\text{kN/m}$

可变荷载设计值

由板传来　　　　　　　　　　　　　　　　$q = 4.9 \times 2.2 = 10.78\text{kN/m}$

合　　　计　　　　　　　　　　　　　　　　$g + q = 21.2\text{kN/m}$

2. 内力计算

计算跨度

边跨　　　　　　　　$l_0 = 6.6 - 0.12 - \dfrac{0.3}{2} = 6.33\text{m}$

$$l = l_0 + \frac{a}{2} = 6.33 + \frac{0.24}{2} = 6.45\text{m} < 1.025 l_0 = 1.025 \times 6.33 = 6.46\text{m}$$

中间跨　　　　　　　　$l = l_0 = 6.6 - 0.3 = 6.3\text{m}$

跨度差 $(6.46 - 6.3)/6.3 = 2.5\% < 10\%$，可以按等跨连续梁计算内力。计算简图见图 3-25（b）。

次梁内力计算见表 3-11、表 3-12。

次 梁 弯 矩 计 算 表 表 3-11

截　　　面	边 跨 中	第 一 内 支 座	中 间 跨 中	中 间 支 座
弯矩系数 α	$\dfrac{1}{11}$	$-\dfrac{1}{11}$	$\dfrac{1}{16}$	$-\dfrac{1}{16}$
$M = \alpha\,(g+q)\,l^2$ (kN·m)	$\dfrac{1}{11} \times 21.2 \times 6.45^2$ $= 80.18$	-80.18	$\dfrac{1}{16} \times 21.2 \times 6.3^2$ $= 52.59$	-52.59

次 梁 剪 力 计 算 表 表 3-12

截　　　面	边 支 座	第一内支座（左）	第一内支座（右）	中 间 支 座
剪力系数 β	0.4	0.6	0.5	0.5
$V = \beta\,(g+q)\,l_0$ (kN)	$0.4 \times 21.2 \times 6.33$ $= 53.68$	$0.6 \times 21.2 \times 6.33$ $= 80.52$	$0.5 \times 21.2 \times 6.3$ $= 66.78$	66.78

3. 截面承载力计算

次梁跨中截面应按 T 形截面计算，其 T 形翼缘计算宽度为

边跨　$b_{\mathrm{f}}' = \dfrac{l}{3} = \dfrac{1}{3} \times 6450 = 2150\text{mm} < b + s_0 = 200 + 2000 = 2200\text{mm}$

中间跨　　　　　　　　$b_{\mathrm{f}}' = \dfrac{l}{3} = \dfrac{1}{3} \times 6300 = 2100\text{mm}$

梁高 $h = 450\text{mm}$，$h_0 = 450 - 35 = 415\text{mm}$，翼缘厚 $h_{\mathrm{f}}' = 80\text{mm}$。

判断 T 形截面类型：

$$f_{\mathrm{cm}} b_{\mathrm{f}}' h_{\mathrm{f}}' \left(h_0 - \dfrac{h_{\mathrm{f}}'}{2} \right) = 11 \times 2100 \times 80 \times \left(415 - \dfrac{80}{2} \right) = 693.0\text{kN·m} > \begin{array}{l} 80.18\text{kN·m（边跨中）} \\ 52.59\text{kN·m（中间跨中）} \end{array}$$

因此，各跨中截面均属第一类 T 形截面。

次梁支座截面按矩形截面计算。

次梁正截面及斜截面承载力计算分别见表 3-13、表 3-14。

次 梁 正 截 面 承 载 力 计 算 表 3-13

截　　　面	边 跨 中	第 一 内 支 座	中 间 跨 中	中 间 支 座
M (kN·m)	80.18	-80.18	52.59	-52.59
$\alpha_{\mathrm{s}} = \dfrac{M}{f_{\mathrm{cm}} b h_0^2}$	$\dfrac{80.18 \times 10^6}{11 \times 2150 \times 415^2}$ $= 0.020$	$\dfrac{80.18 \times 10^6}{11 \times 200 \times 415^2}$ $= 0.212$	$\dfrac{52.59 \times 10^6}{11 \times 2100 \times 415^2}$ $= 0.013$	$\dfrac{52.59 \times 10^6}{11 \times 200 \times 415^2}$ $= 0.139$

截　　　面	边　跨　中	第一内支座	中　间　跨　中	中　间　支　座
ξ	0.02	0.24 < 0.35	0.01	0.15
γ_s	0.990	0.879	0.993	0.925
$A_s = \dfrac{M}{\gamma_s f_y h_0}$ （mm^2）	$\dfrac{80.18 \times 10^6}{0.990 \times 310 \times 415}$ = 630	$\dfrac{80.18 \times 10^6}{0.879 \times 310 \times 415}$ = 709	$\dfrac{52.59 \times 10^6}{0.993 \times 310 \times 41}$ = 412	$\dfrac{52.59 \times 10^6}{0.925 \times 310 \times 415}$ = 442
选 配 钢 筋	2Φ18 + 12Φ14	22Φ18 + 12Φ16	22Φ18	22Φ18
实配钢筋面积 （mm^2）	663	710	509	509

次梁斜截面承载力计算　　　　　　　　　　表 3-14

截　　　面	边　支　座	第一内支座（左）	第一内支座（右）	中　间　支　座
V （kN）	53.68	80.52	66.78	66.78
$0.25 f_c b h_0$ （N）	$0.25 \times 10 \times 200 \times 415$ = 207500 > V	207500 > V	207500 > V	207500 > V
$0.07 f_c b h_0$ （N）	$0.07 \times 10 \times 200 \times 415$ = 58100 > V	58100 < V	58100 < V	58100 < V
选 配 箍 筋	2Φ6	2Φ6	2Φ6	2Φ6
$A_{sv} = n A_{sv1}$ （mm^2）	$2 \times 28.3 = 56.6$	56.6	56.6	56.6
$s = \dfrac{1.5 f_{vy} A_{sv} h_0}{V - 0.07 f_c b h_0}$		$\dfrac{1.5 \times 210 \times 56.6 \times 41}{80250 - 58100}$ = 334	$\dfrac{1.5 \times 210 \times 56.6 \times 41}{66780 - 58100}$ = 852	852
实配箍筋间距 （mm）	200	200	200	200

3.3.4　主梁的计算

主梁按弹性理论计算。

柱高 5.1m，设柱截面尺寸为 350mm × 350mm。主梁的有关尺寸、支承情况及荷载情况如图 3-26（a）所示。

1. 荷载

④ ~ ⑥轴间荷载

永久荷载设计值

由次梁传来　　　　　　　　　　　　　　　　　　　　　　$10.42 \times 6.6 = 68.77$kN

主梁自重（折算为集中荷载）　　　　　$1.2 \times 25 \times 0.3 \times (0.65 - 0.08) \times 2.2 = 11.29$

梁侧抹灰（折算为集中荷载）　　　$\underline{1.2 \times 17 \times 0.02 \times (0.65 - 0.08) \times 2 \times 2.2 = 1.02}$

$G_1 = 81.08$kN

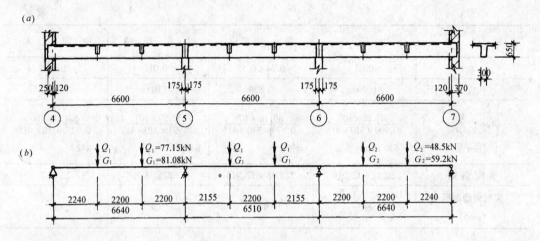

图 3-26　主梁的构造和计算简图

(a) 主梁的构造；(b) 主梁的计算简图

可变荷载设计值

由次梁传来 $\qquad Q_1 = 10.78 \times 6.6 = 77.15\text{kN}$

合计 $\qquad G_1 + Q_1 = 158.23\text{kN}$

⑥~⑦轴间荷载

永久荷载设计值

由次梁传来 $\qquad 10.42 \times 4.5 = 46.89\text{kN}$

主梁自重（折算为集中荷载）$\quad 1.2 \times 25 \times 0.3 \times (0.65 - 0.08) \times 2.2 = 11.29$

梁侧抹灰（折算为集中荷载）$\quad 1.2 \times 17 \times 0.02 \times \underline{(0.65 - 0.08) \times 2 \times 2.2 = 1.02}$

$\qquad G_2 = 59.20\text{kN}$

可变荷载设计值

由次梁传来 $\qquad Q_2 = 10.78 \times 4.5 = 48.51\text{kN}$

合计 $\qquad G_2 + Q_2 = 107.71\text{kN}$

2. 内力计算

计算跨度

边跨 $\qquad l_0 = 6.60 - 0.12 - \dfrac{0.35}{2} = 6.31\text{m}$

$$l = 1.025 l_0 + \frac{b}{2} = 1.025 \times 6.31 + \frac{0.35}{2} = 6.64\text{m} <$$

$$l_0 + \frac{a}{2} + \frac{b}{2} = 6.31 + \frac{0.36}{2} + \frac{0.35}{2} = 6.67\text{m}$$

中间跨 $\quad l = 1.05 l_0 = 1.05 \times (6.60 - 0.35) = 6.56\text{m} < l_0 + b = (6.60 - 0.35) + 0.35 = 6.60\text{m}$

跨度差 $(6.64 - 6.56)/6.56 = 1.2\% < 10\%$，因此，可以按各跨等跨进行内力计算。

由于主梁线刚度较柱的线刚度比大于 3（$i_梁/i_柱 = 4.24$），故主梁可以视为铰支在柱顶的等跨连续梁，计算简图如图 3-26 (b) 所示。

在各种不同分布荷载作用下的内力可采用等跨连续梁的内力系数表进行计算，具体计算结果及最不利内力组合见表 3-15、表 3-16。

66

序号	荷 载 简 图	边 跨 中 $\dfrac{K_1(K_3)}{M_1(M_3)}$	中 间 支 座 $\dfrac{K_B(K_C)}{M_B(M_C)}$	中 间 跨 中 $\dfrac{K_2}{M_2}$
①	$G_1\ G_1\ \ G_1\ G_1$	$\dfrac{0.229(-0.03)}{123.29(-16.15)}$	$\dfrac{-0.311(-0.089)}{-166.42(-47.63)}$	$\dfrac{0.170}{90.42}$
②	$G_2\ G_2$	$\dfrac{0.015(0.274)}{5.90(107.71)}$	$\dfrac{0.044(-0.178)}{17.19(-69.55)}$	$\dfrac{-0.103}{-40.00}$
③	$Q_1\ Q_1$	$\dfrac{0.274(-0.015)}{140.36(-8.20)}$	$\dfrac{-0.178(0.044)}{-90.64(22.40)}$	$\dfrac{-0.103}{-52.13}$
④	$Q_1\ Q_1$	$\dfrac{-0.045(-0.045)}{-23.05(-23.05)}$	$\dfrac{-0.133(-0.133)}{-67.72(-67.72)}$	$\dfrac{0.200}{101.22}$
⑤	$Q_2\ Q_2$	$\dfrac{0.015(0.274)}{4.83(88.26)}$	$\dfrac{0.044(-0.178)}{14.09(-56.99)}$	$\dfrac{-0.103}{-32.78}$
最不利内力组合 ①+②+③+⑤		$274.38(171.62)$	$-225.78(-151.77)$	-34.49
①+②+③+④		$246.5(60.31)$	$-307.59(-162.50)$	99.51
①+②+④		$106.14(68.51)$	$-216.95(-184.90)$	151.64
①+②+④+⑤		$110.97(156.77)$	$-202.86(-241.89)$	118.86

序号	荷 载 简 图	边 支 座 $\dfrac{K_A(K_D)}{M_A(M_D)}$	中 间 支 座 $\dfrac{K_{B左}(K_{C右})}{V_{B左}(V_{C右})}$	$\dfrac{K_{B右}(K_{C左})}{V_{B右}(V_{C左})}$
①	$G_1\ G_1\ \ G_1\ G_1$	$\dfrac{0.689(0.089)}{55.86(7.22)}$	$\dfrac{-1.311(0.089)}{-106.30(7.22)}$	$\dfrac{1.222(-0.778)}{99.08(-63.08)}$
②	$G_2\ G_2$	$\dfrac{0.044(-0.822)}{2.60(-48.66)}$	$\dfrac{0.044(1.178)}{2.60(69.74)}$	$\dfrac{-0.222(-0.222)}{-13.14(-13.14)}$
③	$Q_1\ Q_1$	$\dfrac{0.822(-0.044)}{63.42(-3.39)}$	$\dfrac{-1.178(-0.044)}{-90.88(-3.39)}$	$\dfrac{0.222(0.222)}{17.13(17.13)}$
④	$Q_1\ Q_1$	$\dfrac{-0.133(0.133)}{-10.26(10.26)}$	$\dfrac{-0.133(0.133)}{-10.26(10.26)}$	$\dfrac{1.000(-1.000)}{77.15(-77.15)}$

序号	荷 载 简 图	边 支 座	中 间 支 座	
		$\dfrac{K_A(K_D)}{M_A(M_D)}$	$\dfrac{K_{B左}(K_{C右})}{V_{B左}(V_{C右})}$	$\dfrac{K_{B右}(K_{C左})}{V_{B右}(V_{C左})}$
⑤	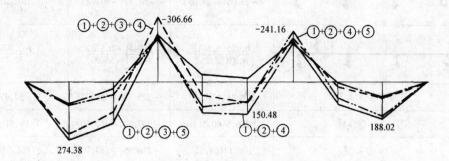 $Q_2\ Q_2$	$\dfrac{0.044(-0.822)}{2.13(-39.88)}$	$\dfrac{0.044(1.178)}{2.13(57.14)}$	$\dfrac{-0.222(-0.222)}{-10.77(-10.77)}$
最不利内力组合	①+②+③+⑤	124.01(-84.71)	-192.45(130.71)	92.30(-69.86)
	①+②+③+④	111.62(-34.57)	-204.84(83.83)	180.22(-136.24)
	①+②+④+⑤	50.33(-71.06)	-111.83(144.36)	152.32(-164.14)

将以上最不利内力组合下的四种弯矩图及三种剪力图分别叠画在同一坐标图上，即可得主梁的弯矩包络图及剪力包络图，见图 3-27。

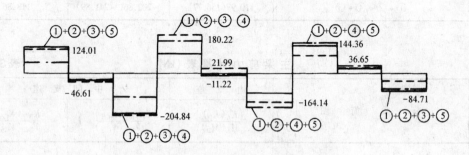

图 3-27　主梁的弯矩包络图及剪力包络图

3. 主梁截面及配筋计算

主梁跨中截面按 T 形截面计算，其翼缘计算宽度为

$$b'_f = \frac{l}{3} = \frac{6600}{3} = 2200 < b + s_0 = 6600\text{mm}，并取 } h_0 = 650 - 35 = 615\text{mm}。$$

判断 T 形截面类型

$$f_{cm} b'_f h'_f \left(h_0 - \frac{h'_f}{2} \right) = 11 \times 2200 \times 80 \times \left(615 - \frac{80}{2} \right) = 1113.2\text{kN} \cdot \text{m} > M_1 = 274.39\text{kN} \cdot \text{m}$$

故该主梁各跨中截面均属于第一类 T 形截面。

支座截面按矩形截面计算，取 $h_0 = 650 - 80 = 570$mm（因支座截面弯矩较大，为方便施工，保证质量，考虑布置两排纵筋，并布置在次梁纵筋的下面）。

主梁正截面及斜截面承载力计算，分别见表 3-17 和表 3-18。

主梁正截面承载力计算　　　　　　　　　　　　　　　表 3-17

截　面	边　跨　中		中　间　支　座		中　间　跨　中	
	M_1	M_3	M_B	M_C		
M(kN-m)	274.38	171.62	− 307.59	− 241.89	151.64	− 34.49
$V_0 \dfrac{b}{2}$(kN-m)			$(81.1 + 77.2)$ $\times \dfrac{0.35}{2} = 27.7$	$(59.2 + 48.5)$ $\times \dfrac{0.35}{2} = 18.85$		
$M - V_0 \dfrac{b}{2}$(kN-m)			− 279.89	− 223.04		
$\alpha_s = \dfrac{M}{f_{cm} b_f' h_0^2}$ （ 或 $\alpha_s = \dfrac{M}{f_{cm} b h_0^2}$ ）	$\dfrac{274.39 \times 10^6}{11 \times 2200 \times 615}$ $= 0.03$	$\dfrac{171.62 \times 10^6}{11 \times 2200 \times 61}$ $= 0.019$	$\dfrac{279.89 \times 10^6}{11 \times 300 \times 570}$ $= 0.261$	$\dfrac{223.04 \times 10^6}{11 \times 300 \times 595^2}$ $= 0.191$	$\dfrac{151.64 \times 10^6}{11 \times 2200 \times 615}$ $= 0.017$	$\dfrac{34.49 \times 10^6}{11 \times 300 \times 615}$ $= 0.028$
ξ	0.03	0.02	0.31	0.21	0.02	0.03
γ_s	0.985	0.990	0.845	0.893	0.991	0.986
$A_s = \dfrac{M}{\gamma_s f_y h_0}$ (mm²)	$\dfrac{274.38 \times 10^6}{0.985 \times 310 \times 6}$ $= 1461$	$\dfrac{171.62 \times 10^6}{0.990 \times 310 \times 6}$ $= 909$	$\dfrac{279.89 \times 10^6}{0.845 \times 310 \times 5}$ $= 1875$	$\dfrac{223.04 \times 10^6}{0.893 \times 310 \times 59}$ $= 1354$	$\dfrac{151.64 \times 10^6}{0.991 \times 310 \times 61}$ $= 803$	$\dfrac{34.49 \times 10^6}{0.896 \times 310 \times 6}$ $= 183$
选配钢筋	4Φ22	3Φ20	3Φ25 + 2Φ18	3Φ18 + 2Φ20	3Φ20	2Φ18
实配钢筋面积 (mm²)	1520	942	1982	1391	942	509

主梁斜截面承载力计算　　　　　　　　　　　　　　　表 3-18

截　面	$A_右$	$B_左$	$B_右$	$C_左$	$C_右$	$D_左$
V(kN)	124.01	− 204.84	180.22	− 164.14	144.36	− 84.71
$0.25 f_c b h_0$(N)	0.25×10 $\times 300 \times 615$ $= 461250 > V$	0.25×10 $\times 300 \times 570$ $= 427500 > V$	$427500 > V$	0.25×10 $\times 300 \times 595$ $= 446250 > V$	$446250 > V$	$461250 > V$
$0.07 f_c b h_0$(N)	$129150 > V$	$119700 < V$	$119700 < V$	$124950 < V$	$124950 < V$	$129150 > V$
箍筋肢数、直径	2ϕ6	2ϕ8	2ϕ8	2ϕ6	2ϕ6	2ϕ6
$A_{sv} = n A_{sv1}$ (mm²)	576	101	101	57	57	57
$s = \dfrac{1.5 f_{yv} A_{sv} h_0}{V - 0.07 f_c b h_0}$		212	300	273	550	
实配箍筋间距 s(mm)	250	200	250	250	250	250

4．主梁吊筋计算

由次梁传至主梁的全部集中力为

$$G + Q = 81.08 + 77.15 = 158.23\text{kN}$$

则

$$A_s = \frac{G + Q}{2f_y \sin\alpha} = \frac{158230}{2 \times 310 \times 0.707} = 361\text{mm}^2$$

选

$$2\phi16(A_s = 402\text{mm}^2)$$

3.3.5 绘制结构施工图

板、次梁配筋图和主梁配筋及材料图见结构施工图（图 3-31 ~ 图 3-32）。

3.3.6 承重墙计算

1．计算单元的选取

墙体计算应考虑结构方案，并选取荷载与窗间墙面积比值最大的墙垛为计算墙垛。根据建筑图及结构布置方案，E 轴与 5 轴相交处墙垛为最不利墙垛，取窗口中心线间距 6.6m 的纵向墙带为计算单元。

2．荷载计算

顶层计算的上层荷载是指女儿墙引起的荷载。其他荷载计算见楼盖结构荷载计算部分。

3．内力计算

楼盖、屋盖大梁截面 $b \times h = 300\text{mm} \times 650\text{mm}$，梁端搭入外墙 370mm，设墙体所用砖强度等级 MU10，混合砂浆强度等级：一层 M10，二、三层 M7.5。

楼（屋）面大梁传来荷载对外墙的偏心距 $e = \frac{h}{2} - 0.4a_0$，h 为墙体厚度，a_0 为梁端有效支承长度。

由于纵向墙带的有效截面只取窗间墙截面，所以各层可分别计算上层大梁底面处 I—I 截面和 IV—IV 截面处的内力，现列表计算如表 3-19。

纵向墙体内力计算表 表 3-19

楼层	上层传荷		本层楼盖荷载		截面 I—I			截面 IV—IV
	N_u（kN）	e_2（mm）	N_l（kN）	e_1（mm）	M（kN·m）	N_1（kN）		N_{IV}（kN）
3	74.0	-60	59.0	198	7.24	133.0		483.6
2	483.6	0	79.4	190	15.09	563.0		959.4
1	959.4	0	79.4	190	15.09	1048.8		1479.1

注：各层梁端支承长度 a_0 计算如下：

（1）三层：以 $\text{tg}\theta = 1/78$ 代入公式得 $a_0 = 38\sqrt{\dfrac{N_l}{bf\text{tg}\theta}} = 38\sqrt{\dfrac{59 \times 78}{300 \times 1.58}} = 118\text{mm}$

（2）一层及二层：$a_0 = 38\sqrt{\dfrac{79.4 \times 78}{300 \times 1.58}} = 137\text{mm}$

表中

$$N_1 = N_u + N_l$$

$$M = N_u \cdot e_2 + N_l \cdot e_1（负值表示方向相反）$$

$$N_{IV} = N_1 + N_w（墙重）$$

4．承载力计算

本建筑墙体的最大高厚比 $\beta = \dfrac{H_0}{h} = \dfrac{5600}{490} = 11.4 <$ [β]。承载力计算一般可对Ⅰ—Ⅰ截面进行，但多层砖房的底部可能Ⅳ—Ⅳ截面更不利。兹列表计算如表3-20。

纵向墙体承载力计算表 表3-20

计 算 项 目	第 3 层	第 2 层	第 1 层	
			Ⅰ—Ⅰ截面	Ⅳ—Ⅳ截面
M （kN·m）	7.24	15.09	15.09	0
N （kN）	133.0	563.0	1048.8	1479.1
e （mm）	54.4	26.8	14.4	0
h （mm）	490	490	490	490
e/h	0.111	0.055	0.029	0
$\beta = H_0/h$	9.80	9.80	11.43	11.43
φ	0.64	0.77	0.78	0.83
A （mm²）	882000	882000	882000	882000
砖 MU	10	10	10	10
砂浆 M	7.5	7.5	10	10
f （N/mm²）	1.79	1.79	1.99	1.99
φAf （kN）	1010.4	1215.7	1369.0	1456.8
$\varphi Af/N$	>1	>1	>1	≈1

1层底部截面承载力低于轴向力设计值1.5%，虽然不能满足要求，但考虑到此处实际截面面积远大于窗间墙面面积，故不会导致危险。

5. 砌体局部受压承载力计算

以上述窗间墙第1层墙垛为例，墙垛截面为490mm×1800mm，混凝土梁截面为300mm×650mm，支承长度 $a=370$mm，根据规范要求在梁下设370mm×500mm×180mm混凝土垫块。荷载设计值产生的支座反力 $N_l = 79.4$kN，墙体的上部荷载 $N_u = 959.4$kN，采用MU10砖，M10混合砂浆砌筑。

前面已经计算出 $a_0 = 137$mm

$$A_l = 137 \times 300 = 41100 \text{mm}^2$$

$$A_0 = (b + 2h)h = (300 + 2 \times 490) \times 490 = 627200 \text{mm}^2$$

垫块面积

$$A_b = 370 \times 500 = 185000 \text{mm}^2$$

$$N_0 = \sigma_0 A_b = \frac{959400}{1800 \times 490} \times 185000 = 201200 \text{N}$$

计算垫块上纵向力的偏心距，取 N_l 作用点位于距墙内表面 $0.4a_0$ 处：

$$e = \frac{79.4(185 - 0.4 \times 137)}{79.4 + 201.2} = 36.9 \text{mm}$$

$$\frac{e}{h} = \frac{36.9}{370} = 0.1$$

查表，$\beta \leqslant 3$ 情况，得 $\varphi = 0.89$

$$\gamma = 1 + 0.35\sqrt{\frac{A_0}{A_b} - 1} = 1.54$$

$$\gamma_1 = 0.8\gamma = 1.23$$

垫块下局压承载力按下列公式验算

$$N_0 + N_l = 201200 + 79400 = 280600\text{N}$$

$$< \varphi\gamma_1 A_b f = 0.89 \times 1.23 \times 1.99 \times 185000 = 403014\text{N}$$

局部受压承载力满足要求。

6. 水平风荷载作用下的承载力计算

由于层高大于 4.0m，故需对外墙进行水平风荷载作用下的承载力验算，现以第 1 层墙体为例计算如下：

第 1 层墙体在竖向荷载作用下产生的弯矩使墙外皮受拉，在正风压作用下墙面支座处的弯矩也是使墙外皮受拉，所以按正风压进行计算。

哈尔滨地区基本风压为 0.45kN/m^2，风压体型系数为 0.8，忽略风压沿高度的变化，计算单元宽度取 6.6m，则

$$q = 0.8 \times 0.45 \times 6.6 = 2.376\text{kN/m}$$

$H = 5.1 + 0.5 = 5.6\text{m}$，所以由风荷载标准值引起的墙体弯矩为

$$M_w = \frac{1}{12} \times 2.376 \times 5.6^2 \times 1.4 = 8.69\text{kN-m}$$

由竖向荷载产生的弯矩为 15.09kN-m，其中永久荷载、可变荷载产生的弯矩分别为 8.33kN-m 和 6.76kN-m，考虑荷载组合系数 0.85，则

$$M = 8.33 + 0.85（6.76 + 8.69）= 21.46\text{kN-m}$$

$$e = \frac{M}{N} = \frac{21460}{1048.8} = 20.5\text{mm}$$

$$\frac{e}{h} = \frac{20.5}{490} = 0.042\text{mm}，\beta = 11.43，查表得 \varphi = 0.74$$

$$\varphi A f = 0.74 \times 882000 \times 1.99 = 1298833\text{N} > 1048800\text{N} \qquad 满足要求。$$

3.3.7 墙下基础设计

本建筑位于哈尔滨地区，地质勘探资料如图 3-28 所示，外墙墙下采用毛石基础。

1. 确定基础埋置深度

根据地质勘查报告，基础应直接作用于持力土层上，因此，基础埋置深度不应小于1.8m。再根据地基规范查得该地区标准冻深为 1.8m，持力层土为强冻胀土，故基础埋置最小深度为

$$d_{min} = z_0 \cdot \psi_t - d_{fr} = 1.8 \times 0.85 - 0 = 1.53\text{m}$$

因此，基础埋置深度应为 1.8m。

2. 确定地基承载力设计值

根据建筑层数，初步确定基础宽度 $b < 3.0\text{m}$，按 3.0m 考虑；埋置深度 1.8m，持力层粉土的孔隙比 $e = 0.80 < 0.85$，饱和度 $s_r = 2.7 \times 0.26 / 0.80 = 0.88 > 0.5$，查得 $\eta_b = 0$，$\eta_d =$

层次	年代	层厚(m)	层底深度(m)	地面标高 +0.00	现场鉴定	土工试验及动力触探结果
I		1.80	1.80		多年素填土（粉质粘土）	$\gamma=17.8\text{kN/m}^3$ $N_{10}=13$ $f_k=94\text{kPa}$
II	Q_4	5.20	3.40 7.00		粉土，淡黄色可塑/饱和	$w_p=23\%,\ w_l=30\%$ $d_s=2.70,\ e=0.800$ 水位以上： $\gamma=18.9\text{kN/m}^3$ $w=26\%$ $f_k=167\text{kPa}$ 水位以下： $\gamma=19.2\text{kN/m}^3$ $w=28\%$ $f_k=164\text{kPa}$

图 3-28　地质勘查资料

1.1。故

$$f = f_k + \eta_b \gamma (b-3) + \eta_d \gamma_0 (d-0.5)$$
$$= 167 + 0 \times 18.9 \times (3-3) + 1.1 \times 17.8 \times (1.8-0.5) = 193\text{kPa} > 1.1 f_k$$
$$= 184\text{kPa}$$

故地基承载力设计值 $f=193\text{kPa}$。

3. 确定基础底面宽度

根据计算，上部墙体传来的荷载 $F=229.5$ kN/m，则基础宽度为

$$b \geqslant \frac{F}{f-\gamma_G d} = \frac{229.5}{193-20 \times 1.8} = 1.46\text{m}$$

取 $b=1.5\text{m}$。

4. 地基承载力验算

本基础受中心荷载作用，基底平均压应力设计值 p 为

$$p = (F+G)/b = (229.5 + 20 \times 1.8)/1.5$$
$$= 177\text{kPa} < 193\text{kPa}$$

基础宽度满足。

5. 基础细部尺寸设计

毛石基础的高度及台阶具体尺寸应满足刚性角的要求。毛石基础设计图见图 3-29。

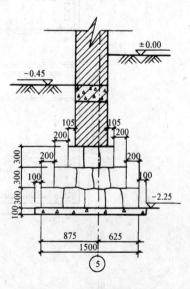

图 3-29　毛石基础构造图

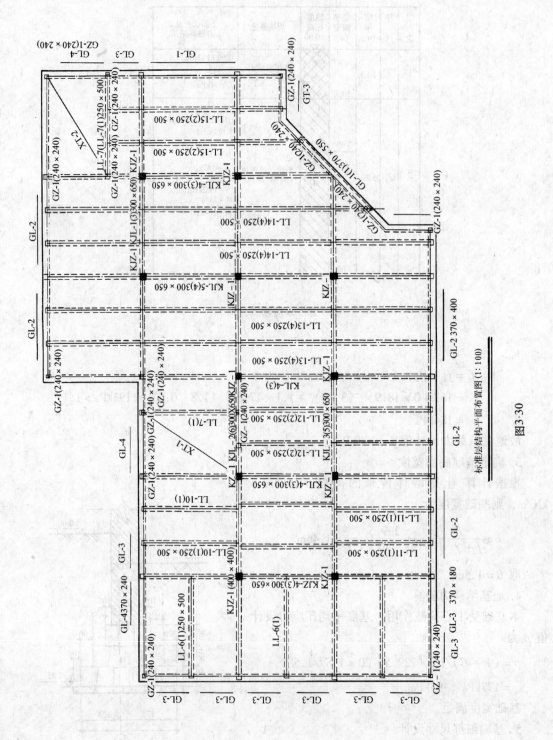

图3-30

标准层结构平面布置图 (1:100)

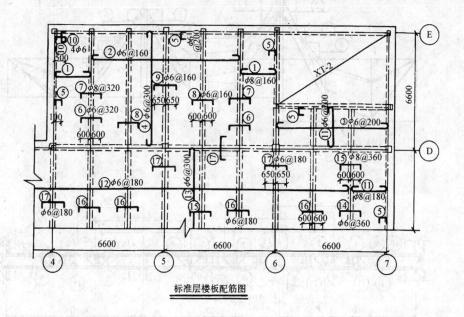

标准层楼板配筋图

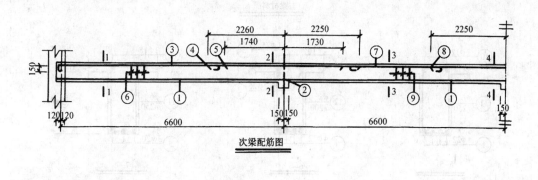

次梁配筋图

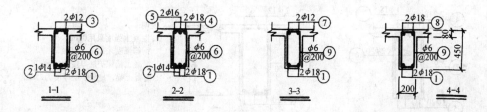

图 3-31 楼板、梁施工图

75

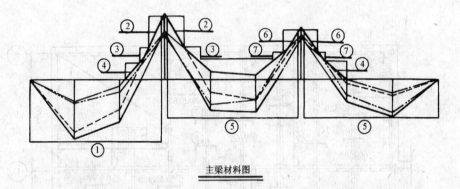

主梁材料图

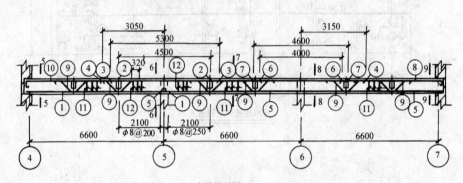

主梁材料图

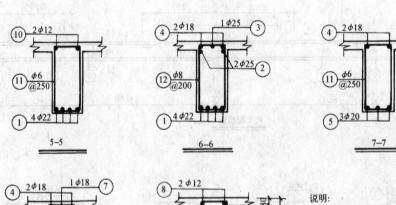

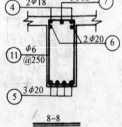

5-5

6-6

7-7

8-8

9-9

说明:
1. 混凝土强度采用C20级,
   钢筋强度采用Ⅰ、Ⅱ级。
2. 混凝土板保护层厚度为15mm,
   混凝土梁、柱保护层厚度为25mm。

图 3-32

3.4 思 考 题

1. 钢筋混凝土整浇楼盖结构构件布置应考虑哪些问题?

2. 什么条件下主梁能按连续梁进行内力分析?

3. 连续次梁在什么条件下可以将主梁作为其不动铰支座? 如果条件不满足应怎样处理?

4. 怎样进行梁、板结构构件的截面尺寸估算?

5. 什么是结构构件的计算简图? 它有什么意义?

6. 结构荷载汇集时为什么要区分永久荷载与可变荷载? 对下一步计算有哪些影响?

7. 按弹性理论计算梁、板,为什么要采用折算荷载? 对板及次梁各有哪些影响?

8. 如何考虑活荷载最不利分布对构件内力分析的影响? 有哪些基本规律?

9. 什么是塑性铰? 它有什么特点? 它的转动程度主要和什么因素有关? 如何控制?

10. 板和次梁按塑性理论计算采用的弯矩系数和剪力系数是根据什么原理推导而得?

11. 次梁与主梁相交处为什么主梁应设吊筋或附加箍筋? 如果不设将会产生怎样的破坏形式?

12. 什么是浮筋? 为什么梁中不应设浮筋?

13. 什么是弯矩包络图? 什么是钢筋材料图? 如何正确处理梁中钢筋的弯起和截断?

14. 砌体房屋的构造方案对墙体设计计算有何意义? 为什么砌体结构房屋宜设计成刚性构造方案?

15. 外纵墙的计算单元应如何选取? 计算简图应如何确定? 其根据是什么?

16. 外纵墙的计算截面面积规范取窗间墙墙垛的截面面积,什么情况下、什么部位可以取窗口中线间的面积?

17. 为什么砌体构件不分轴压、偏压而按统一公式计算?

18. 什么是梁端有效支承长度? 砌体规范 a_0 的两个计算公式应如何应用?

19. 梁端砌体局部受压验算应考虑哪些问题? 采取哪些有效的措施给以解决?

20. 浅基础的埋置深度应考虑哪些问题?

21. 地基允许承载力是如何确定的? 为什么还要进行修正?

22. 基础底面尺寸是根据什么确定的?

23. 什么情况下还必须验算下卧层地基承载力?

24. 什么是刚性角? 毛石基础的刚性角与哪些因素有关? 不满足刚性角要求的基础在什么部位可能发生怎样的损坏?

25. 试总结贯穿本课程设计的基本思路是哪些?

3.5 评分方法与标准

1. 评分方法

(1) 课程设计完成后必须经指导教师检查,并由指导教师在学生的计算书和设计图纸上签字。

（2）组织教研室教师对每个学生就设计成果进行口试，即课程设计答辩。

（3）主考教师可以围绕课程设计涉及的基本理论、设计方法、构造措施、图面布置、绘图深度以及表达方法等诸方面进行考核。根据学生的理解程度和掌握的深度给予评分。

（4）评分按 5 级评分制确定，即优、良、中、及格、不及格。

（5）一般情况下，答辩评分即为该课程设计的最后成绩，如遇到个别不易认定时，可通过指导教师商议后决定。

2．评分标准

（1）优秀：完成设计任务书规定的全部内容，设计思路明确，各项设计计算正确，图面布置恰当，绘图表达符合要求，答辩时回答提问流畅，对课程设计涉及的基本理论有较好的掌握深度，对相关的课程设计题外问题能举一反三，具有主动学习的积极性。

（2）良好：完成设计任务书规定的全部内容，各项设计计算基本正确，绘图表达基本符合要求，答辩时个别问题未能回答完全，对基本理论的掌握有所欠缺。

（3）中等：设计计算和图纸有些错误或计算书较潦草，图面不够规整，答辩情况不够理想，对基本理论掌握深度不够。

（4）及格：基本上完成设计计算和图面表达的要求，答辩时较多问题回答不好，对基本理论的掌握深度明显不足，但尚能达到最基本的要求。

（5）不及格：虽然基本上完成设计计算和图面表达，但设计理论中的一些基本问题未能掌握，应令其重新复习，补做课程设计。

3.6 参 考 文 献

1．中华人民共和国国家标准．混凝土结构设计规范（GBJ10—89）．北京：中国建筑工业出版社，1990

2．中华人民共和国国家标准．砌体结构设计规范（GBJ3—88）．北京：中国建筑工业出版社，1988

3．中华人民共和国国家标准．建筑地基基础设计规范（GBJ7—89）．北京：中国建筑工业出版社，1989

4．建筑结构设计手册（静力计算）．北京：中国工业出版社，1970

5．王振东，张景吉，唐岱新编著．钢筋混凝土及砌体结构（下册）。北京：中国建筑工业出版社，1991

6．丁大钧主编．钢筋混凝土结构学．上海：上海科技出版社，1985

4. 民用房屋单位工程施工组织设计

4.1 教 学 要 求

（1）通过本设计使学生掌握单位工程施工组织设计的内容、编制依据、编制原则、编制方法和步骤，了解它们之间的关系。

（2）加强制图和计算等实践性环节的基本训练，提高编制施工组织设计的动手能力。

（3）了解民用房屋施工的全过程，提高独立分析和解决工程施工问题的能力。

4.2 设计方法和步骤

由于单位工程施工组织设计涉及的内容较多，本部分要在告诉学生如何将所学的理论知识进行系统地操作、应用，如何体现关键问题和重点问题等方面起到指导作用。

4.2.1 熟悉设计图纸、设计要求

首先，学生应熟悉了解教师指定的设计题目、提供的设计图纸、设计任务书和设计要求等资料，明确自己还要搜集到哪些文献资料（自有、查资料等），如有关教材，参考书、手册和工具书等，为本次设计做好充分的准备工作。

4.2.2 工程概况及施工特点分析

对工程概况及施工特点进行分析，是选择施工方案、编制施工进度计划、设计施工平面图的前提。分析的内容和步骤包括：

1. 工程建设概况

本部分要说明拟建工程的建设单位，工程名称、性质、用途、作用和建设目的，资金来源和工程投资额，开竣工时间，设计单位，施工单位，施工图纸情况，施工合同，主管部门的有关文件或要求，以及组织施工的指导思想等。

2. 工程施工特点

主要是根据施工图，结合调查资料，简练地概括工程全貌，综合分析，突出重点问题。对新结构、新材料、新技术、新工艺及施工的难点尤其应该重点说明。具体内容为：

（1）建筑设计特点：主要说明拟建工程项目的建筑面积、平面形状和平面组合情况、层数、层高、总高度、总宽度和总长度等尺寸，并附有拟建工程项目的平面、立面和剖面简图；工作量、主要工种工程的情况和实物工程量，并附有主要工程量一览表；说明交付建设单位使用或投产的先后顺序和期限。

（2）结构设计特点：主要说明基础的类型、埋置深度、主体结构的类型、预制构件的类型及安装位置等。

（3）建设地点的特征：主要说明拟建工程的位置、地形、工程地质与水文地质条件、

不同深度土质的分析、冻结期间与冻层厚度、地下水位、水质、气温、冬雨季施工起止时间、主导风向、风力等。

（4）施工条件：主要说明水、电、道路及场地的"三通一平"、现场临时设施、施工现场及周围环境等情况；当地的交通运输条件，预制构件生产和供应情况；施工企业机械、设备、劳动力的落实情况；内部承包方式、劳动组织形式及施工管理水平等。

3. 工程施工特点分析

要求学生在上述分析的基础上，指出单位工程的施工特点和施工中的关键问题，以便在选择施工方案、组织资源供应、技术力量配备，以及在施工准备工作上采取有效措施，使解决关键问题的措施落实在施工之前，保证施工顺利进行，提高施工企业的经济效益和社会效益。

4.2.3 施工方案选择

该部分是施工组织设计的核心内容，要求学生对所学理论知识认真、系统地复习和领会，并在此基础上，懂得施工方案选择得是否合理，直接影响到工程施工的质量、进度、造价和投资效益。

施工方案的选择内容一般包括：施工起点流向的确定、施工程序确定、施工顺序确定、施工方法和施工机械的选择。

1. 施工起点流向的确定、施工段的划分

施工起点流向是确定单位工程在平面上或竖向上施工开始的部位和进展的方向，解决合理开展流水施工的问题。

确定施工起点流向时，应考虑以下几个因素：

（1）生产工艺流程要求。

（2）建设单位对生产和使用的要求。如建设单位对生产或使用急切的部位先施工。

（3）工程项目的繁简程度和施工过程之间的相互关系。一般技术复杂、施工进度较慢、工期较长的区段或部位应先开工。

（4）建筑物高低层、高低跨问题。如基础有深浅之分时，应按先深后浅的顺序施工；屋面防水层施工应按先高后低的方向施工，同一屋面则由檐口到屋脊方向施工。

（5）工程现场条件、周边环境等。如土方工程边开挖边外运，其施工起点应定在离道路远的部位和应由远而近开展施工。

多数教学参考书上，在该部分往往对施工段划分不再提及，个别学生在进行施工组织设计时易忽略对施工段的划分。因此，有必要强调一下施工段划分的问题。

施工段指将相应施工对象在平面上划分成若干个劳动量大致相等的施工段落。划分施工段的目的，就是为了组织流水施工，充分利用工作面，避免窝工，以缩短工期。

施工段划分，要遵循的原则包括：

（1）同一专业工作队在各个施工段上的劳动量要大致相等，相差幅度不宜超过 10% ~ 15%。

（2）每个施工段的工作面应满足专业工作队合理劳动组织对工作面的要求。

（3）施工段的界限应尽可能与结构界限相吻合，或设在结构整体性影响小的部位。如温度缝、沉降缝、单元分界或门窗洞口处。

（4）施工段的数目要满足合理流水施工组织的要求，施工段数目过多，会减慢施工速度，延长工期；施工段过少，不利于充分利用工作面，而且当有施工层时，可能造成窝工现象。

（5）对于多层建筑物、构筑物或需要分层施工的工程，应既划分施工段，又划分施工层。

2. 施工程序确定

施工程序是建筑安装工程施工中，不同阶段的不同工作内容按照其固有的、不可违背的先后次序开展施工的客观规律。一般情况下，它既不能相互替代，也不能颠倒。

单位工程施工中应遵循的程序一般是：先地下，后地上；先主体，后维护；先结构，后装饰；先土建，后安装。

在编制单位工程施工组织设计时，应按施工程序结合工程具体情况，明确各阶段主要工作内容和程序。

进行施工组织设计时学生应理解和消化有关施工程序部分的教学内容，知道单位工程应该具备什么条件才能申请开工。

3. 施工顺序的确定

施工顺序是分部分项工程或工序之间施工的先后次序。合理地确定施工顺序是编制施工进度计划、组织分部分项工程施工的需要，也是为了解决工种间的搭接问题，在保证质量和安全的前提下，充分利用空间，争取时间，实现缩短工期的目的。

确定施工顺序时，应注意考虑以下几个因素：

（1）遵循施工程序。

（2）符合施工工艺。

（3）与施工方法和选用的施工机械协调一致。

（4）考虑施工组织要求。

（5）考虑施工质量和安全要求。

（6）当地气候条件。

4. 施工方法选择

正确的拟定施工方法和选择施工机械是合理组织施工的关键。它直接影响工程的施工进度、施工质量、施工安全和工程成本。必须根据工程的建筑结构、抗震要求、工期长短、资源供应、施工限制条件和周围环境等，制定出经济、合理、可行的最佳方案。

选择施工方法时，应着重考虑影响整个单位工程施工的分部（项）工程的施工方法。如：选择在单位工程施工中占主要地位的分部（项）工程，施工技术复杂或采用新技术、新工艺对工程质量起关键作用的分部（项）工程，不熟悉的特殊结构工程，或由专业施工单位施工的特殊专业工程的施工方法。

通常，施工方法的选择内容主要有：

（1）土石方工程

1）确定土石方开挖或爆破方法，选择土石方施工机械；

2）确定土壁放边坡的坡度系数或土的支撑形式以及板桩打设方法；

3）选择排除地面、地下水的方法，确定排水沟、集水井或井点布置方案；

4）计算土石方工程量，确定土石方平衡调配方案。

（2）基础工程

1）浅基础的垫层、混凝土基础、钢筋混凝土基础和地下室施工的技术要求；

2）桩基础施工的方法以及施工机械的选择。

（3）砌筑工程

1）砖墙的组砌方法和质量要求；

2）弹线及皮数杆的控制要求；

3）确定脚手架搭设方法及安全网的挂设方法；

4）选择垂直和水平运输机械。

（4）钢筋混凝土工程

1）确定模板类型及支撑方法，对于复杂工程还需进行模板设计和绘制模板放样图；

2）选择钢筋的加工、绑扎和焊接方法；

3）选择混凝土的搅拌、输送及浇筑顺序和方法，确定混凝土搅拌、振捣设备的类型和规格，确定施工缝的留设位置；

4）确定预应力混凝土的施工方法、控制应力和张拉设备。

（5）结构安装工程

1）确定结构安装方法和起重机械及其开行路线；

2）确定构件运输及堆放要求。

（6）屋面工程

1）屋面各个分项工程施工的操作要求；

2）确定屋面材料的运输方式。

（7）装饰工程

1）各种装饰工程的操作方法及质量要求；

2）确定材料运输方式及储存要求。

5．施工机械选择

施工方法的选择必然涉及施工机械的选择。施工机械的选择是施工方法选择的中心环节。选择施工机械时应着重考虑：

（1）根据工程特点及其他条件选择主导工程的施工机械；

（2）选择与主导机械配套的各种辅助机械或运输工具，并使其生产能力相互协调一致；

（3）同一施工现场，应尽可能地使施工机械的种类和型号少一些；

（4）选择机械时，应尽量利用承包单位本身现有的机械。

4.2.4 施工进度计划编制

施工进度计划是为了控制工程施工进度和竣工期限，对单位工程中全部施工过程从开工到竣工，在时间上和空间上的合理安排。其主要作用有：

（1）安排单位工程的施工进度，保证在合同期内完成符合质量要求的工程任务；

（2）确定单位工程中各个施工过程的施工顺序、作业时间及相互衔接和配合的关系；

（3）为编制季、月、旬作业计划，以及各种资源需要量计划等提供依据。

施工进度计划一般可用横道图或网络图来表示。

1. 施工进度计划编制依据

(1) 经过审批的建筑总平面图、地形图、单位工程施工图、工艺设计图、设备及其基础图、采用的标准图集以及技术资料。

(2) 施工组织总设计对本单位工程的有关规定。

(3) 施工工期要求及开竣工日期。

(4) 施工条件：劳动力、材料、构件及机械的供应条件，分包单位的情况等。

(5) 主要分部（项）工程的施工方案。

(6) 劳动定额及机械台班定额。

(7) 其他有关要求和资料。

2. 施工横道进度计划的编制内容和步骤

(1) 熟悉项目的施工图，研究建设地区原始资料。

(2) 按项目部署确定施工起点流向，划分施工段和施工层。

(3) 按施工进度计划的类型分解施工过程，确定工程项目名称和顺序。

(4) 选择施工方法和机械，确定施工方案。

(5) 计算工程量，确定劳动量或机械台班数量。

计算工程量时，一般可直接采用施工图预算的数据，但应注意对有些项目的工程量应按实际情况作适当调整。如计算基础土方工程量时，应根据土的级别和采用的施工方法（是否放坡或支挡土板）等实际情况进行计算。计算工程量时应注意以下几个问题：

1) 各分部分项工程的工程量计算单位应与现行定额手册中所规定的单位相一致，避免计算劳动力、材料和机械数量时须进行换算，产生错误。

2) 结合选定的施工方法和安全技术要求计算工程量。

3) 结合施工组织要求，分区、分段和分层计算工程量。

4) 计算工程量时，尽量考虑编制其他计划时使用工程量数据的方便，做到一次计算，可以多次使用。

计算劳动量或机械台班数量时，可根据各分部分项工程的工程量、施工方法和现行的劳动定额，结合实际情况计算各分部分项工程的劳动量或机械台班数量。人工操作时，计算需要的工日数量；机械操作时，计算需要的台班数。一般可按下列公式计算：

$$P = Q / S \quad \text{或} \quad P = Q \times H$$

式中　P——完成某分部分项工程所需要的劳动量（工日或台班）；

　　　Q——某分部分项工程的工程量（m^3、m^2、$t\cdots$）；

　　　S——某分部分项工程人工或机械的产量定额（m^3、m^2、t/工日或台班）；

　　　H——某分部分项工程人工或机械的时间定额（工日或台班/m^3、m^2、$t\cdots$）。

(6) 计算工程项目持续时间，确定项目流水参数。

各分部分项工程的持续时间，可按下式计算

$$T = \frac{P}{R \times N}$$

式中　T——完成某分部分项工程的施工天数；

　　　R——每班配备在该分部分项工程施工的人数或机械台数；

　　　N——每天工作班次；

P——含义同前。

（7）绘制项目施工进度计划横道图。

编制项目施工计划横道图时，必须考虑各分部分项工程的合理施工顺序，尽可能组织流水施工，力求主要工种的工作连续施工和计划的均衡。其编制方法为：

1）确定主要分部工程，组织其中的分项工程流水施工，使主导的分项工程能够连续施工，其他次要的分项工程尽可能与主要施工过程相配合穿插、搭接或平行施工；

2）安排其他各分部工程，使它们与主要各分部工程相配合，并用与主要分部工程相类似的方法，组织其内部的分项工程尽可能进行流水施工；

3）各分部工程之间按照施工工艺顺序或施工组织的要求，将相邻分项工程，按流水施工要求或配合关系搭接起来，组成单位工程进度计划的初始方案。

（8）按照项目承包合同要求，根据横道图优化项目的进度计划。

单位工程进度计划的初始方案编制以后，按照项目承包合同要求应对初始方案进行检查和调整，以满足规定的计划目标，确定理想的施工进度计划。

3. 施工网络计划的编制内容和步骤

（1）熟悉项目施工图，研究建设地区原始资料。

（2）按项目部署确定施工起点流向，划分施工段和施工层。

（3）按施工进度计划类型分解施工过程，确定工作名称。

（4）选择施工方法和机械，确定施工方案。

（5）计算工程量，确定劳动量或机械台班数量。

（6）计算各项工作持续时间，计算公式如下

$$D_{\mathrm{I}-j} = \frac{Q_{\mathrm{I}-j}}{S_{\mathrm{I}-j} \times R_{\mathrm{I}-j} \times N_{\mathrm{I}-j}} = \frac{P_{\mathrm{I}-j}}{R_{\mathrm{I}-j} \times N_{\mathrm{I}-j}}$$

式中　　$D_{\mathrm{I}-j}$——工作 I—j 的持续时间；

$Q_{\mathrm{I}-j}$——工作 I—j 的工程量；

$S_{\mathrm{I}-j}$——完成工作 I—j 的产量定额；

$R_{\mathrm{I}-j}$——完成工作 I—j 所需人数或机械台数；

$N_{\mathrm{I}-j}$——完成工作 I—j 的工作班次；

$P_{\mathrm{I}-j}$——工作 I—j 的劳动量或机械台班数量。

（7）编制项目施工进度计划网络图，主要包括：

1）节点时间参数（ET、LT）。

2）工作时间参数（ES、EF、LS、LF、TF、FF）。

（8）计算网络图各项时间参数。

（9）按照项目承包合同要求，根据网络技术优化进度计划。

当采用横道图编制施工进度计划时，学生应重点对所学流水施工基本参数、基本方式和有关计算等进行复习。

当采用网络图编制施工进度计划时，则要求学生对进度计划网络图技术中有关内容（如网络图组成、绘制原则、排列方法、时间参数计算、关键工作和关键线路判断，以及工期的确定等）要认真系统地复习。

4.2.5 资源需要量计划编制

资源需要量计划用来确定施工现场的临时设施，并按计划供应材料、构件、调配劳动力和机械，以保证施工的顺利进行。

1. 劳动力需要量计划

劳动力需要量计划主要作为安排劳动力、调配和衡量劳动力消耗指标、安排生活福利设施的依据，一般是将施工进度计划表中所列各施工过程单位时间内劳动量、人数按工种汇总形成表4-1。

劳动力需要量计划表　　　　　　　　　　　表4-1

序号	工种名称	劳动量（工日）	月　份						
			1	2	3	4	5	6	7

2. 主要材料、构配件需要量计划

它是确定仓库、堆场面积和备料、工料及组织运输的依据。通常根据工料分析表、施工进度计划表、材料储备定额和消耗定额，将施工中需要的材料和构配件，按品种、规格、数量、使用时间汇总形成表4-2。

材料、构配件需要量计划表　　　　　　　　表4-2

序　号	材料名称	规　格	需　要　量		供应时间	备　注
			单　位	数　量		

3. 施工机械需要量计划

主要用于确定施工机具的类型、数量、进场时间。一般将单位工程施工进度计划表中每一施工过程单位时间所需机械类型、数量等，按施工时间汇总形成表4-3。

施工机械需要量计划表　　　　　　　　　　表4-3

序　号	机械名称	类型型号	需　要　量		货源	使用起止时间	备　注
			单　位	数　量			

由于该部分工作量较大，教师可根据情况取舍。

4.2.6 施工平面图设计

1. 施工平面图设计内容

（1）建筑物总平面图上已建的和拟建的地上地下的房屋、构筑物以及道路和各种管线等其他设施的位置和尺寸。

（2）测量放线标桩位置、地形等高线和土方取弃地点。

（3）自行式起重机开行路线，轨道布置和固定式垂直运输设备位置。

（4）各种加工厂、搅拌站的位置：材料、半成品、构件及工业设备等的仓库和堆场。

（5）生产和生活性福利设施的布置。

（6）场内道路的布置和引入的铁路、公路和航道位置。

（7）临时给排水管线、供电线路、蒸汽及压缩空气管道等布置。

（8）一切安全及防火设施的布置。

2. 施工平面图设计依据

（1）一切地上、地下拟建和已建房屋、构筑物的建筑等平面图。

（2）一切已有和拟建的地上、地下管道位置。

（3）拟建工程的有关施工图纸等资料。

（4）主要分部分项工程的施工方案。

（5）该工程的施工进度计划、资源需要量计划。

（6）当地自然条件和技术经济条件调查资料。

3. 施工平面图设计原则

（1）在保证施工顺利进行的前提下，现场布置尽量紧凑、节约用地。

（2）合理布置施工现场的运输道路及各种材料堆场、加工厂、仓库位置、各种机具的位置，尽量使运输距离最短，从而减少或避免二次搬运。

（3）力争减少临时设施的数量，降低临时设施费用。

（4）临时设施的布置，尽量便利工人的生产和生活，使工人们到施工区的距离最近，往返时间最少。

（5）符合环保、安全和防火要求。

4. 施工平面图设计步骤

（1）确定垂直运输机械位置

1）有轨式起重机（塔吊）

有轨式起重机是集起重、垂直提升和水平运输三种功能为一身的机械设备。一般沿建筑物长向布置，其位置尺寸取决于建筑物的平面形式、尺寸、构件重量、起重机性能和四周施工场地的条件等。当起重机的位置和尺寸确定后，要复核起重量、起重高度和回转半径三项工作参数是否满足建筑物吊装要求。

在确定起重机服务范围时，要求最好将建筑物平面尺寸均包括在塔式起重机服务范围内，以保证各种构件与材料直接调运到建筑物的设计部位上，尽可能不出现死角。如果实在无法避免，则要求死角越小越好，同时在死角上应不出现吊装最重、最高的预制构件。并且在确定吊装方案时，提出具体的技术和安全措施，以保证这部分死角的构件顺利安装。有时将塔吊和龙门架同时使用，以解决这一问题，但要确保塔吊回转时不能有碰撞的可能，确保施工完全。

此外，在确保塔吊服务范围时应考虑有较宽的施工用地，以便安排构件堆放，并使搅拌设备的出料能直接将装料斗挂钩后起吊，主要施工道路也宜安排在塔吊服务范围内。

2）固定式垂直运输机械

固定式垂直运输工具(井架、龙门架)的布置,主要根据机械性能、建筑物的平面形状和尺寸、施工段划分的情况、材料的来向,以及已有运输道路情况等而定。布置的原则是,充分发挥起重机械的能力,并使地面和楼面的水平运距最小。布置时应考虑以下问题:

①当建筑物各部位的高度相同时,应布置在施工段的分界线附近;

②当建筑物各部位的高度不同时,应布置在高低分界线较高部位一侧;

③井架、龙门架的位置以布置在窗口处为宜,以避免砌墙留槎和减少井架拆除后的修补工作;

④井架、龙门架的数量要根据施工进度、垂直提升的构件和材料数量、台班工作效率等因素计算确定,其服务范围一般为 50～60m;

⑤卷扬机的位置不应距离提升机太近,以便司机的视线能够看到整个升降过程,一般要求此距离大于或等于建筑物的高度,水平距离外脚手架 3m 以上;

⑥井架应立在外脚手架之外,并应有一定距离为宜。

(2)确定搅拌站、仓库、材料和构件堆场以及加工厂的位置

根据起重机械的类型,材料及构件堆场位置的布置有以下几种情况:

1）当采用固定式垂直运输机械时,首层、基础和地下室所有的砖、石等材料宜沿建筑物四周布置,并距坑槽边不小于 0.5m,以免造成槽坑土壁的塌方事故。二层以上的材料及构件布置时,对大宗的、重量大的、先期使用的材料,应尽可能靠近使用地点或起重机附近布置,而少量的、轻的、后期使用的材料,则可布置得稍远一些。混凝土、砂浆搅拌站、仓库应尽量靠近垂直运输机械。

2）当采用自行有轨式起重机械时,材料和构件堆场位置以及搅拌站出料口的位置,应布置在起重机有效服务范围内。

3）任何情况下,搅拌机应有后台上料的场地,所有搅拌站所用材料:水泥、沙、石以及水泥罐等都应布置在搅拌机后台附近。当混凝土基础的体积较大时,混凝土搅拌站可直接布置在基坑边缘附近,待混凝土浇筑完后再转移,以减少混凝土的运输距离。

4）混凝土搅拌机每台需有 25m² 左右面积,冬季施工时,应有 50m² 左右面积。砂浆搅拌机每台需有 15m² 左右面积,冬季施工时应有 30m² 左右面积。

(3)现场运输道路的布置

现场运输道路布置时,应保证行驶道路畅通,使运输道路有回转的可能性,最好围绕建筑物布置成环形,且宽度满足规定要求。

(4)临时设施布置

临时设施分为生产性临时设施和非生产性临时设施,前者如工棚、临时加工棚、水泵房等,后者如办公室、工人休息室、开水房、食堂、厕所等,布置时应考虑使用方便、有利施工、符合安全的原则。一般情况为:

1）生产设施(木工棚、钢筋加工棚)的位置,应布置在建筑物稍远位置,且应有一定的材料、成品的堆放场地。

2）石灰仓库、淋灰池的位置应靠近搅拌站,并设在其下风向。

3）沥青堆放场及熬制锅的位置应离开易燃仓库或堆放场,并宜布置在下风向。

4）办公室应靠近施工现场,设在工地入口处,工人休息室应设在工人作业区,宿舍

应布置在安全的上风侧，收发室宜布置在入口处等。

（5）水电管网布置

1）给水管布置

一般由建设单位的干管或自行布置的干管接到用水点，布置时应力求管网总长度最短。管径的大小和龙头数目的设置需视工程规模大小通过计算确定，管道可埋置于地下，也可铺设在地面上，由当地的气温条件和使用期限的长短而定。工地内要设置消防栓，消防栓距离建筑物不应小于 5m，也不应大于 25m，距离路边不大于 2m。条件允许时，可利用城市或建设单位的永久消防设施。

有时，为了防止水的意外中断，可在建筑物附近设置简单蓄水池，储存一定数量的生产用水和消防用水。如果水压不足时，还应设置高压水泵。

2）排水管布置

为了便于排除地下水和地面水，要及时修通永久性下水道，并结合现场地形在建筑物周围设置排泄地面水和地下水沟渠。

3）供电布置

单位工程施工用电应在全工地性施工总平面图中一并考虑。只有独立的单位工程施工时，才根据计算出的现场用电量选用变压器。变压器站的位置应布置在现场边缘高压线接入处。四周用铁丝网围住。但不宜布置在交通要道口处。

4.3 设 计 例 题

题目：编制某百货商店（单位工程）施工组织设计

4.3.1 工程概况

1. 建筑、结构概况

（1）建筑设计特点

本工程为某城镇区级小型百货商店，建筑面积为 2658.10m²，底层层高为 5.10m，二、三层层高为 4.8m，建筑物总高为 15.90m，总长为 40.34m，总宽为 27.14m，柱网尺寸为 6.6m×6.6m。

（2）结构设计特点

本工程结构采用内框架结构，柱截面 350mm×350mm，主梁为 300mm×650mm，次梁为 200mm×450mm，现浇楼屋面板厚度为 80mm，按单向板布置。

外墙采用红砖砌筑，砖强度等级 MU10，混合砂浆 M5。

外墙按抗震设防烈度为 6 度进行构造设计，每层设圈梁，并设构造柱。

基础采用墙下条形毛石基础和柱下独立基础，基础埋深为 −2.25m，室外设计地坪标高为 −0.45m，墙下基础宽度为 1.5m，柱下独立基础尺寸为 2.4m×2.4m。

本设计混凝土采用 C20，钢筋采用Ⅰ、Ⅱ级。

2. 屋面、装饰工程概况

本工程采用铝合金门窗，室内天棚轻钢龙骨吊顶，水磨石地面面层，预制水磨石窗台板。室外贴白色面砖，蓝色玻璃幕墙。

屋面采用 1:3 水泥砂浆找平，涂配套防水涂料，沥青珍珠岩保温层最薄为 150mm 厚，三元乙丙防水卷材。

3．施工条件

（1）工期：5月~10月。

（2）自然条件：施工期间各月平均气温为：5月，≈14℃；6月，≈20℃；7月，≈28℃；8月，≈23℃；9月，≈14℃；10月，≈5℃。

（3）土质：为多年素填土，地下水位为 - 3.25m。

（4）风向：该地区常年主导风向为西南风。

4．技术经济条件

工程所在位置，地形不太复杂，南侧为市区街道，施工中所用建筑材料可经公路直接运到工地。

施工中所用各种建筑材料由公司材料科按需要计划供用。

施工中所用机械设备类型不受限制，可任意选择。

施工中用水、用电，均可以从附近已有的电路、水管网接入现场。施工中所需劳动力满足要求。

4.3.2　施工方案

本工程施工可分为四个阶段：基础工程阶段、主体结构阶段、屋面施工阶段和装饰工程阶段。

1．施工起点流向和施工段划分

考虑本工程地理条件、周围环境等因素，确定其施工起点流向为从①轴~⑦轴，并按①~④，④~⑦轴划分两个施工段组织流水施工。

2．施工顺序

为了确保工程质量，贯彻"百年大计，质量第一"的方针，特安排如下施工顺序：

基础工程→框架结构、砌体砌筑→屋面防水→门窗安装→内外装饰。

其中，基础施工顺序：一段→二段

框架结构施工顺序：柱钢筋绑扎→柱模板安装→柱混凝土浇筑→支梁板模板→绑扎梁板钢筋→浇筑梁板混凝土→下一层柱钢筋绑扎……

砌体结构施工顺序：一层砌体砌筑→二层砌体砌筑→三层砌体砌筑→零星砌体砌筑

3．施工方案的确定

根据本工程的特点，柱子模板采用定型钢模板，梁板模板采用钢木结合，梁模板为钢模板，现浇板为定型胶合木大模板。模板支撑体系采用钢脚手架。梁、板、柱混凝土采用商品混凝土浇筑。钢筋模板及其他主要材料、工具的垂直运输采用塔吊；砌筑阶段的材料垂直运输配以龙门架；装修阶段的材料及工具的垂直运输采用龙门架。外墙砌筑采用内脚手架，外檐抹灰采用双排钢脚手架。

4．施工准备

（1）现场三通一平

1）施工现场场地基本平整，按建设单位所给的水源、电源进行线路设置，并在现场内搭设一些临时建筑作为生产、生活设施。

2）现场施工道路根据现场所处的位置利用城市永久道路，进场入口留置在永久道路旁。

3）根据施工现场需用机械设备的额定功率和数量，并考虑施工高峰时机械设备同时使用的情况，照明用电按施工用电量的 10% 考虑，总用电量为二者之和。

4）经计算施工用水量和生活用水量之和小于消防用水量 $q_s = 15L/s$，故总用水量按消防用水量考虑：$Q = 15L/s$。

（2）机械设备的准备

施工需用机械设备，见主要机具用量计划表 4-4。决定起重机械时可参考表 4-5。

主要机具用量计划　　　　　　　　　　　表 4-4

序　号	设　备　名　称	单　位	数　量
1	塔　吊	台	1
2	电动卷扬机	台	1
3	钢筋切断机	台	2
4	钢筋弯曲机	台	2
5	木工圆锯	台	1
6	木工平刨	台	4
7	无齿锯	台	4
8	搅拌机	台	1
9	插入式振捣器	台	2
10	门　架	台	1
11	空压机	台	2
12	喷浆机	台	1
13	电焊机	台	1
14	平板振捣器	台	2

TQ60/80 塔式起重机技术规格性能　　　　　　　　　　　表 4-5

塔　级	起重臂长度（m）	幅　度　（m）	起重量（t）	起重高度（m）
高塔 60 (t·m)	30	30	2	50
		14.6	4.1	68
	25	25	2.4	49
		12.3	4.9	65
	20	20	3	48
		10	6	60
	15	15	4	47
		7.7	7.8	56

塔 级	起重臂长度（m）	幅 度（m）	起 重 量（t）	起重高度（m）
中 塔 70 （t·m）	30	30	2	40
		14.6	4.1	58
	25	25	2.8	39
		12.3	5.7	55
	20	20	3.5	38
		10	7	50
	15	15	4.7	37
		7.7	9	46
低 塔 80 （t·m）	30	30	2	30
		14.6	4.1	48
	25	25	3.2	29
		12.3	6.5	45
	20	20	4	28
		10	8	40
	15	15	5.3	27
		7.7	10.4	36

对所有的机械设备，在安装使用前都要集中维修和保养，以保证机械处于完好状态。根据施工计划安排要建立统一的机械设备集中管理机构，统筹进场、安装、使用、维修和保养，并建立相应健全的岗位责任制度。

（3）劳动力的准备

根据工程结构和工期要求，对各种人员、数量分期分批进场。首先进场的是与主体结构相关工种和少数砌筑粉刷工种，所有进场人员都要经过严格的工种培训，具备良好的施工操作技术和身体素质，以适应施工现场高节奏的工作。

（4）原材料的准备

本工程所需的原材料，在工程开工前要组织材料供应部门认真落实货源和材料质量，做到优质优价。对大宗材料（如混凝土、钢材、水泥等）要根据施工进度安排和货源情况，组织分批进场。施工用模板和架设材料要先期进场。

（5）技术准备

1）认真组织阅看和熟悉图纸，了解设计意图，进行图纸会审，组织各级施工人员的技术交底工作，绘制有关施工大样图（如模板、钢筋）。

2）编制施工组织设计，制定先进的施工方法和有效的组织措施，确保工程质量、安全文明施工和施工总进度。

3）复核建设单位提供的资料，并对已建工程进行测量定位和放线。

4）编制模板以及混凝土浇筑施工方案，绘制模板品质大样图。

5）根据 ISO9002 标准施工图，以及公司的《质量保证手册》、《程序文件》编制质量保证计划，确保工程质量。

5．主要分部、分项工程施工方法

（1）主体钢筋混凝土施工

1）模板工程：模板采用钢模板和木模板，模板支撑采用钢管排架支撑。

①柱模板：柱采用15mm厚九夹板或钢模拼制，支柱模前，先用1:2.5水泥砂浆找平板面，找平厚度不大于10mm，6小时以后便可支模，阴阳角处必须先支设阴阳角模，保证大角方正，采用间距500mm的柱箍，柱下部第一道距楼面200mm。

②梁模板：梁截面尺寸较多，挑耳较多，故采用钢木模板组合，满堂架子搭设好后，在架子上标出控制标高。经核实无误通过复检且在柱混凝土达到一点强度然后支梁模，将梁底控制标高翻上，支梁底模及侧模。支设时应从两头向中间铺设，将不符合组合钢模数的缝隙留在跨中，并用木模拼合。梁侧与侧梁底交接处需采用阴角模拼组，不得用小木枋镶拼，以防跑浆，并用48×3.5@600（mm）的钢管做抱箍。施工时先支设底模及一半侧模并校正固定。在梁钢筋绑扎完毕后再封合另一半侧模。梁底模按规范起拱。

③板模板：板底模采用木胶板拼装，利用满堂脚手架上的标高控制点翻侧板底标高，然后将500mm×110mm的木搁栅摆放于满堂脚手架上，搁栅间距450mm，上铺15mm厚定型木胶板做底模。板底模铺好后，开始安装板面留洞模板，留洞用木模支设，并用铁钉钉牢。

④楼梯：普通现浇楼梯按常规支模，采用木方、钢（木）脚手架支撑与主体结构施工同时进行，以方便上下交通运输。

⑤模板支撑系统：现浇楼板的模板采用木胶板，支撑部分采用碗扣式脚手架，支撑间距不大于600mm×600mm。支撑部分必须牢固，支撑杆中间必须不小于3道横向连接杆，确保架子的牢固。模板下的龙骨采用60mm×100mm的木方，间距600mm×600mm。支模时一定要控制好标高，模板拼接严密，表面平整，保证模板有足够的刚度和稳定性。

模板的拆除，墙模必须等混凝土达到设计强度的15%～30%时，方可拆除模板（拆模期限详见混凝土结构施工验收规范）。拆模时严禁破坏混凝土表面。模板拆除后，立即清理、校正、刷隔离剂，堆放整齐。基础外墙对螺栓不取下，内墙可提前放塑料套管以便取出，模板拆除后，丝杆可再用。模板拆除时，严禁乱拆、乱砸，破坏模板表面。木胶板四边将采取1mm厚黑铁皮做包边保护，保证它的周转次数。

2）钢筋工程

①柱钢筋：柱纵向钢筋采用绑扎接头，接头位置按图纸要求。柱箍均按设计规定布置，应在施工层的上一层留出不小于40d的柱纵筋。在进入上一层施工时，先套入箍筋，然后再接长纵筋，纵筋接长后，应立即按设计要求将柱箍筋上移就位并绑扎好，以防止纵筋移位。为防止浇注混凝土时钢筋移位，要求将柱顶及柱中两处箍筋与纵筋焊接，柱顶箍筋还要与主筋焊牢，封柱模时每边按每1m间距设两块混凝土钢筋保护层垫块。

与承重墙相交的框架甩出$\phi 8@500$长1000mm的钢筋与砖墙拉结。

②梁、板钢筋：梁的纵向钢筋采用绑扎接头或闪光对焊，梁的上部钢筋接头位置在跨中区（1/3跨长），下部钢筋宜在支座处，同一截面内接头的钢筋面积受拉区不大于钢筋总面积的25%，受压区不大于50%。

在完成梁底模及1/2侧模且通过质检员验收之后，便可施工梁钢筋，按图纸要求先放置纵筋再套箍筋。严禁斜扎梁箍筋，保证其相互间距。梁筋绑扎好经检查后可全面封板底模，板上预留洞留好之后可开始绑扎板下排钢筋网，绑扎时先在平台底板上用墨线弹出控制线，并用粉笔标示出每根钢筋位置，待底排钢筋、预埋管件及预埋件就位后交质检员复查，再清理模板面、绑扎上排钢筋，按设计保护层厚度制作对应垫块和马凳，板底按1000mm间距绑扎垫块，梁底及两侧每100mm在各面垫上两块垫块。

③钢筋的连接：水平筋 $\phi16$ 以上采用水平对接，墙体暗柱竖向钢筋采用电渣压力焊。各种钢筋焊接，都必须先进行试焊，经试验合格后方能进行批量试焊。从事焊接施工的焊工必须要有合格证、操作证，严禁无证上岗。钢筋的焊接部位，严格按设计及规范要求施工，特别是受压区严禁在支座处断筋焊接，在受拉区严禁在弯矩最大处进行搭接钢筋。

④钢筋验收：钢筋绑扎好，经施工班组自检合格，即报专职质量检验员、工长、项目工程师，由三人共同检查验收合格后，再由项目工程师邀请建设方、质量监督部门共同验收并办理钢筋隐蔽验收手续，经验收合格后才能进行下道工序。

3）混凝土工程

柱采用分层浇筑，第一层浇筑300mm，振捣密实后，第二层起可每层浇筑500mm，每层混凝土施工间隔应控制在混凝土初凝前，柱混凝土浇筑时留出斜槎，再浇筑梁板。梁板浇筑完毕后对柱及时进行二次校正，在混凝土浇筑过程中应派专人看模，若有异常现象应立即停止浇筑，对模板进行加固。

混凝土分层浇筑振捣密实，不得漏振。特别应注意梁柱交接处钢筋密集部位的振捣。采用 $\phi30$ 振捣棒，当振到混凝土表面上出现泛浆或不再沉落时就不要振捣，振捣时要快插慢拔，板面采用平板振动器进行振捣。梁柱施工缝按图纸要求设置。

混凝土浇筑后必须加强浇水养护，做到专人负责，轮班养护，保证混凝土的强度增长。

（2）砌筑工程

1）抄平弹线：用水准仪将标高从底层逐层引投，在混凝土柱上定出标高控制线，按图纸放出墙体控制线，用砂浆找平楼面，找平厚度不超过20mm。

2）摆砖样盘脚、挂线，采用"三一"操作方法砌砖。

3）砌砖同时根据结构施工要求在柱与承重墙连接处凿出柱内预埋拉接筋，当砌筑承重墙长度大于5m时，应在中间的窗间墙自设置构造柱或墙顶的梁板底部上甩 $\phi6@1500$ 的拉筋。

4）门窗洞口要在洞口边设置木砖，设置时要求在洞底以上三皮砖处和洞顶以下三皮砖处各放一块，中间等距设置一块或两块。

5）墙体内埋设管线时，要与安装工作同时进行。

6）填充墙砌筑时，可将梁底一皮砖按45°斜砌，并与梁底填紧塞实。

（3）屋面、装饰工程（从略）。

4.3.3 施工进度计划

本设计例题的施工进度计划采用施工进度计划横道图，其形式见图4-1。

图中各分部、分项工程量是结合2和3章设计例题进行计算所得，其劳动量、施工天数和每天工作人数是按4.2.4节施工横道进度编制步骤之（5）、（6）中的公式计算后，结合施工段划分情况、实际施工经验等因素确定。而施工人数的确定，主要是根据各施工段工作面的大小、各分部分项工程的性质，以及工程量的多少等因素确定。

4.3.4 施工平面图

本设计例题的施工平面图，见图4-2。

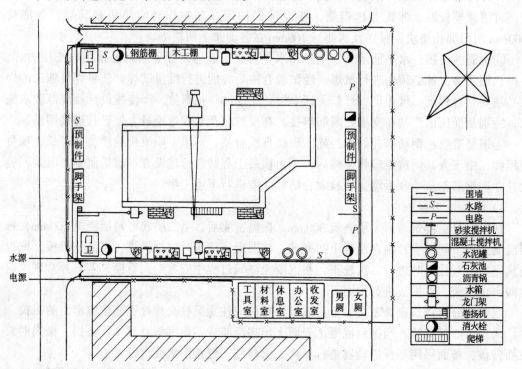

图4-2 某百货商店施工平面图

其中垂直运输机械的布置，主要是考虑施工方案中机械的选择和施工段的划分确定的；现场各种为施工服务的生产性、生活性临时设施（搅拌站、仓库、材料、构件堆场、运输道路、办公室、休息室和各种加工棚等）的布置，是按照4.2.6节施工平面图设计步骤的要求进行设计布置的。

4.3.5 主要技术组织措施

1．质量保证措施

（1）施工前做好技术交底，并认真检查执行情况。

（2）贯彻自检、互检、交接检制度。

（3）严格执行原材料检验和混凝土试配制度，混凝土、砂浆配合比要准确并按要求留足试块。回填土、房心填土要分步作干密度实验。

（4）工具模板要先进行验收检查，合格后方能使用。

（5）做好成品保护，屋顶作防水后小车用胶皮包铁脚。在屋面上铺的脚手板不得钉铁钉，铺豆石后不得再走车。

（6）作好测量放线，严格控制各轴线的位置和水平标高。

（7）基槽的长度不小于设计尺寸，土方放坡的坡度不得陡于规定尺寸。

（8）毛石砌体宜分段进行，每个作业段内的内外墙基础应同时砌筑，砌筑时，每个操作人员的作业面不得小于4m。

（9）毛石表面有泥垢水锈时应涮洗干净后使用，当遇到尖棱或裂缝时，应将尖端打掉，将不平的石块和粘结的砂浆产平清理干净。毛石基础每天砌筑高度不应超过 1.2m，以免砂浆未充分凝固而造成砌体鼓肚倒塌。

（10）皮数杆立于墙的转角处和适宜地点，最大距离不超过 25m，并用水准仪抄平，以控制砌体的竖向尺寸。

（11）砌筑砂浆试块的平均强度不得低于设计强度等级规定的强度值，任何一组试块的最低强度值不得低于设计强度等级规定强度的 85%。

（12）组砌形式应符合规定，不得有通缝；拐角处和纵横墙交接处接槎要密实，直槎应按规定留设拉结钢筋。

（13）预埋件和预留孔洞位置要准确，并符合规范规定和设计要求。

（14）砌体的总质量要求是：横平竖直，灰浆饱满，内外搭接，上下错缝。

（15）砖砌体允许偏差要满足规范要求。

（16）过梁及梁垫的位置、高度、型号应正确无误，坐浆应饱满。

（17）浇筑混凝土前，对模板、钢筋应进行全面检查，合格后方准浇筑，其允许偏差：轴线为 ±10mm，标高为 ±5mm。

（18）在浇筑混凝土过程中，设专人看模，如发现支撑和模板变形、松动和胀模时，须采取加固措施。

（19）浇筑后的混凝土要有专人养护两周（一周后可减少浇水）。

2．安全保证措施

（1）土方施工按规定坡度放坡，松软部位要加支撑以防塌方。

（2）经常检查土壁稳定情况，如发现有土裂倒塌的危险，操作人员应立即离坑。

（3）在基槽的边缘和边坡土的自然坡角内，不准进行机械运输，必须进行时要计算土的承载能力。

（4）在同一垂直面内进行上下交叉作业时，必须设置防护隔离层避免坠物伤人。

（5）现场管线要按规定架空，橡胶绝缘的电线电缆线通过道路时要加套管以免压裂触电，并严禁挂在钢脚手架上；并架要安装避雷针。

（6）进入现场必须戴安全帽。

（7）坚持班前安全交底制。

（8）设有固定的安全出入口，供人员进出使用，该出入口要搭设护头棚。

（9）高空作业时，系好安全带，挂好安全网。

4.4 思 考 题

1．什么是单位工程施工组织设计？它包括哪些内容？

2．施工方案选择应包括哪些内容？

3．什么是施工起点流向？确定施工起点流向时应考虑哪些因素？

4．施工段划分应依据哪些原则？

5．选择施工机械时应注意哪些原则？

6．单位工程施工应遵循哪些施工程序？

7. 确定施工顺序时应注意考虑哪些因素？

8. 施工进度计划有什么作用？

9. 编制施工进度计划时应包括哪些内容？

10. 编制施工进度计划有哪些步骤？

11. 施工进度计划的表达方式有哪些？

12. 如何进行劳动量的计算？

13. 如何进行各分部、分项工程施工天数的确定？

14. 劳动力需要量计划有什么作用？

15. 主要材料、构配件需要量计划有什么作用？

16. 如何进行单位工程施工机械需要量计划的编制？

17. 施工平面图的设计包括哪些内容？

18. 施工平面图的设计依据有哪些？

19. 施工平面图的设计原则是什么？

20. 如何进行垂直运输机械的布置？

21. 固定式垂直运输机械的服务范围有多大？

22. 对生产性和生活性临时设施布置时，应考虑什么原则？如何进行布置？

23. 工地设置消火栓时应尽量满足什么要求？

4.5 参 考 文 献

1. 刘金昌，李忠富，杨晓林主编．建筑施工组织与现代管理．北京：中国建筑工业出版社，1996

2. 重庆建筑大学，同济大学，哈尔滨建筑大学．建筑施工（第三版）．北京：中国建筑工业出版社，1997

3. 刘志才，张守健，许程洁主编．建筑工程施工项目管理．哈尔滨：黑龙江科学技术出版社，1996

4. 孙济生主编．建筑施工组织与项目管理．北京：中国建筑工业出版社，1997

5. 民用房屋单位工程施工图预算编制

5.1 教 学 要 求

（1）通过本设计，使学生掌握单位工程施工预算的编制依据、编制内容、编制方法和步骤，以及单位工程造价的组成。

（2）培养学生具有运用本课程的基本理论、基本知识和有关技术经济政策，合理编制单位工程施工图预算的能力。

（3）了解单位工程施工图预算在工程建设、施工企业生产经营管理、项目管理和工程监理中的作用。

5.2 编 制 依 据

5.2.1 施工图设计文件

在编制一般土建工程施工图预算之前，施工图必须首先获得建设主管部门批准，然后经过建设单位、承包单位、设计单位和监理单位共同参加的图纸会审，并签署"图纸会审纪要"；从事预算的人员不仅要具备全部施工图文件和"图纸会审纪要"，而且要具备图纸所要求的全部标准图。

5.2.2 工程设计概算文件

拟建工程的初步设计概算文件，是设计单位根据初步设计或扩大初步设计编制的，它同样也必须经过建设主管部门批准。设计概算是国家控制工程拨款或贷款的最高限额，也是控制单位工程预算的主要依据。如果工程预算所确定的投资总额超过设计概算，则应该补做调整概算，并要经过原批准部门审批，方准实施。

5.2.3 施工组织设计文件

拟建工程施工组织设计文件经承包单位主管部门批准后，它所确定的施工方案和相应的技术组织措施，就成为预算人员编制预算的主要依据之一。如土方开挖方案、大型钢筋混凝土构件吊装方案等。

5.2.4 建筑工程预算定额

现行建筑工程预算定额和各省、自治区、直辖市等颁发的现行建筑安装工程预算定额，都是确定单位估价表的基础。它规定了分项工程项目划分、分项工程内容、工程量计算规则和定额使用方法等问题。其工程量计算、直接费计算等主要依据现行建筑工程预算定额。

5.2.5 地区单位估价表

建设地区主管部门颁发的现行建筑工程单位估价表，预算人员必须遵照执行；如果地区没有单位估价表或缺项时，要在当地建委领导下，由建设单位、承包单位、设计单位、监理单位等部门参加，按照国家规定的原则，共同制定符合施工实际的单位估价表或补充单位估价表。

5.2.6 地区建设工程间接费用定额

工程间接费由企业管理费和财务费用组成。它随地区不同，取费标准也不同；按照国家要求，各地区均制定了各自的取费定额。通常在工程间接费用定额手册中，还规定了计划利润、税金和其他费用的取费标准，这些取费标准都是确定工程预算造价的基础。

5.2.7 地区材料价格表

地区材料价格表是编制单位估价表和确定材料价差的依据。预算部门的人员必须具备地区材料价格表，为更好地编制预算做准备。

5.2.8 工程承包合同文件

建设单位和承包单位所签订的工程承包合同文件，是双方进行工程结算和竣工决算的基础。合同中的一些附加条款，在编制单位工程预算时必须遵循和执行。

5.2.9 预算工作手册

预算工作手册是预算人员必须具备的参考书。它包括：各种常用数据和计算公式、各种标准构件的工程量和材料用量、金属材料规格和计量单位之间的换算，以及投资估算指标、概算指标、单位工程造价和工期定额等参考资料。因此，该手册是预算人员必备的基础资料。

5.3 编制方法和步骤

单位工程施工图预算编制，一般要遵循下面的方法和步骤进行：

5.3.1 收集基础文件资料

编制预算的主要基础文件资料包括：施工图设计文件、施工组织设计文件、设计概算文件、建筑安装工程预算定额、建筑工程间接费用定额、工程承包合同文件、材料预算价格表，以及预算工作手册等文件或资料。

5.3.2 熟悉编制预算的基础资料

1. 熟悉施工图设计文件

施工图纸是编制单位工程预算的基础，在编制工程预算之前，要求学生必须对全部施工图设计文件进行认真阅读和详细审查，这不仅可以发现和改正图纸中的问题，而且可以在学生头脑中形成一个完整、系统和清楚的工程实物形象，这对于加快预算速度十分有利。

熟悉施工图纸的要点主要包括：审查施工图纸是否齐全；施工图纸与说明书是否一致；每张施工图纸本身有无差错；各单位工程施工图纸之间有无矛盾；掌握工程结构形式、特点和全貌；了解工程地质和水文地质资料；复核建筑平面图、立面图和剖面图等各部分尺寸关系以及工程所用标准图是否齐全等。

2. 熟悉施工组织文件

在编制单位工程预算时，应全面掌握施工组织设计文件，尤其要重点熟悉以下内容：各分部、分项工程的施工方案，如土方工程开挖方法、余土外运方式和回填土方法等；各种预制构件加工地点、加工方法和运输方式；各种大型预制构件的吊装方案；脚手架形式和安装方法；施工设备和器材供应计划；以及施工图平面布置要求和冬雨季施工等各项技术组织措施。充分了解这些内容，对于正确计算工程量和选套预算定额大有好处。

5.3.3 掌握施工现场情况

为编制出符合施工实际的单位工程预算，除了要全面熟悉施工图设计文件和施工组织设计文件外，还必须随时掌握现场的施工状况。例如：施工现场障碍物拆除状况；场地平整状况；土方开挖和基础施工状况；工程地质和水文地质状况；施工顺序和施工项目划分状况；主要建筑材料、构配件和制品的供应状况；以及其他施工条件、施工方法和技术组织措施的实施状况。这些现场施工状况，对单位工程施工预算的准确性影响很大，必须随时观察和掌握，并做好记录以备使用。

5.3.4 计算工程量

工程量是编制单位工程预算的原始数据，其计算准确性和快慢，将直接影响所编预算的质量和速度。工程量的主要计算依据：施工图设计文件、施工组织设计文件和建筑安装工程定额及其工程量计算规则。一般情况下，按照相应工程量计算规则的要求，就可以逐个计算出各个分项工程的工程量；经过复核后，就可按预算定额规定的分部、分项工程顺序进行列表汇总。

在计算工程量之前，学生必须对所要计算的各分项工程的工程量计算规则、定额手册中有关说明、调整换算的方法和其他一些规定等，进行全面、系统地复习：并在此基础上，根据单位工程施工图预算编制依据，对施工现场实际情况的掌握程度，按照计算项目的划分情况、定额排列顺序、工程施工顺序和定额中各分项工程或结构构件的计量单位等，计算工程量。

5.3.5 选套定额、计算直接费

1. 选套定额

为确定工程单价，必须合理选套预算定额或单位估价表，通常按以下四种情况，分别处理：

（1）当计算项目工程内容与预算定额规定工程内容一致时，可以直接选套预算定额单价或单位估价表。例如本章 5.4 编制例题一节中，大部分计算项目均属于这种情况，直接选套预算定额单位或单位估价表。

（2）当计算项目工程内容与预算定额规定内容不完全一致，而定额规定允许换算时，可按规定换算方法进行定额单价换算。

（3）当计算项目工程内容与预算定额规定内容不一致，而定额规定不允许换算时，直接套用预算定额或单位估价表。

（4）当计算项目工程内容在预算定额中没有时，应按照编制补充预算定额或单位估价表的要求，重新编制补充定额或单位估价表，并报请当地建委批准，作为一次性定额纳入预算文件。

本章 5.4 编制例题一节中，（2）、（3）、（4）三种情况不存在，故不做更加详细的介绍。

2. 计算直接费

一般按照预算定额顺序或施工顺序要求，逐项将分项工程单价填入工程预算书中，并计算分项工程直接费。如用 M7.5 混合砂浆砌 2B 外墙，工程量为 688m³，对应的定额编号

为 4—22，定额单价为 1904.53 元/10m³，由此算出的直接费为

　　M7.5 混合砂浆砌 2B 外墙直接费 = $1904.53 \times 688 \div 10$

$$= 131031.66（元）$$

5.3.6　计算各有关费用和单位工程造价

对于本部分，由于各省、自治区、直辖市等有关建筑工程费用的构成内容存在差异，因此，指导教师应根据学校所在地工程造价管理部门的有关规定，向学生进行详细讲解，按规定的计算程序和公式计算各有关费用，并汇总形成单位工程预算造价。

5.3.7　计算有关技术经济指标

主要包括：每平方米建筑面积造价指标；每平方米建筑面积劳动量消耗指标和每平方米建筑面积主要材料消耗指标等。具体计算可按下列公式进行

$$每平方米建筑面积造价指标 = \frac{工程预算造价（元）}{建筑面积（m^2）}$$

$$每平方米建筑面积劳动消耗量指标 = \frac{劳动量（工日）}{建筑面积（m^2）}$$

$$每平方米建筑面积主要材料消耗指标 = \frac{相应材料消耗量（m^3、t\cdots）}{建筑面积（m^2）}$$

5.3.8　工料分析

工料分析是单位工程施工图预算的组成部分之一，它是编制单位工程劳动力需要量计划、材料需要量计划和施工机械需要量计划的依据，也是施工企业内部经济核算、加强经营管理的主要措施。本设计是否要求学生完成该部分内容，各学校视具体情况确定。

1. 工料分析的内容

单位工程施工图预算工料分析的内容主要包括：分部工程工料分析表、单位工程工料分析汇总表和有关文字说明。

2. 工料分析的步骤和方法

（1）编制分部工程工料分析表

1）分项工程工料分析

为进行分部工程工料分析，必须从分项工程工料分析开始，然后将各个分项工程工料进行汇总，就得到相应分部工程的工料数量。

分项工程的工料分析，应遵循：

①从现行的建筑工程预算定额中，查出某分项工程的定额用工数量和各种材料定额用料数量；

②将查出的定额用工数量和各种材料定额用料数量分别乘以相应分项工程的工程量，就得到该分项工程相应的人工和材料消耗量。具体计算可按下列公式进行：

$$人工消耗量 = 一定计量单位定额人工用量 \times 相应分项工程的工程量$$

$$材料消耗量 = 一定计量单位某种材料定额用量 \times 相应分项工程的工程量$$

2）工料分析具体方法

①配比材料数量分析。在砖石工程、混凝土及钢筋混凝土工程楼地面工程和装饰工程等分部工程中，一般只能查出砂浆和混凝土的定额消耗量。为了计算其各种配比材料用量，应根据砂浆和混凝土的强度等级，从预算定额的砂浆和混凝土配合比表中，查出砂、石、水泥和水的单位体积用量，再将其分别乘以砂浆或混凝土的消耗量：最后算出砂、石、水泥和水的消耗量。

例如：在5.4节编制例题中，现浇钢筋混凝土柱工程量为22.44m³，采用C20混凝土，石子最大粒径为20mm，从预算定额手册混凝土配合比表查出，每立方米混凝土各种材料用量分别为：425水泥为364.4kg，中粗砂为0.467m³，20mm碎石为0.842m³，搅拌水15.38t。由此可得：

$$425\ 水泥用量 = 364.4 \times 22.44 = 8177.136kg$$

$$中粗砂用量 = 0.467 \times 22.44 = 10.48m^3$$

$$石子用量 = 0.842 \times 22.44 = 18.89m^3$$

$$搅拌水用量 = 15.38 \times 22.44 = 345.13t$$

②各种构件和制品数量分析。对于工厂制作、现场安装的各种构件和制品，如预制钢筋混凝土构件、金属结构构件、门窗和五金，以及各种建筑制品等，其工料分析应按制作和安装，分别列表计算。

③装饰工程数量分析。装饰工程的工料分析，要根据建筑工程预算定额和工程量，按相应项目分别列项计算和汇总。

5.3.9　编写编制说明

本部分内容，主要是要求学生对此次施工图预算编制所采用的施工图、编号、标准图、预算定额、单位估价表、费用定额，以及在编制施工图预算过程中存在的问题、处理办法等内容加以说明。

5.4　编　制　例　题

题目：编制某百货商店土建工程施工图预算

编制说明：

本预算是依据第2和3章设计例题的图纸进行计算，套用《黑龙江省建设工程预算定额》（土建工程）、《黑龙江省建设工程预算定额》（装饰工程）以及《哈尔滨市单价表》1998（土建工程），按现行费率Ⅲ类工程取费。

由于是结合第2和3章设计例题进行编制，课程设计的图纸不可能完全齐备，后加入几项内容：

1. 女儿墙混凝土压顶、女儿墙内侧及压顶抹水泥砂浆；
2. 基础垫层。

本预算未尽事宜，待调整。

工程编号:3　　工程名称:某百货商店　　建筑面积:2658.100m²　　打印日期:1999年11月5日

土 建 工 程 取 费 表

三类工程(省内国营地、市级企业)

序号	费用名称	计 算 式	费率%	费用	序号	费 用 名 称	计 算 式	费率%	费用
(一)	直接工程费	(1)+(2)+(3)		987059.00	(8)	远地施工增加费	(6)+(7)		
(1)	直接费	①+②+③		931188.00	⑥	调道费	(1)×费率		
①	人工费			189327.00	⑦	异地施工补贴费	[人工工日×补贴金额(元/工日)]×1.2		
②	材料费			661962.00	(9)	公有住房集中供暖费	(1)×费率	0.940	8753.00
③	机械费			79899.00	(10)	住房公积金及住房补贴	(1)×费率	0.920	8567.00
(2)	其他直接费	④+⑤		29798.00	(11)	市内上下班交通补贴	(1)×费率	0.760	7077.00
④	冬季施工增加费	冬季施工期内完成建安量×费率	7.500		(12)	肉菜及自来水价格补贴	(1)×费率	0.500	4656.00
⑤	雨季施工增加费	(1)×费率	3.200	29798.00	(13)	住房取暖补贴	(1)×费率	0.320	2980.00
(3)	现场经费	(1)×费率	2.800	26073.00	(14)	管道燃气费补贴	(1)×费率	0.320	2980.00
(二)	间接费	(1)×费率	3.600	33523.00	(15)	企业扣减不应计取费用	人工工日×2.36元/工日(集体)		
(三)	计划利润	(1)×费率	7.000	65183.00			人工工日×3.62元/工日(非等级)		
(四)	其他费用	(4)~(16)之和		35013.00	(16)	市场材料价差	按实输入		
(4)	预制混凝土构件增值税	混凝土构件出厂量×49.92元/m			(五)	劳动保险基金	(1)×费率　(未统筹)	1.800	39003.00
(5)	预制木门窗框增值税	木门窗框出厂量×2.27元/m			(六)	管理费	[(一)+(二)+(三)+(四)]×3.48%(已统筹)		1793.00
(6)	预制木门窗扇增值税	木门窗扇出厂量×4.79元/m					(18)+(19)+(20)		
(7)	预制金属构件增值税	金属构件出厂量×306.21元/t							

序号	费用名称	计算式	费率%	费用
(18)	上级管理费	[(一)+(二)+(三)+(四)+(五)]×费率(未统筹)		
		[(一)+(二)+(三)+(四)]×费率(已统筹)		
(19)	工程造价管理费	[(一)+(二)+(三)+(四)]×费率(未统筹)	0.100	
		[(一)+(二)+(三)+(四)]×费率(已统筹)	0.100	1121.00
(20)	劳动定额测定费	[(一)+(二)+(三)+(四)+(五)]×费率(未统筹)	0.060	

序号	费用名称	计算式	费率%	费用
(七)		[(一)+(二)+(三)+(四)]×费率(已统筹)	0.060	672.00
	税金	[(一)+(二)+(三)+(六)]×费率	3.440	39958.00
	水电费	1+2	0.800	
	其中:1.水费	(1)×费率	0.100	
	2.电费	(1)×费率	0.700	
(八)	工程总造价	(一)+(二)+(三)+(四)+(五)+(六)+(七)		1201532.00
(九)	施工总取费	(八)		1201532.00

分部工程费用表

工程编号:3　工程名称:某百货商店

打印日期:1999年11月5日

分部号	工程名称	定额直接费(元)				哈尔滨市1998年定额直接费	
		合计	人工费	材料费	机械费	合计	材料费
一	土、石方工程	21051.00	21051.00			21051.00	
二	桩基础工程						
三	脚手架工程	215540.00	7673.00	12101.00	1766.00	21285.00	11846.00
四	砖石工程	224217.00	39157.00	157206.00	27854.00	212689.00	145678.00
五	混凝土及钢筋混凝土工程	442848.00	71433.00	332910.00	38505.00	404677.00	294739.00
六	钢筋混凝土及构件运、安工程	301.00	48.00	10.00	243.00	299.00	8.00
七	木结构工程	12949.00	1127.00	11420.00	402.00	11039.00	9510.00
八	楼地面工程	118514.00	41564.00	68206.00	8744.00	124544.00	74236.00
九	屋面工程	130579.00	4851.00	123422.00	2306.00	131218.00	124061.00
十	耐酸、防腐工程						
十一	装饰工程	4476.00	2423.00	1974.00	79.00	4386.00	1884.00
十二	金属结构工程						
十三	构筑物工程						
十四	轻型板框架工程						
十五	简易工程						
十六	材料运输						
十七	建筑物超高增加费						
十八	混凝土蒸气养护费						
十九	机场外运安及塔基铺拆						
二十	补充定额						
	合计	976475.00	189327.00	707249.00	79899.00	931188.00	661962.00
	成品构件						

工程编号:3　　工程名称:某百货商店　　　打印日期:1999年11月5日

顺序号	定额编号	项目名称	单位	数量	省价值		人工费		其中材料费		机械费		本地价值 哈尔滨市1998价	
					定额单价	总价	单价	金额	单价	金额	单价	金额	单价	金额
		土,石方工程												
1	1—14	人工挖地槽（地沟）普通坚土，深度3m以内	100m³	6.860	1125.28	7719.42	1125.28	7719.42					1125.28	7719.42
2	1—24	人工挖地坑，普通坚土，深度3m以内	100m³	3.385	1219.97	4129.60	1219.97	4129.60					1219.97	4129.60
3	1—47	人工挖回填土（夯填）	100m²	10.958	473.44	5187.96	473.44	5187.96					473.44	5187.96
4	1—48	人工原土打夯	100m²	9.057	35.29	319.62	35.29	319.62					35.29	319.62
5	1—49	人工平整场地	100m²	11.650	136.44	1589.53	136.44	1589.53					136.44	1589.53
6	1—50	人工运土运距20m以内	100m³	3.090	648.61	2004.20	648.61	2004.20					648.61	2004.20
7	1—1	人工挖土方，普通坚土，深度2m以内	100m³	0.183	550.05	100.66	550.05	100.66					550.05	100.66
		合　计				21050.99		21050.99						21050.99
		脚手架工程												
8	3—3	综合脚手架多层6m以上及单层6m以上每增1m塔吊	100m²	26.581	353.52	9396.92	57.67	1532.93	274.57	7298.35	21.28	565.64	371.05	9862.88
9	3—18	单项和件式钢管满堂脚手架天棚高5.2m以内	100m²	24.680	492.02	12143.05	248.77	6139.64	194.60	4802.73	48.65	1200.68	462.82	11422.40
		合　计				21539.97		7672.57		12101.07		1766.33		21285.28
		砖砌体工程												
10	4—9	内墙砌砖1砖混合砂浆 M7.5(塔)	10m³	37.950	1885.69	71561.94	330.76	12552.34	1309.30	49687.94	245.63	9321.66	1789.25	67902.04
11	4—22	外墙砌3/2砖以上混合砂浆 M7.5(塔)	10m³	68.800	1904.53	131031.66	332.05	22845.04	1340.00	92192.00	232.48	15994.62	1806.96	124318.85
12	4—23	外墙砌3/2砖以上混合砂浆 M10(塔)	10m³	6.323	1939.93	12266.18	330.33	2088.68	1377.12	8707.53	232.48	1469.97	1846.74	11676.94
13	4—26	外墙砌3/2砖以内混合砂浆 M7.5(塔)	10m³	4.317	1928.75	8326.41	349.70	1509.65	1332.51	5752.45	246.54	1064.31	1831.38	7906.07
14	4—46	砖砌体钢筋加固，一般配筋	t	0.300	3438.20	1031.46	537.57	161.27	2887.58	866.27	13.05	3.92	2950.62	885.19
		合　计				224217.65		39156.98		157206.18		27854.48		212689.08

顺序号	定额编号	项目名称	单位	数量	省价值		人工费		其中				本地价值	
					定额单价	总价	单价	金额	材料费 单价	材料费 金额	机械费 单价	机械费 金额	哈尔滨市 单价	1998价 金额
		混凝土及钢筋混凝土工程												
15	5—7	独立基础钢筋混凝土	10m³	2.997	4330.35	12978.06	425.24	1274.44	3648.44	10934.37	256.67	769.24	4056.87	12158.44
16	5—29	矩形柱(断面周长在1.8m以内)塔式起重机	10m³	2.244	9268.23	20797.91	1491.53	3346.99	6945.54	15585.79	831.16	1865.12	8578.16	19249.39
		说明:现浇工具式钢模板,每超一个3m												
17	5—37	构造柱塔式起重机	10m³	1.327	9218.37	12232.78	1433.45	1902.19	7094.82	9414.83	690.10	915.76	8176.28	10849.92
18	5—44	圈梁塔吊	10m³	4.552	8059.81	36688.26	1266.45	5764.88	6117.45	27846.63	675.91	3076.74	7445.98	33894.10
19	5—46	过梁塔吊	10m³	2.000	9141.34	18282.68	1791.54	3583.08	6626.15	13252.30	723.65	1447.30	8161.42	16322.84
20	5—68	有梁板(板厚在100mm以内)塔式起重机	10m³	32.300	9386.64	303188.47	1466.00	47351.80	7101.93	229392.34	818.71	26444.33	8610.85	278130.46
		说明:现浇工具式钢模板,每超一个3m												
21	5—78	整体楼梯塔式起重机	10m²	14.600	2070.64	30231.34	378.54	5526.68	1451.02	21184.89	241.08	3519.77	1819.91	26570.69
22	5—92	压顶塔吊	10m³	0.379	13685.38	5186.76	4084.07	1547.86	8473.65	3211.51	1127.66	427.38	11634.83	4409.60
23	5—145	预制水磨石窗台板	10m³	0.245	13313.61	3261.83	4634.33	1135.41	8519.70	2087.33	159.58	39.10	12619.12	3091.68
		合 计				442848.09		71433.34		332910.00		38504.75		404677.12
		钢筋混凝土及构件运输及安装工程												
24	6—142	小型构件塔吊	10m³	0.245	638.48	156.43	149.78	36.70	11.87	2.91	476.83	116.82	636.01	155.82
25	6—9	钢筋混凝土构件汽车运输,Ⅱ类运距1km以内	10m³	0.245	589.09	144.33	44.33	10.86	28.45	6.97	516.31	126.50	585.14	143.36
		合 计				300.75		47.56		9.88		243.32		299.18
		木结构工程												
26	7—1	门框单栽口五块料以内(塔)	100m²	0.737	5180.76	3818.22	506.58	373.35	4511.91	3325.28	162.27	119.59	3778.67	2784.88

顺序号	定额编号	项目名称	单位	数量	省价值		其中						本地价值 1998价 哈尔滨市	
					定额单价	总价	人工费单价	金额	材料单价	金额	机械单价	金额	单价	金额
27	7—24	门扇木板门(拼板)带亮子(塔)	100m²	0.737	12388.17	9130.08	1022.42	753.52	10983.13	8094.57	382.62	281.99	11199.34	8253.91
		合　计				12948.30		1126.87		11419.84		401.58		11038.79
		楼地面工程												
28	8—3	砂垫层	10m³	1.330	503.13	669.16	78.76	104.75	417.38	555.12	6.99	9.30	491.02	653.06
29	8—22	无筋混凝土垫层	10m³	5.129	2135.62	10953.59	285.79	1465.82	1796.62	9214.86	53.21	272.91	2093.73	10738.74
30	8—22	无筋混凝土垫层	10m³	2.937	2135.62	6272.32	285.79	839.37	1796.62	5276.67	53.21	156.28	2093.73	6149.29
31	8—33	防水砂浆防潮层	100m²	1.141	1014.26	1157.27	241.45	275.49	743.52	848.36	29.29	33.42	1013.24	1156.11
32	8—59	建筑油膏	100m²	1.315	385.77	507.29	132.35	174.04	253.42	333.25			385.77	507.29
33	8—66	水泥砂浆混凝土或硬基层上 10mm厚	100m²	8.227	374.09	3077.64	88.02	724.14	271.42	2232.97	14.65	120.53	367.02	3019.47
34	8—67	水泥砂浆每增减 5mm厚	100m²	8.227	146.89	1208.46	33.36	274.45	106.77	878.40	6.76	55.61	144.09	1185.43
35	8—83	水磨石地面不带嵌条	100m²	24.320	3350.88	81493.40	1411.71	34332.79	1628.73	39610.71	310.44	7549.90	3625.54	88173.13
36	8—93	水磨石踢脚线	100m²	1.278	744.56	951.55	522.51	667.77	215.54	275.46	6.51	8.32	761.70	973.45
37	8—65	水泥砂浆混凝土或硬基层上 20mm厚	10m²	8.380	659.59	5527.36	148.49	1244.35	482.93	4046.95	28.17	236.06	646.96	5421.52
38	8—64	水泥砂浆填充保温层 20mm厚	100m²	8.380	799.03	6695.87	174.31	1460.72	588.67	4933.05	36.05	302.10	783.58	6566.40
		合　计				118513.92		41563.68		68205.81		8744.43		124543.89
		屋面工程												
39	9—8	保温层沥青珍珠岩石(塔)	10m³	26.000	3090.35	80349.10	110.18	2864.68	2902.72	75470.72	77.45	2013.70	3104.01	80704.26
40	9—28	刚柔性屋面一毡二油(隔气层)	100m²	8.380	1056.76	8855.65	86.08	721.35	953.95	7994.10	16.73	140.20	1056.59	8854.22
41	9—32	刚柔性屋面一胶毡一罩面	100m²	8.760	4723.07	41374.09	144.40	1264.94	4561.27	39956.73	17.40	152.42	4755.74	41660.28
		合　计				130578.84		4850.97		123421.55		2306.32		131218.77
		装饰工程												
42	11—115	单层木门窗底油一遍调和漆二遍	100m²	0.737	1335.99	984.62	404.58	298.18	931.41	686.45			1259.96	928.59
43	11—32	端面砖端水泥砂浆	100m²	1.150	992.89	1141.82	419.64	482.59	539.45	620.37	33.80	38.87	978.99	1125.84
44	11—50	窗台线、门窗套,压顶及其他水泥砂浆	100m²	0.940	2499.49	2349.52	1746.99	1642.17	709.69	667.11	42.81	40.24	2480.89	2332.04
		合　计				4475.97		2422.93		1973.93		79.11		4386.47

装 饰 工 程 取 费 表

工程编号:3　　工程名称:百货商店　　建筑面积:2658.100m²　　打印日期:1999年11月5日　　(省内国营地、市级企业)

序号	费用名称	计算式	费率%	费用
(一)	直接工程费	(1)+(2)+(3)	1.000	190834.00
(1)	直接费	①+②+③		184735.00
①	人工费			21398.00
②	材料费			159751.00
③	机械费			3586.00
(2)	其他直接费	④+⑤		3424.00
④	冬季施工增加费	冬季施工实际完成量人工费×费率	15.000	
⑤	雨季施工费	①×费率	16.000	3424.00
(3)	现场经费	①×费率	12.500	2675.00
(二)	间接费	①×费率	14.000	2996.00
(三)	计划利润	①×费率	54.000	11555.00
(四)	其他费用	(4)～(16)之和		4707.00
(8)	远地施工增加费	⑥+⑦		
⑥	调遣费	①×费率		
⑦	异地施工补贴	人工工日×补贴金额(元/工日)×1.2		
(9)	公有住房集中供暖费	①×费率	5.480	1173.00

序号	费用名称	计算式	费率%	费用
(10)	住房公积金及住房补贴	①×费率	5.390	1153.00
(11)	市内上下班交通补贴	①×费率	4.420	946.00
(12)	肉菜及自来水价格补贴	①×费率	2.930	627.00
(13)	住房取暖补贴	①×费率	1.890	404.00
(14)	管道燃气费补贴	①×费率	1.890	404.00
(15)	企业扣减不应计取费用	人工工日×2.36元/工日（集体） 人工工日×3.62元/工日（非等级）		
(16)	市场材料价差	按实输入		
(五)	劳动保险基金	①×费率（未统筹）	4.000	
(六)	管理费	[(一)+(二)+(三)+(四)]×费率（已统筹）	3.480	7311.00
(18)	上级管理费	(18)+(19)+(20) [(一)+(二)+(三)+(四)+(五)]×费率（未统筹）	0.150	693.00

108

序号	费用名称	计算式	费率%	费用
(七)	税金	[(一)+(二)+(三)+(四)+(五)+(六)]×费率	3.440	7503.00
	上缴省费用	1+2+3		
	1.定额人工费	①×费率		
	2.现场经费、间接费	[(3)+(二)]×费率		
	水电费	1+2		
	其中:1.水费	①×费率		
	2.电费	①×费率		
(八)	施工总取费	(九)		225599.00
(九)	工程总造价	(一)+(二)+(三)+(四)+(五)+(六)+(七)		225599.00

序号	费用名称	计算式	费率%	费用
(19)	工程造价管理费	[(一)+(二)+(三)+(四)]×费率(已统筹)	0.150	315.00
		[(一)+(二)+(三)+(四)+(五)]×费率(未统筹)	0.120	
(20)	劳动定额测定费	[(一)+(二)+(三)+(四)]×费率(已统筹)	0.120	252.00
		[(一)+(二)+(三)+(五)]×费率(未统筹)	0.060	
		[(一)+(二)+(三)+(四)]×费率(已统筹)	0.060	126.00

工程编号：3　　　工程名称：百货商店　　　打印日期：1999 年 11 月 5 日

建 筑 工 程 预 ( )算 表

顺序号	定额编号	项 目 名 称	单位	数 量	省 价 值		其 中						本 地 价 值	
					定额单价	总价	人 工 费		材 料 费		机 械 费		哈尔滨市 1998 价	
							单价	金额	单价	金额	单价	金额	单 价	金 额
1	4—6	上人装配 U 型轻钢天棚龙骨 300×300，二级(塔)	100m²	24.680	6719.60	165839.73	553.75	13666.55	6068.30	149765.64	97.55	2407.53	5553.76	136066.80
2	4—63	安在 U 型轻钢龙骨上石膏板(塔)	100m²	24.680	1975.04	48743.99	264.47	6527.12	1671.84	41261.01	38.73	955.86	1571.66	38788.57
3	3—19×2	双扇带亮推拉窗(塔)	100m²	0.360	26190.08	9428.43	3344.43	1203.99	22227.36	8001.85	618.29	222.58	24664.41	8879.19
		页　计				224012.14		21397.66		199028.50		3585.97		184734.55
		合　计				224012.14		21397.66		199028.50		2585.97		184734.55

工 程 量 计 算 表

项 目 名 称	工 程 量 计 算 式	单位	数量
外墙外边线 $L_外$	$16.922 + 30.14 + 16.94 + 27.14 + 40.34$	m	131.482
外墙中心线 $L_中$	$16.432 + 29.65 + 16.45 + 26.45 + 39.85$	m	129.032
内墙200墙净长线	$L_{200} = （6.38 \times 2 - 6.305 \times 2 + 3.1 + 6.305 \times 2）\times 3 + 2.18 + 2.96 \times 2$	m	131.34
240墙净长线	$L_{240} = 6.48 + 6.425 + 6.48 = 19.385m \times 3$（仅一层）	m	58.155
120墙净长线	$L_{120} = 6.25 \times 2 + 6.48 + 6.25 + 4.44 = 29.67m \times 3$	m	89.01
$S_底 =$	$40.34 \times 27.14 - 19.8 \times 6.6 - 1/2 \times 10.2 \times 10.2 - 1/2 \times （10.182 + 14.425）\times 2.121$	m²	886
门窗统计			
铝合金门（外）	$6 \times 2.7 = 16.2 \times 2 = 32.4m²$（占200墙、490墙）铝合金窗（200内墙）$1.5 \times 2.4 = 3.6m²$	m²	
铝合金窗（外）	$4.8 \times 2.4 \times 6 \times 3 - 1.8 \times 2.4 \times 6 \times 3 + 2.1 \times 2.4 \times （3 + 4 \times 2）+ 6 \times 2.4 \times 2 = 369.36m²$（占外墙）	m²	
木 门 M1	$1.5 \times 2.7 \times 3 = 12.15m²$（占外墙） $1.5 \times 2.7 \times 4 = 8.1m²$（占200墙）　$1.5 \times 2.7 \times 4 = 8.1m²$（占120墙）	m²	
M3	$0.9 \times 2.1 \times 11 = 20.79m²$（占200墙）　$0.9 \times 2.1 \times 3 = 5.67m²$（占120墙）	m²	
M4	$0.75 \times 2.1 \times 12 = 18.9m²$（占120墙）	m²	
1. 场地平整	$S = S_底 + 2L_外 + 16 = 886.034 + 2 \times 131.482 + 16$	m²	1164.99
2. 综合脚手架	$S = S_{建筑面积} = 886.034 \times 3$	m²	2658.10
3. 外墙红砖砌体	M7.5混合砂浆砌筑 $V = 0.49 \times 129.032 \times （15 + 0.45）= 976.837m³ - 288.616 = 688m³$	m³	
扣	MC洞口　　$16.2 + 369.36 + 12.15 = 397.71m² \times 0.49$	m³	194.88
扣	暖气槽　　$4.8 \times 18 + 1.8 \times 18 + 2.1 \times 11 + 6 \times 2 = 153.9 \times 0.9 = 138.51m² \times 0.12$	m³	
扣	GL　$（0.37 \times 0.24 + 0.12 \times 0.06）\times （6.5 + 5.3 \times 18 + 2.3 \times 18 + 2.6 \times 11 + 6.5 \times 2 + 2 \times 3）= 18.326m³ + 0.06 \times 0.06 \times 190.9 = 19.01m³$	m³	
扣	QL　　$0.49 \times 0.24 \times 129.032 \times 3 = 45.52m³$	m³	
扣	G8—1　$0.24 \times 0.24 \times （15 + 1.45）\times 14 = 13.27m³$　计扣$288.62m³$	m³	288.62
4. 地下外墙 M10 水泥砂浆	$V = 0.49 \times 129.032 \times 1M$	m³	63.226
5. 370女儿墙	$V = 129.632 \times 0.37 \times 0.9$	m³	43.17
6. 200厚内墙红砖砌体，M7.5混合砂浆	$V = 0.2 \times 8.1 \times （5.85 - 0.08 \times 2）+ 0.2 \times 123.24 \times （15.45 - 0.08 \times 2）= 386.2m³$ $- 7.108$	m³	379.11
扣	门窗口　　$3.6 + 8.1 + 20.79 = 32.49m² \times 0.2$	m³	
扣	GL　$0.2 \times 0.12 \times （2 \times 5 + 1.4 \times 11）= 0.61$　计扣$7.108m³$	m³	7.108
7. 120厚内墙红砖砌体	M7.5混合砂浆　$V = 0.12 \times 89.01 \times （15.45 - 0.08 \times 2）= 163.32m³ - 4.31$	m³	159
扣	门洞　　$8.1 + 5.67 + 18.9 = 32.67m² \times 0.12 = 3.92m³$ GL　$0.12 \times 0.12 \times （2 \times 4 + 1.4 \times 3 + 1.25 \times 12）= 0.39m³$	m³	

项 目 名 称	工 程 量 计 算 式	单位	数量
8. 合计 C20 混凝土过梁	$19.01 + 0.61 + 0.39$	m³	20.01
9. 240 厚内墙红砖砌体	$58.155 \times 0.24 \times (15.45 - 0.08 \times 2)$	m³	213.41
10. C10 素混凝土垫层	$2.6 \times 2.6 \times 0.1 \times 11 + 1.7 \times 0.1 \times 129.03$	m³	29.37
11. C20 混凝土独立基础	$2.4 \times 2.4 \times 0.3 + (0.3/6) \times [2.4^2 + (2.4 + 0.5)^2 - 2.4^2] = 2.725 \text{m}^3 \times 11$	m³	29.97
12. 女儿墙压顶	$0.06 \times 0.49 \times 129.032$	m³	3.79
13. 毛石基础（带型）	$(1.5 \times 0.3 + 1.1 \times 0.2 - 0.7 \times 0.3) \times 129.03$	m³	113.55
14. 墙基防潮层	$0.49 \times 129.032 + 0.2 \times 131.34 + 0.24 \times 58.155 + 0.12 \times 89.01$	m³	114.13
15. 预制水磨石窗台板	$0.24 \times 0.06 \times (153.9 - 0.24 \times 59 + 1.5 \times 0.24) = 2.45 \text{m}^3 \times 1.015$	m³	2.48
16. 预制水磨石窗台板运输	2.48	m³	2.48
17. 预制水磨石窗台板安装	2.48	m³	2.48
18. 矩形柱	$0.35 \times 0.35 \times (2.25 - 0.6 + 15) \times 11$	m³	22.44
19. C20 现浇混凝土有梁板			
板下梁　KJL—1	$0.3 \times 0.57 \times (19.8 - 0.35 \times 2)$	m³	
KJL—2	$0.3 \times 0.57 \times (40.34 - 0.37 \times 2 - 0.35 \times 5)$	m³	
KJL—3	$0.3 \times 0.57 \times (6.6 \times 5 - 0.35 \times 4)$	m³	
KJL—4、5	$0.3 \times 0.57 \times (26.4 - 0.35 \times 2 + 27.14 - 0.37 \times 2 - 0.35 \times 3)$	m³	
LL—1	$0.25 \times 0.42 \times 6.48$	m³	
LL—2、3、4	$0.25 \times 0.42 \times 6.45 \times 3 + (6.45 \times 4 + 6.3 \times 2) \times 0.2 \times 0.42$	m³	
LL—5	$0.2 \times 0.37 \times 12.75 \times 2$	m³	
LL—6	$0.2 \times 0.42 \times 6.45$	m³	
LL—7	$0.2 \times 0.37 \times (27.14 - 0.37 \times 2 - 0.3 \times 3) \times 3$	m³	
LL—8	$0.2 \times 0.37 \times (22 - 0.3 \times 3)$	m³	
LL—9	$0.2 \times 0.37 \times (17.6 - 0.3 \times 2 + 12 - 0.3 \times 2 - 0.125 \times 2)$　计板下梁 41.54m³	m³	41.54
板	$(131.482 - 0.43 \times 5) \times 0.12 + 822.7 = 838.22 \text{m}^2 \times 0.08 = 67.06$ * 822.7 为地面面积	m³	
合计有梁板	$108.60 \text{m}^2 \times 3 - 3.96 \times 4.6 \times 2 \times 0.08$	m³	323

项　目　名　称	工　程　量　计　算　式	单位	数量
20．C20混凝土现浇整体楼梯	$3.96 \times 4.6 \times 2 \times 4$	m²	146
21．梁板柱混凝土超高	（定额说明）		
一层	$h_1 = 5.32 - 3.6 = 1.72m$　　柱　$0.35 \times 0.35 \times 11 \times (1.72 + 1.12 + 1.2) = 5.444m^3$	m³	
二层	$h_2 = 4.72 - 3.6 = 1.12m$　　板　$305.5m^3$	m³	
三层	$h_3 = 4.8 - 3.6 = 1.2m$		
墙体拉结筋	$2.08 \times 2 \times 0.26 = 1.08kg \times (1.5/0.5 + 1) \times 9 = 301kg$		
22．地面素土夯实	$S = 886 - 129.032 \times 0.49$	m²	822.7
23．地面水泥砂浆找平层	$822.7m^2$	m²	822.7
24．水磨石地面	$822.7 + (822.7 - 3.96 \times 4.6) \times 2$	m²	2432
25．水磨石踏脚线	$(129.032 - 0.245 \times 5) = 127.807m$		
26．女儿墙内侧抹水泥砂浆	127.807×0.9	m²	115
27．压顶抹灰	129.032×0.73	m²	94
28．散水处人工挖土	$L = 131.482 + 0.8 \times 4 - 3.6 - 8.4 - 3.9 - 14.982 = 103.8$ $V = 103.8 \times 0.8 \times 0.22 = 18.3m^3$	m³	18.3
29．散水处素土夯实	$103.8 \times 0.8 = 83.04m^2$	m²	83.04
30．散水处砂垫层	$83.04 \times 0.16 = 13.3m^3$	m³	13.3
31．散水处混凝土垫层	$83.04 \times 0.06 = 4.98m^3$	m³	4.98
32．混凝土散水面层一次抹光	$83.04m^2$	m²	83.04
33．散水处油膏嵌缝	$131.482m$	m	131.482
34．轻钢龙骨吊顶骨架	$822.7m^2 \times 3 = 2468m^2$	m²	2468
35．轻钢龙骨吊顶饰面	$2468m^2$	m²	2468
36．满堂脚手架	$2468m^2$	m²	2468
37．屋面工程	$886 - 129.632 \times 0.37 = 838m^2 + 0.3 \times 127.807 = 876m^2$	m²	876
找平层（硬基20厚）	838	m²	838
找平层（20厚保温层上）	838	m²	838
找平层保温层（沥青珍珠岩）	$838 \times (0.15 + 0.15 + 0.31) \times 1/2 = 260m^3$	m³	260
隔气层	$838m^2$	m²	838
三元乙丙防水层	$876m^2$	m²	876
38．土方工程	$k = 0.42$　　$h = (2.25 + 0.1 - 0.45) = 1.9m$　　$a = 1.5 + 0.2 = 1.7m$ $c = 0.15m$　　$V = 1.9 \times (1.7 + 2 \times 0.15 + 0.42 \times 1.9) \times 129.032 = 686m^3$	m³	686
（1）人工挖土槽	$a = b = 2.6m$　　$h = 1.9m$　　$k = 0.42$　　$c = 0.3m$　　$n = 11$		
（2）人工挖地坑	$V = (2.6 + 2 \times 0.3 + 0.42 \times 1.9)^2 \times 1.9 + 1/3 \times 0.42^2 \times 1.9^3 = 30.77m^3 \times 11 = 338.5m^3$	m³	338.5

项　目　名　称	工　程　量　计　算　式	单位	数量
(3) 室内房心回填	$822.7 \times (0.45 - 0.075) = 309 m^3$	m^3	309
(4) 土方回填基槽及基坑	$686 \times 338.5 - (29.37 + 29.97 + 113.55 + 0.35 \times 0.35 \times 1.2 \times 11 + 0.49 \times 1 \times 129.032) = 786.77 m^3$	m^3	786.77
(5) 人工倒运房心回填土	$309 m^3$	m^3	309

5.5　思　考　题

1. 编制单位工程施工图预算的依据有哪些?

2. 应在何时进行单位工程施工图预算的编制?

3. 现阶段，直接工程费包括哪些内容?

4. 如何计算土建工程的其他直接费和间接费?

5. 如何计算多层建筑物的建筑面积?

6. 直接工程费由哪几部分组成?

7. 直接费包括哪些内容?

8. 什么是人工费? 它包括哪些内容?

9. 其他直接费包括哪些内容? 对土建工程如何进行计算?

10. 编制单位工程施工图预算应计算哪些费用?

11. 区分: 平整场地、挖土方、挖地(沟)槽、挖地(基)坑。

12. 如何确定基础与墙身的分界线?

13. 如何计算现浇梁、板、柱的工程量?

14. 如何计算现浇楼梯的工程量?

15. 单位工程施工图预算应包括哪些内容? 如何进行计算?

16. 什么是工料分析? 它包括哪些内容?

17. 你认为对一个单位工程应如何进行工料分析?

18. 你认为工料分析有什么作用?

19. 单位工程施工图预算中的税金包括哪几项?

20. 你认为编制单位工程施工图预算应收集哪些资料?

5.6　参　考　文　献

1. 刘志才，许程洁，杨晓林编著. 建筑安装工程概预算与投标报价. 哈尔滨: 黑龙江科学技术出版社，1998

2. 张守健，刘志才，许程洁主编. 建筑工程定额与预算. 北京: 中国建筑工业出版社，1997

3. 张守健，许程洁，杨晓林主编. 建设工程预算与估价报价手册. 北京: 中国建筑工业出版社，1996

4. 杨晓林，李忠富，许程洁主编. 建筑装饰工程预算与投标. 哈尔滨: 黑龙江科学技术出版社，1998

6．单层厂房建筑设计

6.1 教 学 要 求

1．巩固课堂教学，深入领会厂房土建设计特点

厂房的建筑设计是在工艺设计图的基础上进行的，一般地说，应尽量满足工艺设计要求。单层厂房建筑的平面有如下几个特点：

(1) 柱网尺寸较大，有时还连续多跨，因而具有较大的内部空间。

(2) 厂房构架承载力较大，结构构件的尺寸很大，且标准化的要求很高。

(3) 屋面面积大，构造复杂。

2．熟悉应用标准及规范，学习查资料

(1) 厂房的跨度、柱距、高度应符合各自的模数数列。

(2) 主要构件与纵横定位轴线的关系应符合规定，其尺度应符合技术及模数化要求。

(3) 厂房受力构件设置及布置应符合结构统一化规定。

3．熟悉结构形式及其构造

单层厂房的结构形式可归纳为四类，它们是：

(1) 排架结构厂房（承重柱与屋架或屋面梁铰接连接），其结构类型有：砖混结构、钢筋混凝土装配式结构、钢与钢筋混凝土混合结构和钢结构等四类。

(2) 刚架结构厂房，其形式有钢筋混凝土门式刚架、锯齿形刚架。

(3) 板架合一结构，其形式有双 T 板、单 T 板、V 型折板等。

(4) 空间结构，其形式有壳体结构、钢构架结构等。

在以上四种形式中，我国的单层厂房目前还是以排架结构为主，其中又大都采用钢筋混凝土结构。当吊车吨位不超过 5t，跨度不大于 15m 时的厂房，也有采用砖混结构的。

4．掌握厂房设计制图的规定

(1) 厂房设计制图除与民用建筑具有相同的规定外，其定位轴线的标定与民用建筑还是有较大差异的，应了解单层厂房建筑中定位轴线的标志原则。详见教材《房屋建筑学(第三版)》第十六章"单层厂房定位轴线的标志"。

(2) 平面图上除表达承重构件——承重柱和抗风柱外，还须表达出外墙、门窗及吊车等构件，标明工段划分以及通道位置。当厂房必须设置生活间时，平面图上也应完整地给予表达，并写明各个房间的名称。

(3) 剖面图上，除表达出各承重骨架与围护构件外，应绘出吊车梁断面、轨道、吊车外形轮廓及检修道、吊车梯。如有天窗，还应表达出天窗各组成构件及其细部构造。

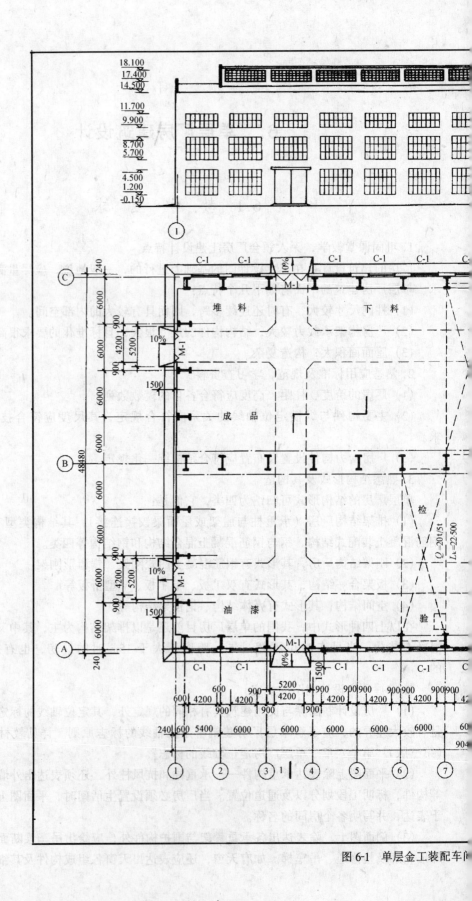

图 6-1 单层金工装配车间

116

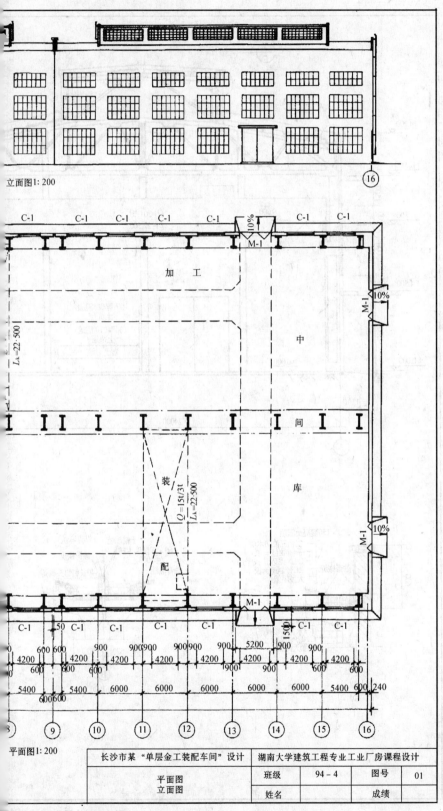

立面图1: 200

C-1　C-1　C-1　C-1　C-1　10%　C-1　C-1

M-1

加　工

$L_A=22.500$

中

M-1　10%

间

I　I　I　I　I　I　I　I

库

装

$Q=15t/3t$
$L_A=22.500$

M-1　10%

配

M-1

C-1　50　C-1　C-1　C-1　C-1　5200　150　C-1　C-1

600　600　600　900　900 900　900 900　900　900　900

4200　4200　4200　4200　4200　4200　4200　4200

600　600　600　1900　900　600　600

5400　5400　6000　6000　6000　6000　5400　600 240

600 600

⑧　⑨　⑩　⑪　⑫　⑬　⑭　⑮　⑯

平面图1: 200

长沙市某"单层金工装配车间"设计	湖南大学建筑工程专业工业厂房课程设计		
平面图 立面图	班级	94-4	图号
	姓名		成绩

设计（立面图、平面图）

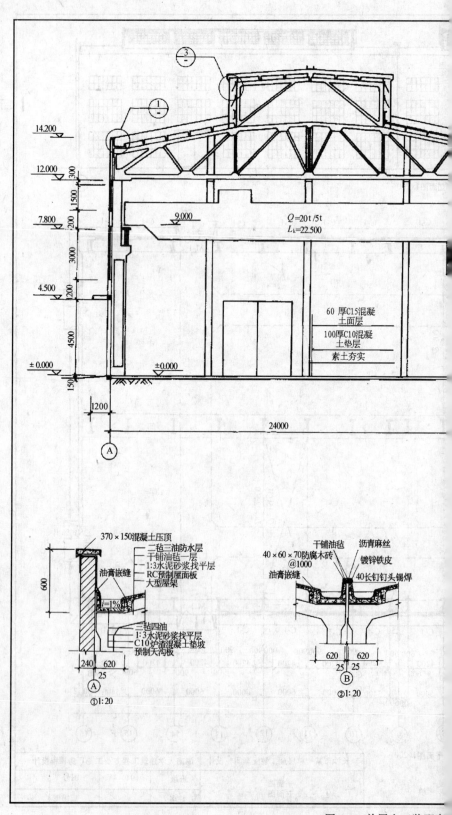

14.200

12.000   300

7.800   1500

9.000   200

$Q=20t/5t$
$L_k=22.500$

3000

4.500   1200

4500

60 厚C15混凝
土面层

100厚C10混凝
土垫层

素土夯实

±0.000   ±0.000

150

1200

24000

A

370×150混凝土压顶
二毡三油防水层
干铺油毡一层
1:3水泥砂浆找平层
RC预制屋面板
大型屋架

600

油膏嵌缝

$i=1\%$

三毡四油
1:3水泥砂浆找平层
C10炉渣混凝土垫坡
预制天沟板

240   620
25

A

①1:20

干铺油毡   沥青麻丝
40×60×70防腐木砖   镀锌铁皮
@1000
油膏嵌缝   40长钉钉头锡焊

620   620
25   25

B

②1:20

图6-2 单层金工装配车

118

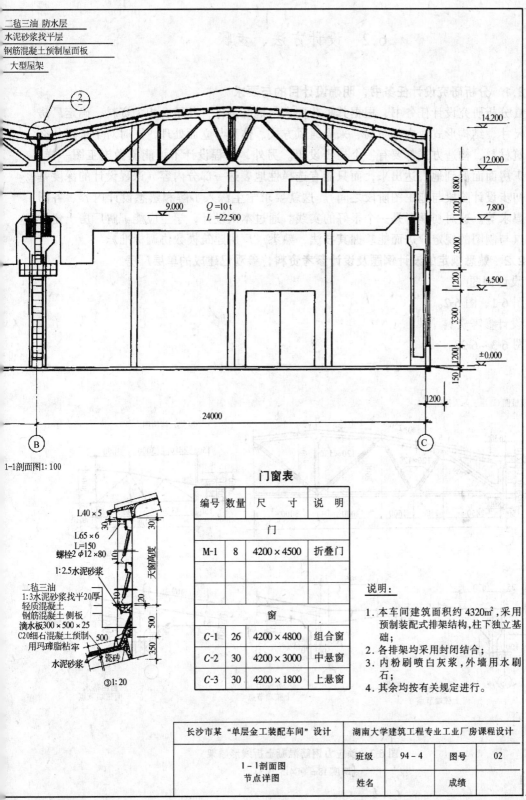

二毡三油 防水层
水泥砂浆找平层
钢筋混凝土预制屋面板
大型屋架

14.200

12.000

1800
1200
7.800

9.000 Q =10 t
L =22.500

3000
4.500

1200

3300

±0.000

150

24000

1200

B   C

1-1剖面图1:100

L40×5
30
L65×6
L=150
螺栓2 ϕ12×80
1:2.5水泥砂浆
二毡三油
1:3水泥砂浆找平20厚
轻质混凝土
钢筋混凝土侧板
滴水板300×500×25
C20细石混凝土预制
用玛蹄脂粘牢
水泥砂浆
瓷砖
③1:20

天窗高度

30
500
500
350

门窗表

编号	数量	尺　寸	说　明
门			
M-1	8	4200×4500	折叠门
窗			
C-1	26	4200×4800	组合窗
C-2	30	4200×3000	中悬窗
C-3	30	4200×1800	上悬窗

说明:

1. 本车间建筑面积约 4320m², 采用预制装配式排架结构,柱下独立基础;
2. 各排架均采用封闭结合;
3. 内粉刷喷白灰浆,外墙用水刷石;
4. 其余均按有关规定进行。

长沙市某"单层金工装配车间"设计	湖南大学建筑工程专业工业厂房课程设计		
1-1剖面图 节点详图	班级	94-4	图号	02
	姓名		成绩	

门设计(剖面图、节点图)

6.2 设计方法、步骤

6.2.1 分析研究设计任务书，明确设计目的与要求

认真分析研究设计任务书，根据其工艺要求与地区条件，并结合相关资料，确定厂房的柱网尺寸、结构形式、内部布局、采光通风方式、体型与立面处理，同时对于选用什么样的建筑材料、构造方式都要有一个初步设想。另外，课程设计不可能象做施工图一样，将一栋厂房面面俱到地表达出来，而只能有选择性地表达一部分内容（课程设计的深度基本介于初步设计阶段与施工图阶段之间）。这就要求学生深入了解和熟悉设计内容、各图的具体要求等。这对初学者是一个很好的实践。通过本次设计，学生应能了解厂房土建设计的特点与制图的规定，进而能掌握其技法，熟悉《厂房建筑模数协调标准》。

6.2.2 熟悉规定的设计例题及设计参考资料，参观已建成的单层厂房

1. 设计例题

见图 6-1、图 6-2。

2. 设计参考资料

见图 6-3 ~ 6-28。

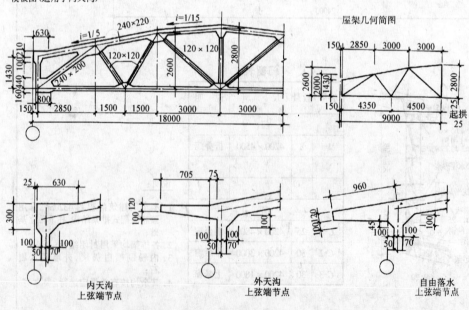

图 6-3 预应力钢筋混凝土折线形屋架

［跨度 18m G415（一）］

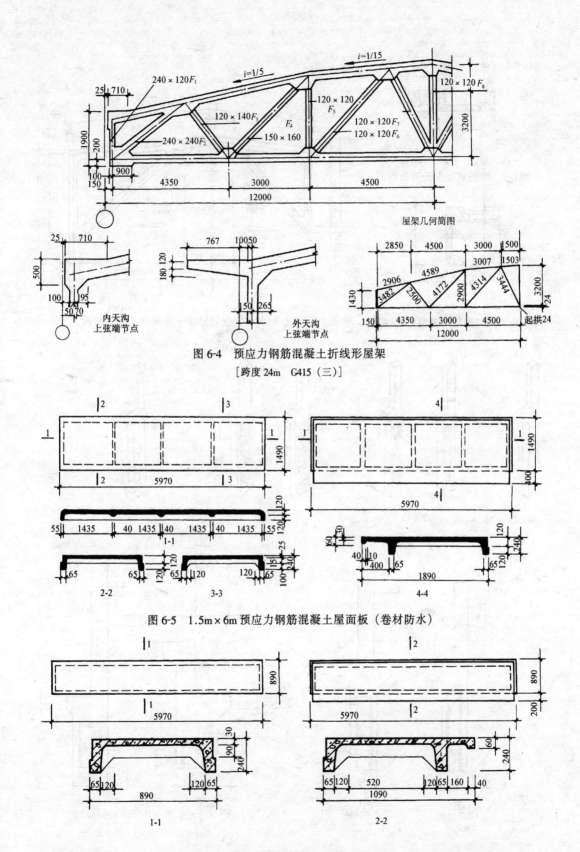

图 6-4　预应力钢筋混凝土折线形屋架

[跨度 24m　G415（三）]

图 6-5　1.5m×6m 预应力钢筋混凝土屋面板（卷材防水）

图 6-6　0.9m×6.0m 预应力钢筋混凝土嵌板、檐口板（卷材防水）

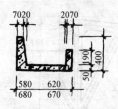

图 6-7　钢筋混凝土天沟板断面

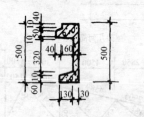

图 6-9　钢筋混凝土天窗侧板断面

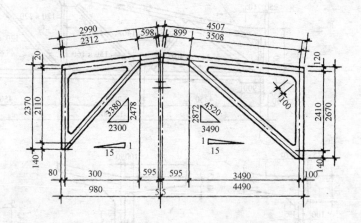

图 6-8　∏型钢筋混凝土天窗架（卷材防水）

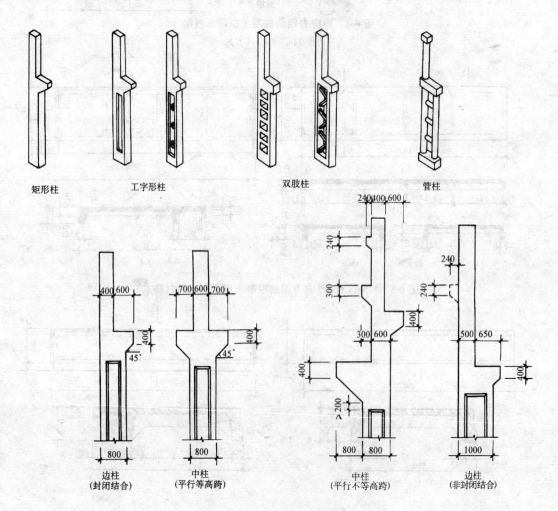

矩形柱　　　工字形柱　　　双肢柱　　　管柱

边柱
（封闭结合）

中柱
（平行等高跨）

中柱
（平行不等高跨）

边柱
（非封闭结合）

图 6-10　钢筋混凝土柱

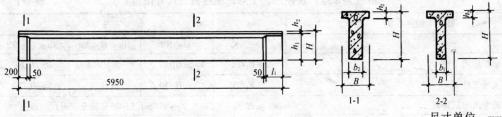

尺寸单位：mm

吊车吨位（kN）	L_1	H	h_1	h_2	B	b_1	b_2
100	$\dfrac{200}{600}$	900	800	100	500	160	250
200/50	$\dfrac{200}{600}$	1200	1080	120	500	180	300
300/50	$\dfrac{200}{600}$	1200	1080	120	500	210	300

注：L_1 值 { 分子——于一般柱间 分母——于伸缩缝处

图 6-11　6m 钢筋混凝土吊车梁

图 6-12　6m 钢筋混凝土
基础梁断面

图 6-13　6m 钢筋混凝土
连系梁断面

图 6-14　钢筋混凝土
抗风柱断面

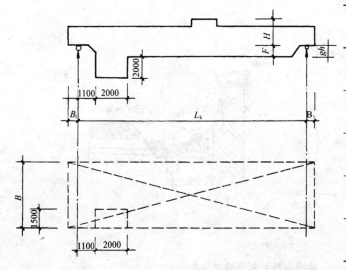

图 6-15　吊车轮廓尺寸

吊车吨位 Q（kN）	100	200/50	300/50
轨道中心至吊车外缘宽度 B_1（mm）	230	260	300
吊车轨道高 gh（mm）	160	190	190
轨顶至吊车小车顶面高度 H（mm）	1893	2291	2591
轨顶至吊车梁架下缘距离 F（mm）	928	836	790
吊车宽度 B（mm）	6040	6100	6200

柱 的 类 型	b	h		
		$Q \leq 10t$	$10t < Q < 30t$	$30t \leq Q \leq 50t$
有吊车厂房下柱	$\geq H_l/22$	$\geq H_l/14$	$\geq H_l/12$	$\geq H_l/10$
露天吊车柱	$\geq H_l/25$	$\geq H_l/10$	$\geq H_l/8$	$\geq H_l/7$
单跨无吊车厂房柱	$\geq H/30$	$\geq 1.5H/25$（或 $0.06H$）		
多跨无吊车厂房柱	$\geq H/30$	$\geq H/20$		
仅承受风荷载与自重的山墙抗风柱	$\geq H_b/40$	$\geq H_l/25$		
同时承受由连系梁传来山墙重的山墙抗风柱	$\geq H_b/30$	$\geq H_l/25$		

注：H_l——下柱高度（算至基础顶面）；H——柱全高（算至基础顶面）；H_b——山墙抗风柱从基础顶面至柱平面外（宽度）方向支撑点的高度。

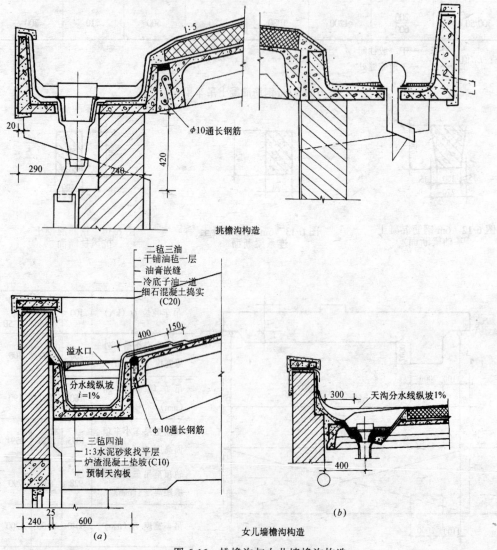

图 6-16　挑檐沟与女儿墙檐沟构造
（a）天沟板做天沟；（b）在大型屋面板上做天沟

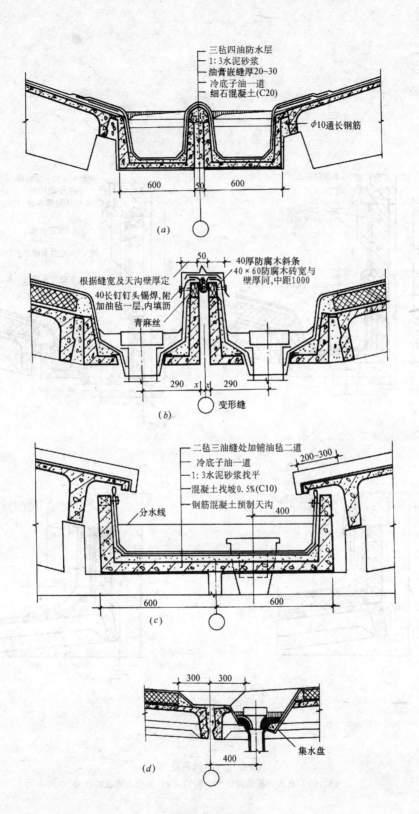

图 6-17 内天沟构造

(*a*)一般双槽天沟; (*b*)变形缝处双槽天沟; (*c*)单槽天沟;
(*d*)在大型屋面板上作内天沟.

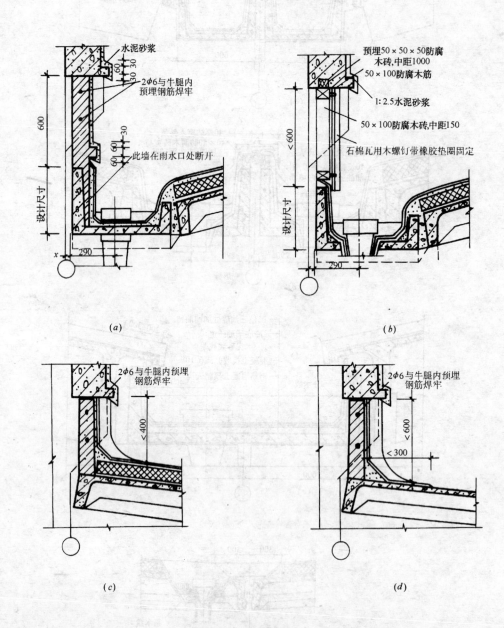

图 6-18　高低跨泛水

(a)、(b) 有天沟高低跨泛水；(c)、(d) 无天沟高低跨泛水

126

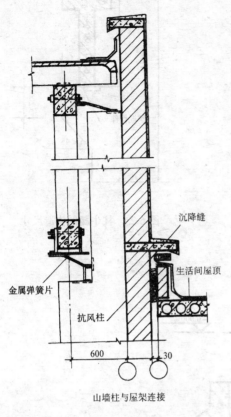

沉降缝

金属弹簧片

抗风柱

600   30

山墙柱与屋架连接

生活间屋顶

图 6-19　山墙与毗连式生活间屋顶
　　　　交接处构造

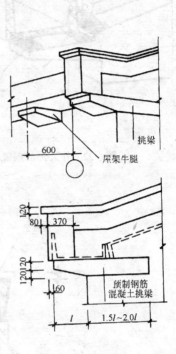

挑梁

600

屋架牛腿

120

801 370

120 120

160

预制钢筋
混凝土挑梁

l   1.5l~2.0l

图 6-20　山墙转角

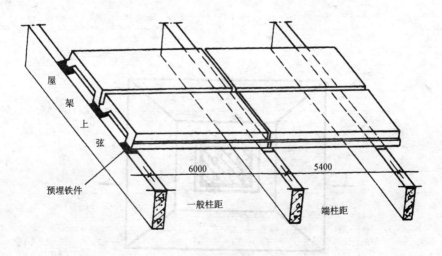

屋架上弦

预埋铁件

6000   5400

一般柱距   端柱距

图 6-21　屋面板的搁置

127

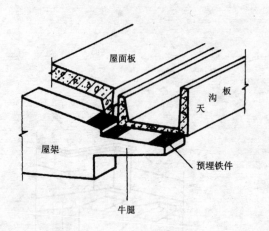

图 6-22　外天沟的搁置

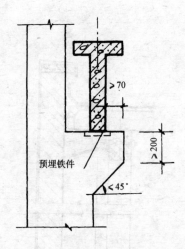

图 6-23　柱牛腿的构造尺寸

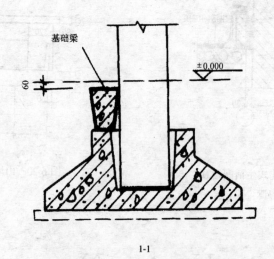

1-1

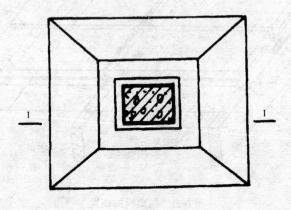

图 6-24　基础与基础梁示意图

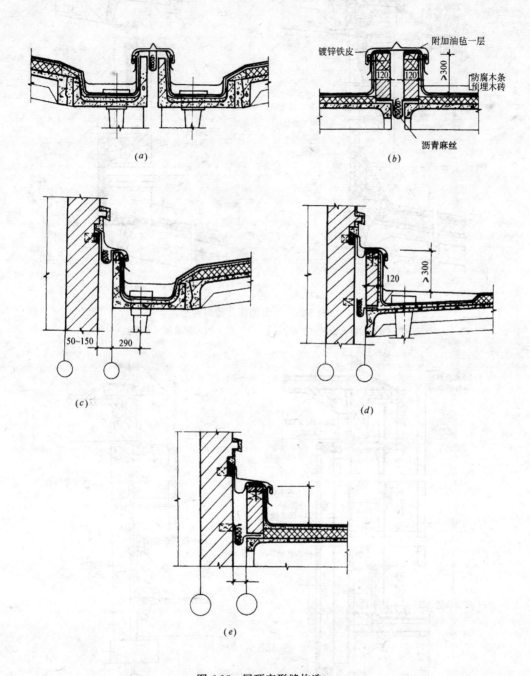

图 6-25 屋顶变形缝构造

（a）纵缝；（b）横缝；（c）平行跨设天沟板保温屋顶；

（d）平行跨自然天沟保温屋顶；（e）纵横跨无天沟保温屋顶

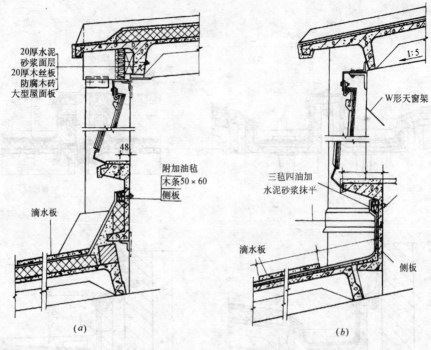

图 6-26　天窗侧板及檐口构造
（a）对拼天窗架（保温）；　（b）双 V 型天窗屋架（非保温）

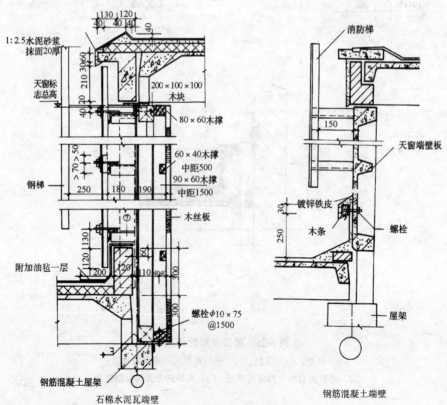

图 6-27　天窗端壁构造

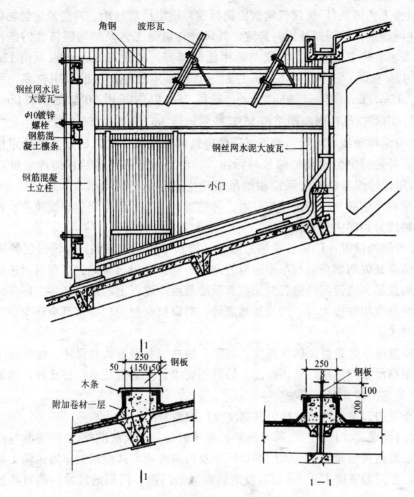

立柱式矩形通风天窗构造

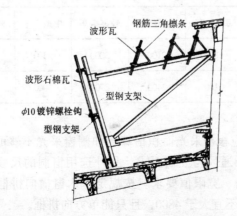

悬挑式挡风板构造

图 6-28 天窗构造

6.2.3 绘制厂房平面图 (1:200)

(1)根据工艺图及《厂房建筑模数协调标准》确定厂房柱距、跨度及定位轴线与编号。

1)柱网确定:柱网即柱距与跨度,其尺寸在满足工艺及结构经济性的条件下应符合模数制定要求,还要适应今后发展与通用性的需要。柱距有 6m、12m 及内 12m(即边柱 6m,中柱 12m 柱距)三种,其中 6m 柱距为我国基本柱距,目前应用较多。跨度一般有 9m、12m、15m、18m、24m、30m、36m,跨度 18m 以内采用 $30M_0$ 数列,18m 以上采用 $60M_0$ 数列,山墙抗风柱间距则采用 $15M_0$ 数列,即 3m、4.5m、6m、7.5m。

2)划分定位轴线及编号:根据《厂房建筑模数协调标准》确定其纵横定位轴线与墙柱的联系,并进行定位轴线的编号与标注。其中要注意端柱应从横向的定位轴线向内移 600;纵向定位轴线与柱的关系应根据吊车吨位确定是"封闭结合"还是"非封闭结合"来标定;横向伸缩缝处一般采用双柱时,伸缩缝的中心线应与定位轴线重合,而两侧的柱中心线从轴线分别向内移 600。

3)变形缝的设置:厂房长宽超过限值(排架结构超过 70m)应设温度伸缩缝;厂房纵横跨度结合处因两侧荷载与吊车运行方向不一样,应设沉降缝;厂房与毗连式生活间因高差及结构差异也应设沉降缝;对于抗震设防烈度 7 度以上的地震区,当厂房相邻两部分侧向刚度或高度相差很大时,需设置抗震缝。需设抗震缝的厂房,其全部变形缝都应符合抗震缝的要求。

(2)根据吊车起重量及轨顶高度,选定厂房柱的截面形式和尺寸。在所选定结构形式的基础上根据吊车起重量、轨顶高度及特殊的要求,并通过技术经济比较,选定柱的截面与尺寸。(见选用表 6-3)

(3)布置门、窗、通道,确定其宽度及门窗编号

1)大门设置:大门的位置、除考虑原材料与成品运输及疏散外,还须考虑与其他车间和生活间的联系路线短捷方便。大门洞口尺寸及门扇开启方式应根据车间运输工具的类型和规格选定。当门洞宽度大于 3m 时应设钢筋混凝土门框。门洞的尺寸一般可参照表 6-2 选择:

门 洞 尺 寸 (mm) 表 6-2

通行要求	单 人	双 人	手推车	电瓶车	轻型卡车	中型卡车	重型卡车	汽车起重机
洞口宽	900	1500	1800	2100	3000	3300	3600	3900
洞口高	2100	2100	2100	2400	2700	3000	3900	4200

2)侧窗设计:侧窗尺寸应根据采光面积估算,如侧窗采光不够可考虑设天窗,还应考虑到光线的均匀性并兼顾到通风与立面要求,另外选用窗洞的尺寸时,除应符合模数外,还应考虑标准组合窗的高、宽限值要求。按规定,木窗横向拼框时,窗洞不宜高于 3600;竖向拼框时,窗洞高度不宜大于 4800,且只能单方向拼框。

3)室内通道设计:通道的设置要结合工段的划分,且与大门相通,不能切断生产线,要利于生产和厂房面积的充分利用;通道宽度根据运输工具选定,其宽度确定原则与门洞宽确定方式一样。

表 6-3

6m 柱距厂房钢筋混凝土柱的截面尺寸选用表（mm）

吊车起重量 (t)	轨顶标高 (m)	柱截面简图	边柱 上柱 无吊车走道	边柱 上柱 有吊车走道	边柱 下柱	中柱 上柱 无吊车走道	中柱 上柱 有吊车走道	中柱 下柱
5	6~8.4	矩形	矩 400×400		($b \times h$)矩 400×600	矩 400×400		($h \times b$)矩 400×600
10	8.4	I形	矩 400×400	矩 400×400	($b_f \times h \times h_f \times b$) 1400×800×150×100	矩 400×600	矩 400×800	($b_f \times h \times h_f \times b$) 1400×800×150×100
	10.2	I形	矩 400×400	矩 400×400	1400×800×150×100	矩 400×600	矩 400×800	1400×800×150×100
	12	I形	矩 500×400	矩 500×400	1500×1000×150×120	矩 500×600	矩 500×800	1500×1000×150×120
15~20	8.4	I形	矩 400×400	矩 400×400	1400×800×150×100	矩 400×600	矩 400×800	1400×800×150×100
	10.2	I形	矩 400×400	矩 400×400	1400×1000×150×120	矩 400×600	矩 400×800	1400×1000×150×120
	12	I形	矩 500×400	矩 500×400	1500×1000×150×120	矩 500×600	矩 500×800	1500×1000×150×120
30	10.2	I形	矩 500×500	矩 500×800	1500×1200×150×120	矩 500×600	矩 500×800	1500×1200×150×120
	12	I形	矩 500×600	矩 500×800	1500×1200×200×120	矩 600×600	矩 500×800	1500×1200×200×120
	14.4	I形	矩 600×600	矩 600×800	1600×1200×200×120	矩 600×600	矩 600×800	1600×1400×200×120
50	10.2	双肢	矩 500×600	矩 500×800	1500×1200×200×120	矩 500×600	矩 500×800	双 500×1600×300
	12	双肢	矩 500×600	矩 500×800	1500×1200×200×120	矩 500×600	矩 500×800	双 500×1600×300
	14.4	双肢	矩 600×600	矩 600×800	1600×1400×200×120	矩 600×600	矩 600×800	双 600×1600×300

4）吊车梯、消防梯及屋面检修梯，车间隔断布置：吊车梯宜设在厂房端部第二个柱距内，一般每台吊车设一吊车梯。如为多跨厂房时，可设在中间柱处以供相邻两跨吊车共用。

屋顶高度大于 10m 时，应设消防梯及检修梯，沿厂房周边每 200m 长度内设一个，一般沿外墙设置，以不妨碍门窗设置与开启且便于固定为宜，同时要避免火灾时受室内火势的影响，因而多设在两端山端处。车间内部隔断根据生产及使用要求设置。

（4）按制图要求完成平面图

除按民用建筑的一般要求外，还须标明各工段的名称及其位置。在平面上用粗点划线表示吊车轨道中心线，用虚线表示吊车轮廓线，标注吊车吨位 Q、吊车跨度 L_K 及轨道中心线与定位轴线距离。

6.2.4 绘制厂房剖面图（1:100）

（1）根据工艺要求确定厂房剖面形式

生产设备体型、工艺流程、生产特点、加工件的大小和重量以及垂直起重运输工具的种类和起重量都直接影响厂房的剖面型式。当厂房内各跨的生产设备体型及加工件重量和起重运输设备均无多大差异时，厂房可采取等高等跨。如图 6-29 所示；当工艺生产中散热量大，则厂房剖面形式可如图 6-30 所示；当生产工艺流程和各跨生产设备不同且有特殊要求时，则会形成高低错落的剖面形式，如图 6-31 所示。另外，采光通风的要求、屋面排水方式、檐口形式的选取，都会影响到剖面形式。总之，剖面形式确定原则是：在满足工艺的前提下，经济合理地确定厂房高度及有效利用和节约空间，妥善解决厂房的天然采光、自然通风和屋面排水，合理选择围护结构型式及构造，使厂房具有适宜气候的良好围护功能。

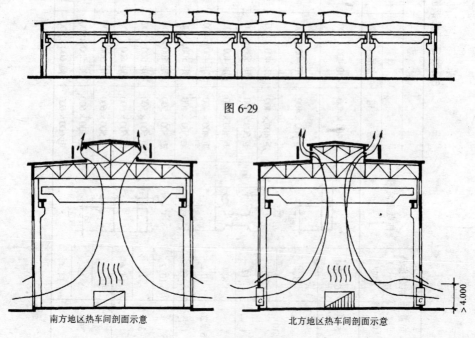

图 6-29

南方地区热车间剖面示意　　　　北方地区热车间剖面示意

图 6-30

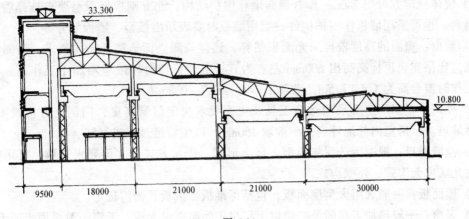

图 6-31

（2）正确选用厂房标准构件，绘制厂房横向承重排架及纵向连系构件。

1）柱的选取：根据吊车吨位、跨度、轨顶、柱顶高度从表 6-2 选取柱构件，柱顶标高应符合 300mm 的整倍数；而柱上的轨顶高应符合 600mm 的倍数（参见教材）。

2）屋架选取：根据跨度及屋面体系选取屋架形式，如设有天窗则根据工艺要求及结构配套体系按国标选取天窗架。

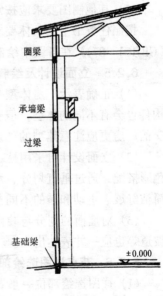

图 6-32

3）纵向连系构件设置（图 6-32）：

①基础梁：单层厂房一般均设置基础梁以支承自承重墙。基础梁的顶面标高通常比室内地面（±0.000）降低 50mm。

②承墙梁：超过自承重墙允许承重高度（一般为 15m）的上部墙体应设承墙梁来支承。承墙梁本身则搁在柱侧的牛腿上。另外，在高低跨屋顶相交处，在高侧的封墙下也设承墙梁。

③连系梁：中柱或无墙的排架间一般设纵向连系梁以增强厂房排架的纵向刚度。其位置一般设在柱顶。当厂房柱子很高时，按结构设计再增设连系梁。

④过梁：门窗洞顶设承重过梁。

⑤圈梁：为增加外围护墙体的整体稳定性、排架纵向刚度及墙身与排架的连接，在墙身高度范围内要适当设置圈梁，圈梁的位置应首先设于柱顶及吊车梁附近，然后才是较高屋架边端的墙顶，振动较大的厂房，沿墙高每 4m 左右设一道。

上述各梁的设置应统一考虑，尽量做到一梁多用，但该梁的断面尺寸应按其所起主要作用的外力估算而定。

4）吊车梁与吊车：根据柱距及吊车吨位选定吊车梁与吊车，绘出吊车梁端面及吊车外形轮廓，标出其跨度及与定位轴线的距离。

（3）正确布置与绘出厂房外围护构件

1）墙体：南方可用240mm厚普通砖墙作围护结构；北方则根据保温要求选择墙厚和墙体材料。也可采用墙板作围护构件，当用墙板时要表示出板型、墙板划分等。

2）侧窗：窗洞的高度根据采光面积估算，还应兼顾立面造型及结构要求，高侧窗窗台标高应比吊车轨顶标高高出600mm左右为宜；低侧窗窗台一般应略高于工作面，一般站着工作时窗台高为1.4～1.5m，坐着工作时为0.7～0.8m。

3）外门：根据厂房所采用运输工具及立面要求决定门洞高度，门洞上方应设雨棚，下端做坡道。厂房室内外地坪高差一般取150mm，以免坡道过长或过陡。

4）侧墙檐口：根据所选屋架类型、屋面形式、排水方式及立面要求选取，可用挑檐式、女儿墙内天沟式、外檐沟式。

5）屋面板：一般选用大型屋面板，包括标准板、嵌板及檐沟板等。

6）天窗：一般热加工车间及二跨以上厂房中间跨需设天窗，天窗一般采用矩形天窗，根据标准图集选用。剖面上要表示出天窗架、侧板、窗扇、天窗檐口等。

（4）用文字注明屋顶、地面、散水等组成层次的用料名称及其厚度。

屋面除采用大型屋面板作基层外，其上部还有防水层及据工艺要求与地区条件设置的保温或隔热层，地面散水都有垫层、面层或结构层、附加层等。各组成层次的用料名称及其厚度应具体标注清楚。

（5）其他制图要求应按规定全面完成

按照任务书上的具体要求及《房屋建筑制图统一标准（GBJ1—86）》、《建筑制图标准（GBJ104—87）》在各图中绘制与标注完整。

6.2.5 立面设计及绘制立面图

（1）正确表示厂房体型：不同的工艺流程要求有不同的体型，采用不同的结构形式与构件也会有不同的体型，但一般都较规则且有较强的规律性。另外对带生活间与纵横跨相交的厂房更应注意体型的处理与表达。

（2）立面设计可采用柱、墙、勒脚、门窗、雨棚、遮阳板、檐口等构件的不同组合或色彩搭配，通过垂直划分、水平划分和混合划分等手法灵活处理，可分别取得庄重挺拔、简洁舒展、生动和谐的不同艺术效果。见图6-33～图6-35。

（3）对墙面的划分与装修抹灰应标注完善，立面上能看到的室外构配件，例如雨棚、坡道等也应一并表达出来。

6.2.6 节点详图选绘部位及绘制

（1）详图选绘部位一般都是构造复杂、小比例的剖面图无法表示清楚的地方，列举如下：

1）山墙檐口：表示出山墙与抗风柱、屋架、屋面板的连接以及山墙压顶泛水的构造。

2）女儿墙檐口：表示出柱与屋架、墙身、定位轴线的关系、檐沟位置、排水方式以及屋顶泛水构造，尤其要注意的是"封闭结合"还是"非封闭结合"，在尺寸及构件选用上别搞错。

3）平行高低跨处屋面详图：表示柱与屋架、屋面板、天沟、泛水、高侧封墙、联系梁或承墙梁等连接构造及联系尺寸。

4）纵横跨垂直相交处：表示出柱与屋架、屋面板、高侧封墙、泛水、天沟等连接构造及沉降变形缝的处理与联系尺寸。

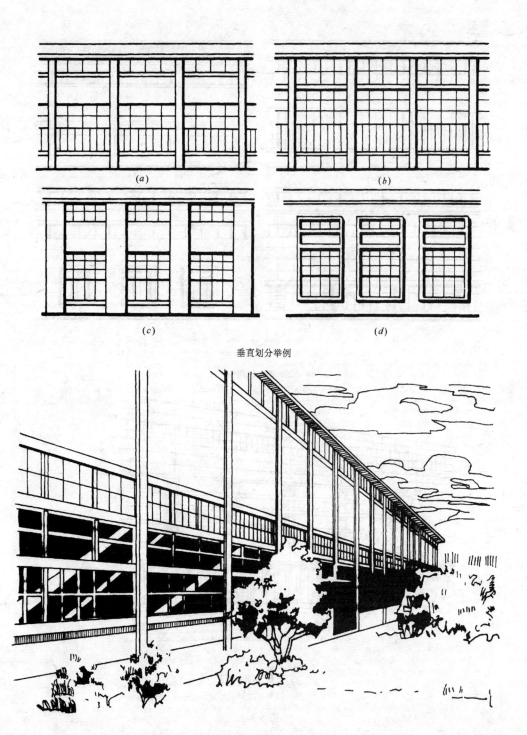

垂直划分举例

某构件厂车间的立面处理

图 6-33

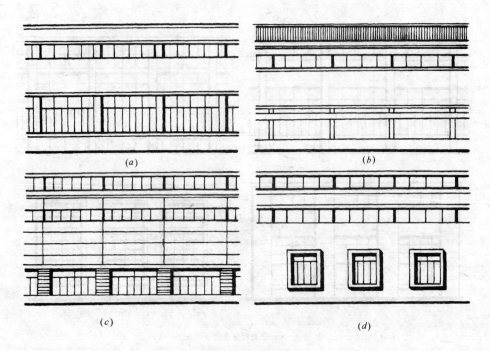

墙面水平划分举例

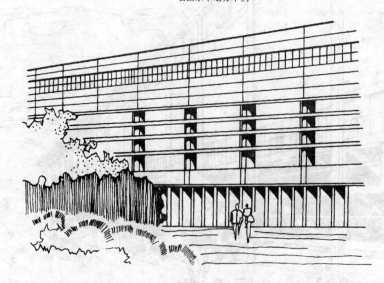

某钢铁公司轧板车间

图 6-34

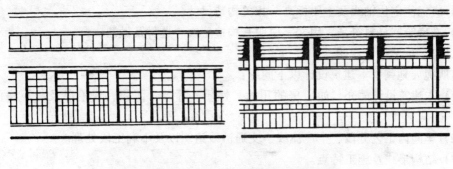

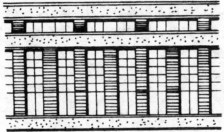

墙面混合划分举例

某重型机械厂装配车间

图 6-35

5）外墙身剖面大样：正确表示基础梁、联系梁、承墙梁、圈梁、门窗洞口、雨棚、檐口、女儿墙等构件及连接构造。

6）天窗剖面详图：表示出天窗架、天窗侧板、屋面板、挡风板、遮阳板及窗扇开启形式等。

7）吊车梁处：表示出柱牛腿支承吊车梁、轨道、走道板以及外围护墙、圈梁等。

（2）绘制要求

1）节点详图应在剖面或立面平面上有索引符号或剖切符号。

2）应标注定位轴线及主要标高与相关构造尺寸。

3）准确绘制材料符号，用文字说明其构造层次、选材及做法。

6.2.7 编写设计说明

简明扼要地阐明本建筑设计以下问题：

（1）本建筑设计简介，如厂房的用途、性质、等级、面积、规模以及与厂房的关系等。

（2）车间内工艺分段、生产流线、交通流线组织以及不利工段处理。

（3）结构形式及施工特点。

（4）各工段的采光通风、朝向遮阳等是如何考虑的。

（5）各主要出入口通道、走廊、楼梯以及工作梯的设计布置如何满足生产工艺、交通运输、安全疏散和防火规范等要求。

（6）各组成部件的构造要点。

（7）装修特点及要求。

6.3 设 计 举 例

6.3.1 题目——二纵一横的纵横跨金工装配车间

本建筑为我国某市矿山机械制造厂中规模较大的生产用房，主要承担制造和修理中小型矿山通用机械如挖掘机、钻孔机、打桩机、运输机、筛分机、滚洗机、球磨机等，并生产定量相关的标准零配件以供本厂机修车间使用，同时为扩展营业，兼向外厂销售。

6.3.2 生产工艺对土建设计要求

（1）厂房建筑面积约 $3670m^2$，平面形状和车间内的工段布局、吊车设置及大门位置见图 6-36"车间平面草图"。

（2）层数与结构形式

厂房为单层、排架结构；纵横跨间设沉降缝，但不考虑抗震设防。

（3）建筑高度：18m 加工跨轨顶标高 6.6m，柱顶标高 9.6m；24m 加工跨轨顶标高 9.0m，柱顶标高 12.0m，见图 6-37。

（4）车间内机床和工作台布置无特殊要求。

6.3.3 建筑地区条件

（1）该厂位于南方某市郊干道旁，邻近火车货栈，铁路交通方便。职工家属区布置在厂区对面，上下班路程短捷，生活方便。厂区总平面布置及新建车间位置见图 6-38。

（2）自然条件：厂区地势平坦，地质条件良好，地下水位较深。

（3）建筑材料供应及施工技术条件均较好。

6.3.4 设计内容及要求

1. 内容

用铅笔按比例绘制两张 2 号图（594×421）。设计内容包括表 6-4 所示：

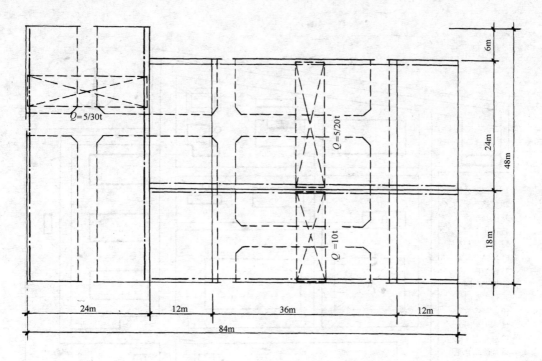

图 6-36

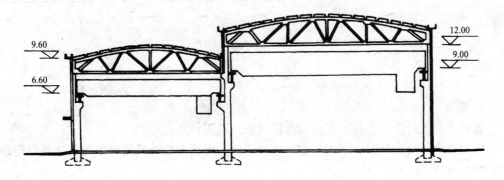

图 6-37

设计图内容

表 6-4

序　号	图　名	比　例	要求深度	备　注
1	厂房平面图	1:200	技术设计	标注应齐全
2	正立面图	1:200	技术设计	
3	横剖面图	1:100	技术设计	
4	局部纵剖面	1:100	技术设计	加工段画一柱距
5	节点详图	1:20~1:10	施工深度	2~3个
6	门窗明细表	含代号、编号		洞口尺寸类别等
7	设计说明	用工程字		

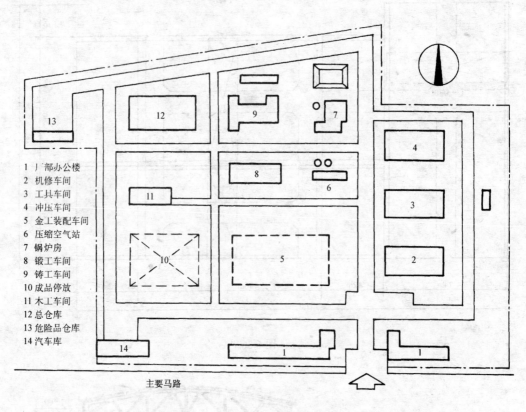

图 6-38

1 厂部办公楼
2 机修车间
3 工具车间
4 冲压车间
5 金工装配车间
6 压缩空气站
7 锅炉房
8 锻工车间
9 铸工车间
10 成品停放
11 木工车间
12 总仓库
13 危险品仓库
14 汽车库

主要马路

2. 要求

总要求：设计合理、构造正确、标注完整、制图认真。

制图要求：线形分明、字迹工整、图例正确、图面美观并严格遵照房屋建筑制图标准（GBJ104—87），（GBJ1—86）。

各图具体要求：

（1）平面图

1）根据平面草图确定厂房正式平面图，并注明各工段布置。

2）确定厂房柱距、跨度、定位轴线及其编号。

3）布置门、窗、通道，确定其宽度，根据门的开启方式及尺寸大小进行门的编号，窗的编号要求与门相同。

4）绘出吊车，注明型式、起重量"Q"，及吊车跨度"L_K"。

5）布置吊车电梯、消防检修梯。

6）室外三道尺寸线（注意最外线为总外包尺寸）。

7）附加尺寸如：端柱内移尺寸、大门坡度尺寸、消防梯定位尺寸以及车间内部通道尺寸等。

注意：标注时上与下、左与右相同时可适当简化上与右。

8）其他：标注平面上各主要标高（室内、室外地坪、吊车梯平台）、剖面图剖切符号以及指北针等。

（2）剖面图（下端剖到基础梁底下或基础顶面上截止）

1）确定厂房剖面型式，标出厂房各主要标高（厂房的柱顶、吊车轨顶、牛腿顶面、室内地坪、室外地坪）。

2）正确布置与绘出侧窗、大门等，并注出窗台、窗顶、檐部墙顶，以及室外地坪和大门洞顶等标高，并划竖向尺寸线一道。

3）标注定位轴线与轴线间横向尺寸线一道。

4）选定排水方式，注明屋面坡值。

5）用文字注明屋顶、地面各组成层次的用料及作用。

6）绘出室外散水或明沟，出入口处坡道或台阶。

7）正确绘出基础梁、过梁、圈梁、连系梁（承墙梁）等构件（一般对结构构件不标注其断面尺寸）。

8）绘出吊车轮廓线，注明型式，起重量"Q"、吊车跨度"L_k"及台数。

9）节点详图索引符号。

（3）立面图

1）正确表示厂房体型、门窗型式、建筑配件、墙面划分与粉刷装修，并用文字注明墙面装修材料。

2）不同类型门窗型式及窗的开启线。

3）标注室外地坪、窗洞底、窗洞顶、檐部墙顶以及大门洞顶标高。

4）首、尾定位轴线及编号。

（4）节点详图

1）注明各细部构造的尺寸。

2）用文字说明构造的用料及施工要求。

3）标注主要标高及定位轴线。

（5）设计说明

阐述内容见 6.2.7 的要求。

6.3.5　设计参考资料

《房屋建筑学》教材。

《建筑制图》教材。

《房屋建筑制图标准（GBJ1—86)》，《建筑制图标准（GBJ104—87)》。

国家与地区的建筑设计图册及结构构件选用手册。

6.4 思 考 题

1. 单层厂房平面设计应满足哪些要求？

2. 厂房平面柱网尺寸有哪些规范要求？举例说明。

3. 什么叫封闭结合与非封闭结合？解释 $e = h + k + B$ 的含义。

4. 什么叫横向定位轴线，什么叫纵向定位轴线？

5. 端柱为何要内移 600mm?

6. 横向伸缩缝处为何要用双柱,有何好处?

7. 毗连式生活间与车间之间的沉降缝有哪两种处理方法?用简图示之。

8. 单层厂房剖面设计应满足哪些要求?

9. 如何确定单层厂房的轨顶标高和柱顶标高,各应符合什么模数?

10. 窗户尺寸如何确定?

11. 矩形避风天窗为何要设计挡风板?

12. 联系尺寸与插入矩 A 的含义?

13. 纵横跨交接处的定位轴线划分有哪四种?

14. 纵向伸缩缝处的柱与轴线关系共有哪几种情况?

15. 平行等高与平行不等高跨在中柱位置的纵向定位轴线如何标定?

6.5 单层厂房课程设计出题参考

6.5.1 24m 单跨热加工车间(设避风天窗)

(1) 平面尺寸为 24m×84m,平面草图如图 6-39。

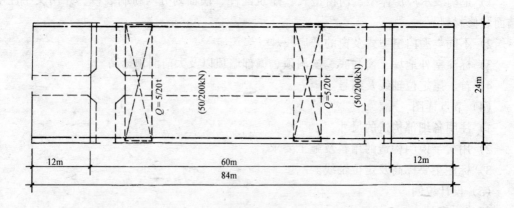

图 6-39

(2) 厂房高度要求:柱顶标高 12.0m,轨顶标高 9.0m。

(3) 车间内机床与工作台布置只须考虑热加工,工段放在天窗底下,其他无特殊要求。

(4) 建筑地区条件

1) 该厂位于某市郊主干道旁,厂区总平面布置及新建车间位置见图 6-40。

2) 自然条件:厂区地势平坦,地质条件良好,地下水位较深。

3) 建筑材料供应及施工技术条件均较好。

(5) 图纸内容及要求参见 6.3.4。

6.5.2 18m+18m 双跨等高冷加工车间

(1) 厂房平面尺寸为 36m×78m,平面草图如图 6-41 所示。

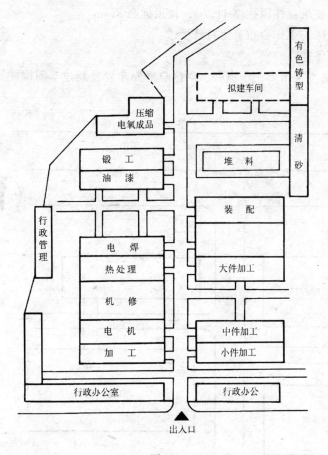

图 6-40

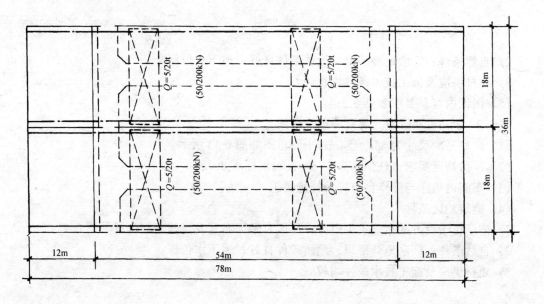

图 6-41

（2）厂房高度要求：柱顶标高 11.7m，轨顶标高 8.4m。

（3）车间内机床与工作台布置无特殊要求。

（4）建筑地区条件

1）该厂位于南方某市郊主干道旁，厂区总平面布置及新建车间位置见图 6-42。

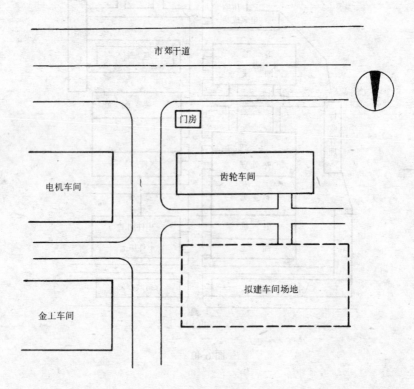

图 6-42

2）自然条件：厂区地势平坦，地质条件良好，地下水位深。

3）建材供应及施工技术条件均较好。

（5）图纸内容及要求参见 6.3.4。

6.5.3 24m+24m 双跨等高冷加工车间

（1）厂房平面尺寸为 48m×84m，平面草图如图 6-43 所示。

（2）厂房高度要求：柱顶标高 11.7m，轨顶标高 8.4m。

（3）车间内机床与工作台布置无特殊要求。

（4）建筑地区条件

1）该厂位于南方某市郊主干道旁，厂区总平面布置及新建车间位置见图 6-42。

2）自然条件：厂区地势平坦，地质条件良好，地下水位深。

3）建材供应及施工技术条件均较好。

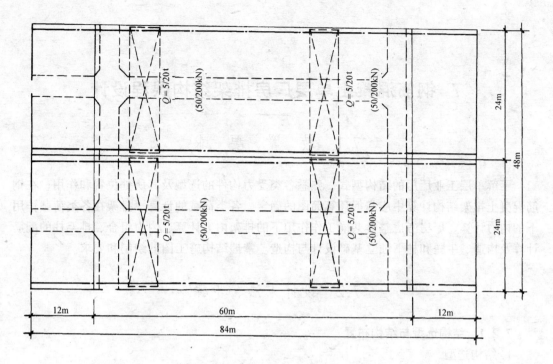

图 6-43   48m×84m 厂房平面草图

6.6 参 考 文 献

1.同济大学等四院校编.房屋建筑学(第三版).北京:中国建筑工业出版社,1990

2.建筑设计资料集编委会.建筑设计资料集·5(第二版).北京:中国建筑工业出版社,1994

3.单层厂房建筑设计教材编写组.单层厂房建筑设计.北京:中国建筑工业出版社,1993

4.郑忱主编.房屋建筑学.北京:中央广播电视大学出版社,1994

5.陈文琪,罗国强,邓铁军主编.房屋建筑工程毕业设计指南.长沙:湖南科技出版社,1994

6.建筑制图标准(GBJ104—87).北京:中国建筑工业出版社,1988

7.房屋建筑制图统一标准(GBJ1—86).北京:中国建筑工业出版社,1987

8.全国通用图集.工业厂房建筑配件重复使用图集.北京:中国建筑科学研究院·标准设计研究所

9.全国通用图集.结构构件设计选用手册(一).北京:中国建筑科学研究院建筑标准设计研究所

10.国振喜,施岚青,孙培生编.实用混凝土结构构造手册(第二版).北京:中国建筑工业出版社,1994

7. 钢筋混凝土单层厂房排架结构课程设计

7.1 教 学 要 求

了解单层工业厂房的结构型式，熟悉各类受力构件的选型及其所处位置和作用；在钢筋混凝土排架结构计算中应掌握计算简图的确定、各类荷载的计算、排架在各类荷载作用下的内力计算、厂房考虑整体共同工作作用下的排架内力计算、内力组合、排架柱的配筋计算及构造、牛腿和柱下独立基础设计与构造。掌握结构施工图的绘制和要求。

7.2 设计方法、步骤

7.2.1 结构选型与结构布置

1. 结构选型

单层排架结构根据建筑和工艺要求，有单跨与多跨、等高与不等高的排架，按材料分，有钢筋混凝土与砖混排架；按受力和变形特点分，有刚性排架与柔性排架。

（1）单跨与多跨：一般房屋纵向长度总比横向宽度为大，且纵向柱距比横向柱距为小，故房屋横向刚度总比纵向刚度小。如果将一些性质相同或相近、而跨度较小且各自独立的厂房车间合并，使横向的柱子增加，提高房屋结构（多跨厂房）的横向抗力，可减小柱的截面尺寸、节约材料并减轻结构自重。此外，还可减少围护结构（墙或墙板）的面积，提高建筑面积的利用系数，缩减厂房面积，减少工程管道、公共设施和道路的长度等。统计表明，一般单层双跨厂房的结构自重比单层单跨的约轻 20%，而三跨又比双跨的轻 10%～15%。因此，应尽可能考虑采用多跨厂房。但多跨厂房自然通风和采光困难，需设置天窗，或进行人工采光和通风。因此，对于跨度较大以及对邻近厂房干扰较大的车间，仍宜采用单跨厂房。

（2）等高与不等高：对于多跨厂房，为使结构利于抗震、受力明确合理，构件规格统一，应尽量做成等高厂房。根据工艺要求，相邻跨高差不大于 1m 时，可做成等高的。但是，当高差要求大于 2m，且低跨面积超过厂房总面积的 40%～50% 时，则应做成不等高的。

（3）钢筋混凝土排架与砖混排架：钢筋混凝土排架，由钢筋混凝土屋面梁（或屋架）、柱及基础组成。跨度在 36m 以内，檐高在 20m 以内，吊车起重量在 200t 以内的大部分工业厂房均可采用钢筋混凝土排架，其应用十分广泛。

砖混排架由钢筋混凝土屋面梁或钢木屋架、砖柱和基础组成，其承载和跨越空间的能力较小，宜用于跨度不大于 15m，檐高不大于 8m，吊车起重量小于 5t 的轻型工业厂房。

当厂房跨度超过 36m，吊车起重量在 250t 以上时，宜采用由钢屋架、钢筋混凝土柱和基础组成的排架。

（4）刚性排架和柔性排架：刚性排架是指屋面梁或屋架（简称横梁）变形很小、内力分析时横梁变形可忽略不计的排架。钢筋混凝土排架一般属于刚性排架。柔性排架是指横梁变形较大、内力分析时横梁变形不可忽略的排架。由刚度较小的组合屋架组成的排架以及由钢筋混凝土 Γ 字形梁组成的锯齿形排架属于柔性排架。

排架结构的选型应配合建筑设计在方案阶段进行。

以下重点介绍在课程设计中需掌握的钢筋混凝土排架的结构布置以及刚性排架的结构计算（简称排架计算）。

2. 结构布置

单层厂房的钢筋混凝土排架结构布置包括基础平面布置图，梁（吊车梁、连系梁等）、柱（包括柱间支撑）结构布置图以及屋面结构布置图。

（1）基础结构平面布置图

排架结构基础平面布置图的内容和表示方法有如下特点：

1）纵向定位轴线，排架结构边柱和边基础的定位轴线不是在它们的中线处，而通常（吊车起重量小于 30t 时）是在柱的外边缘处。

2）横向定位轴线，柱和基础的定位轴线设在山墙内边缘和伸缩缝中线处，而柱和基础的中线离开定位轴线的距离为 600mm。其余的横向定位轴线均设在柱和基础的中线处。

3）伸缩缝如不兼作沉降缝，则伸缩缝处可设双杯口的联合基础。

4）厂房跨度一般较大，需设抗风柱，因而两端有抗风柱的基础。

5）对于单跨排架的柱下基础，通常有如下 5 种编号：

①典型排架的柱下基础（J—1）

②天窗端壁处排架的柱下基础（J—2）

③伸缩缝处双排架的柱下联合基础（J—3）

④靠山墙处端部排架的柱下基础（J—4）

⑤抗风柱柱下基础（J—5）

对于多跨排架还有内柱柱下基础，当跨度不等时，左、右边柱柱下基础的编号也将不同。

6）当土质较差，墙基较深时，常需布置基础梁。

在单层厂房中，钢筋混凝土基础梁通常采用预制构件，可根据全国通用标准图集 G320 选用。

（2）梁、柱结构平面布置图

单层厂房排架结构的梁、柱结构布置图通常表示地面以上、柱顶以下的梁、柱等构件，如：排架柱（包括柱间支撑）、抗风柱、吊车梁、连系梁、过梁（包括雨篷）等构件的布置。现将它们的选用和布置说明如下。

1）柱及柱间支撑：单层厂房排架结构中的柱及抗风柱按单根柱进行编号，这与框架结构中的柱按框架编号是不同的。

根据柱所处位置、受荷性质和大小以及预埋件的不同，分为边列柱和中列柱，端部柱、变形缝处柱与非端部、非变形缝处柱，抗风柱与排架柱，有柱间支撑的柱与无柱间支撑的柱等，均应分别编号。尺寸、配筋相同，仅预埋件不同的柱，可用下标予以区别。如无柱间支撑的柱编号为 Z—1（无柱间支撑的预埋件），则有柱间支撑的柱编号为 Z—1a

（右侧有柱间支撑的预埋件）和 Z—1*b*（左侧有柱间支撑的预埋件）。

2）吊车梁：吊车梁有普通钢筋混凝土的和预应力混凝土的两种。当起重量较大（$Q \geqslant 20t$），跨度较大（$l \geqslant 6m$）时，宜优先采用预应力混凝土吊车梁。

按吊车工作的频繁程度有重级、中级和轻级工作制，用代号"DLZ"、"DL"和"DLQ"分别表示重级、中级和轻级制吊车梁。根据吊车梁的位置有边跨、中间跨和变形缝跨的不同，分别用代号"B"、"Z"和"S"表示。它们除受力不同外，预埋件的位置也不一样。

①钢筋混凝土吊车梁：当厂房柱距为 6m，跨度 $l \leqslant 30m$，采用 2 台和 2 台以上的电动桥式或单梁吊车时，钢筋混凝土吊车梁可按全国标准图通用图集 G323（一）、（二）选用，从而可绘出吊车梁的结构布置图。

②预应力混凝土吊车梁：预应力混凝土吊车梁有先张法、后张法（螺帽锚固的），前者的代号为"YXDL"，后者的代号为"YMDL"（用螺帽锚固）。

③连系梁：钢筋混凝土连系梁根据墙厚、墙高、有无窗洞、风荷载、跨度及钢筋强度等级的不同，按全国标准图通用图集 G321 选用。

④钢筋混凝土过梁：钢筋混凝土过梁根据墙厚、净跨以及荷载等级的不同，按全国标准图通用图集 G322 选用。其中荷载级别的含义是：

1 级荷载是过梁上的墙高等于三分之一净跨时的墙自重标准值 g_k。

2、3、4、5、6 级荷载分别为 $g_k + 10$、$g_k + 15$、$g_k + 25$、$g_k + 35$、$g_k + 45$（kN/m）。

（3）屋面结构布置图

单层厂房屋面结构布置图包括屋面板、天沟板、屋面梁或屋架及其支撑、天窗架及其支撑、天窗端壁等构件的选型（确定构件编号）和布置。

1）屋面板（包括檐口板及开洞板）：屋面板有卷材防水与非卷材防水屋面板。用于卷材防水的 1.5m×6.0m 预应力混凝土屋面板（代号 YWB）及檐口板（代号 YWBT），可按全国通用图集 G410（一）选用。

屋面板（檐口板）代号 YWB（YWBT），后面的数字（1~4）表示荷载等级，罗马字（Ⅱ~Ⅳ）表示预应力钢筋强度等级，对于变形缝和厂房端部的屋面板（檐口板）在罗马字后面加 S，如：YWB—1ⅡS（YWBT—1ⅡS）。为区别在厂房的一边和另一边的不同，在厂房一边的为 YWB—1ⅡSA（YWBT—1ⅡSA），另一边的则为 YWB—1ⅡSB（YWBT—1ⅡSB）。

屋面板上可开设 $\phi300 \sim \phi1100$ 的圆孔或 $300mm \times 300mm \sim 1100mm \times 1100mm$ 的方孔。开洞板的代号为 $\dfrac{YWB—1Ⅱ}{\phi600—A}$（横线下 $\phi600$ 为孔径，"A"表示开孔的区格，屋面板通常从左到右分为"A"、"B"、"C"、"D"四个区格）。屋面板的肋高为 240mm。

2）天沟板：天沟板也有卷材防水与非卷材防水的天沟板。

用于卷材防水的钢筋混凝土天沟板（代号 TGB）可按全国通用图集 G410（三）选用。

天沟板根据宽度的不同，有 TGB58、TGB62、TGB68、TGB77、TGB86 等 5 种，天沟宽度分别为 580、620、680、770、860mm。等高跨天沟板的代号为 TGB58—1，高低跨天沟板的代号为 TGB58—2。板的一边开洞的代号为 TGB58—1a，另一边开洞的代号为 TGB58—1b。

变形缝和厂房端部天沟板的编号，一边为TGB58—1Sa，另一边的则为TGB58—1Sb。

出山墙天沟板的编号，一边为TGB58—1Da，另一边则为TGB58—1Db。

3）嵌板及檐口板：钢筋混凝土嵌板及檐口板的肋高均为240mm，嵌板的平面尺寸为0.9m×6.0m，檐口板的平面尺寸为1.1m×6m。

嵌板的代号为KWB—1（或2），1、2为荷载等级。在变形缝和厂房端部的嵌板代号为KWB—1S，嵌板用于屋面剩余宽度不足1.5m，且大于0.9m的情况。

檐口板的代号为KWBT—1（或2），1、2也为荷载等级。在变形缝和厂房端部的檐口板的编号，一边的为KWBT—1SA，另一边的为KWBT—1SB。檐口板用于天窗上的屋盖。

钢筋混凝土嵌板和檐口板（用于卷材防水）可按全国通用图集G410（二）选用。

4）屋面梁：单层厂房的屋面梁，根据屋面荷载的大小，有无悬挂吊车及吊车类型，有无天窗及天窗的类别，檐口的类型等进行选用和布置。

屋面荷载标准值，通常分3kN/m²、3.5kN/m²、4kN/m²、4.5kN/m²4级。

悬挂吊车有1t或2t的电动葫芦或电动单梁悬挂吊车。

天窗类别有b、c、d、e、f等5种情况，a为无天窗的情况，b、c、d、e、f型天窗如表7-1所示。

18m屋面梁和18、21m屋架上的天窗架及端壁类别代号　　　　　　表7-1

天窗代号	b	c	d	e	f
天窗类别	钢天窗架 $P_1 = 18.5kN$ （21kN）	钢筋混凝土天窗架 $P_1 = 29kN$ （40kN）	钢天窗架石棉瓦端壁板 $P_1 = 19.5kN$ （24.7kN）	钢筋混凝土天窗架 石棉瓦端壁板 $P_1 = 29.3kN$（43.3kN）	钢筋混凝土端壁板 $P_1 = 24kN$（31kN） $P_2 = 27kN$（27kN）
天窗荷载简图					

注：1. 本表适用于不带挡风板跨度为6m的一般天窗；

　　2. 圆括弧内的数字用于24～30m的屋架。

屋面梁檐口类型分A、B、C、D、E 5种，如表7-2所示。

屋 面 梁 檐 口 类 型　　　　　　表7-2

代　号	A	B	C	D	E
跨度情况	单　跨	单　跨	单跨或多跨时的内跨	多跨时的边跨	多跨时的边跨
排水情况	两端自由落水	两端外天沟	两端内天沟	一端自由落水 一端内天沟	一端内天沟 一端外天沟

综上所述，屋面梁如预应力混凝土工字形屋面梁的代号为

YWL	S	18	3	×	×	×
↓	↓	↓	↓	↓	↓	↓
预应力混凝土屋面梁	双坡	跨度（m）	荷载序号	檐口代号	天窗代号	钢筋级别

预应力混凝土工字形屋面梁可根据跨度、屋面荷载大小、悬挂设备情况、天窗的类别、主筋的钢筋级别，按全国通用图集 G414 选用。

如某 18m 的单跨车间，6m 柱距，屋面荷载标准值 $4kN/m^2$，采用 6m 跨钢筋混凝土天窗架，悬挂一台 1t 的电动单梁吊车，檐口采用内天沟，Ⅳ级钢筋方案。双坡屋面梁的代号应为 YWLS—18—6CcⅣ。

5）屋架：单层厂房的屋架，根据屋面荷载的大小、有无天窗及天窗类别、檐口的类型等进行选用和布置。

屋面荷载、天窗类别及悬挂设备与屋面梁的分类相同。

18m 屋架檐口按表 7-3 分类。21～30m 屋架檐口按表 7-4 选用。24m 预应力混凝土折线形屋架模板图如图 7-1 所示。

18m 预应力混凝土折线形屋架檐口分类   表 7-3

檐口代号	A	B	C	D	E
跨度情况	单跨或多跨时的内跨	单跨时	单跨时	多跨时的边跨	多跨时的边跨
排水做法	两端内天沟	两端外天沟	两端自由落水	一端外天沟 一端内天沟	一端自由落水 一端内天沟

21～30m 预应力混凝土折线形屋架檐口分类   表 7-4

檐口代号	A	B	C
跨度情况	单跨或多跨时的内跨	单跨时	多跨时的边跨
排水做法	两端内天沟	两端外天沟	一端内天沟 一端外天沟

综上所述，屋架如预应力混凝土折线形屋架的代号为

YWJ	A	18	1	×	×	×
↓	↓	↓	↓	↓	↓	↓
预应力混凝土屋架	折线形	跨度	荷载序号	檐口代号	天窗代号	钢筋级别

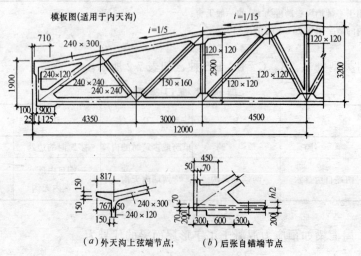

（a）外天沟上弦端节点；　（b）后张自锚端节点

图 7-1　24m 预应力混凝土折线形屋架模板图

预应力混凝土折线形屋架可根据屋架的跨度、屋面荷载大小、有无悬挂吊车、天窗的类别及檐口类型按全国通用图集 G316 选用。

6）天窗架及其垂直支撑：钢筋混凝土天窗架及端壁主要用于卷材屋面，与 1.5m×6m 的预应力混凝土屋面板配合使用。

天窗架及天窗端壁上部屋面坡度均为 1/10。6m 天窗架及端壁下部屋面坡度为 1/10 和 1/15 两种，1/10 配合工字形屋面梁使用，1/15 配合折线形屋架使用。9m 天窗及端壁下部屋面坡度为 1/15。6m 钢筋混凝土天窗架的模板图和天窗端壁组合简图如图 7-2、7-3 所示。

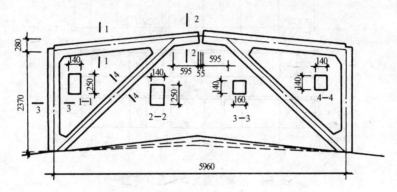

图 7-2　6m 钢筋混凝土天窗架 CJ6—01～11 模板图

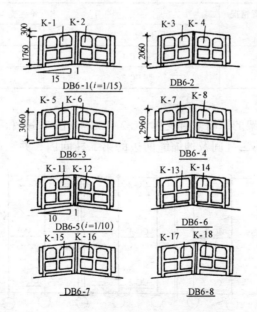

图 7-3　6m 钢筋混凝土天窗端壁组合简图

钢筋混凝土天窗架、天窗端壁、天窗垂直支撑等可按全国通用图集 G316 选用。

7）屋架上弦及下弦支撑：屋架上弦及下弦支撑有两种方案。方案一适用于厂房两端为屋架承重，且伸缩缝区间长度 $l > 66m$ 的情况。方案二适用于两端为山墙承重，且伸缩缝区间长度 $l < 66m$ 的情况。

方案一的特点是屋架的纵向垂直支撑 CC-1～CC-3 和下弦横向水平支撑 SC—1～SC—6

设在厂房端部第一柱间及伸缩缝两端柱间内（图7-4）。以24m预应力混凝土折线形屋架为例，其垂直支撑可按表7-5选用。

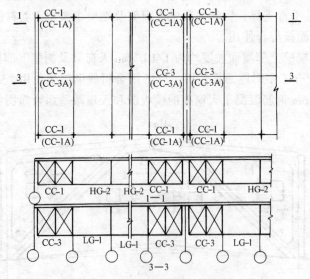

图7-4　屋架垂直支撑布置（方案一）

24m预应力混凝土折线形屋架垂直支撑选用表（方案一）　　　　　表7-5

支撑设置情况 垂直支撑部位	下 弦 水 平 支 撑	
	不 设 置 时	设 置 时
屋架端部	CC-1	CC-1A
屋架跨中	CC-3	CC-3A

　　方案二的特点是屋架的纵向垂直支撑 CC-2～CC-4（图7-5）和下弦横向水平支撑 SC-7～SC-10 设在厂房端部第二柱间及伸缩缝两边的第二柱间内，并在端部第二柱间下弦横向

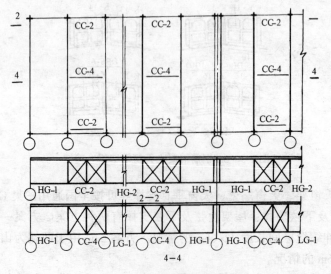

图7-5　屋架垂直支撑布置（方案二）

154

水平支撑节点处，用钢筋混凝土受压杆件与山墙壁柱连接（图 7-5）。以 24m 预应力混凝土折线形屋架为例，其垂直支撑按表 7-6 选用。

24m 预应力混凝土折线形屋架垂直支撑选用表（方案二）　　　　表 7-6

支撑设置情况 垂面支撑部位	仅设置下弦 水平支撑	仅设置上弦 水平支撑	同时设置上下弦 水平支撑	不设置上下弦 水平支撑
屋架端部	CC-2A	—	—	CC-2
屋架跨中	CC-4A	CC-4B	CC-4C	CC-4

下弦横向水平支撑（沿横向通长布置）在下列情况设置：

厂房吊车起重量大时；厂房设有振动设备时；厂房高度较大时；风力由山墙壁柱传至下弦时。

以 24m 折线形预应力混凝土屋架为例，其下弦横向水平支撑布置如图 7-6 所示。

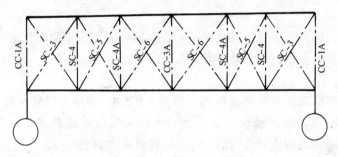

图 7-6　屋架下弦横向水平支撑布置

当厂房内设有天窗时，在天窗两端区间的屋架上弦需设水平支撑（SC-1、2）和水平系杆（HG-2），如图 7-7 所示。

对于方案二，当厂房伸缩缝区间长度 $l >$ 66m，但 $l \leqslant 96m$ 时，在厂房伸缩缝区间中部尚需增设一道垂直支撑及下弦横向水平支撑。当厂房伸缩缝区间长度 $l \leqslant 66m$，但车间内设有较大振动设备时，在其所在区间也需要增设一道垂直支撑和下弦横向水平支撑。

7.2.2　排架计算简图及荷载计算

排架结构计算包括定简图、算荷载、内力分析、内力组合及柱截面配筋计算。

1. 确定排架计算简图

现以图 7-8（a）所示某单跨排架为例，说明确定排架计算简图的原则和方法。

对于钢筋混凝土刚性排架结构，通常可假

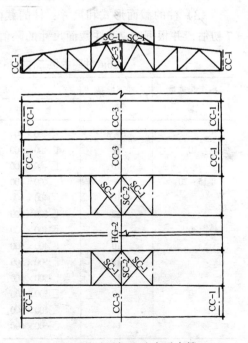

图 7-7　有天窗时屋架上弦水平支撑

定排架柱上端铰支于屋架（或屋面梁），下端嵌固于基础顶面，且屋架（或屋面梁）的轴向变形可忽略不计，其计算简图如图 7-8（b）所示。图中，柱顶标高由建筑剖面提供，牛腿顶面标高、基础顶面标高以及上柱和下柱的截面尺寸按下述方法确定。

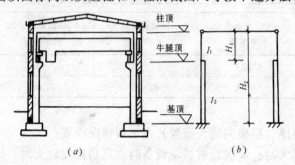

图 7-8 排架计算简图

（a）实际结构；（b）计算简图

（1）牛腿顶面标高：牛腿顶面标高等于轨顶标高减去吊车梁和轨道构造高度。其中，轨顶标高由工艺要求提供，吊车梁高度、轨道构造高度可由有关吊车梁轨道及其连接的标准图集查得。

（2）基础顶面标高：基础顶面标高一般为 −0.5m。当持力层较深时，基础顶面标高等于持力层标高加基础高度减 0.3m，上述持力层标高由地质勘察资料提供，其值为负；基础高度由杯口基础的构造要求初估，约为柱截面高度加 250mm，一般在 900~1200mm 之间；"减 0.3m" 是要求基础底面位于持力层（老土）上表面以下 0.3m 处。

柱顶、牛腿顶、基础顶标高确定之后，即不难得排架柱的全高（H_2）以及上柱高（H_1）。

（3）柱的截面形式和尺寸：柱的截面形式和尺寸取决于柱高和吊车起重量，可按表 7-7 初估，并根据表 7-8 柱截面尺寸的限值进行验算。

6m柱距中级工作制吊车单层厂房柱截面形式尺寸参考表　　　　　　表 7-7

吊车起重量 (t)	轨顶标高 (m)	边　柱		中　柱	
		上　柱	下　柱	上　柱	下　柱
≤5	6~8	□400×400	工 400×600×100	□400×400	工 400×600×100
10	8	□400×400	工 400×700×100	□400×600	工 400×800×150
	10	□400×400	工 400×800×150	□400×600	工 400×800×150
15~20	8	□400×400	工 400×800×150	□400×600	工 400×800×150
	10	□400×400	工 400×900×150	□400×600	工 400×1000×150
	12	□500×400	工 500×1000×200	□500×600	工 500×1200×200
30	8	□400×400	工 400×1000×150	□400×600	工 400×1000×150
	10	□400×500	工 400×1000×150	□500×600	工 500×1200×200
	12	□500×500	工 500×1000×200	□500×600	工 500×1200×200
	14	□500×500	工 600×1200×200	□600×600	工 600×1200×200
50	10	□500×500	工 500×1200×200	□500×700	双 500×1600×300
	12	□500×600	工 500×1400×200	□500×700	双 500×1600×300
	14	□600×600	工 600×1400×200	□600×700	双 600×1800×300

注：□—矩形截面 $b×h$；工—工形截面 $b×h×h_f$；双—双肢柱 $b×h×h_c$。

156

6m柱距单层厂房矩形、工字形截面柱截面尺寸限值				表 7-8
柱 的 类 型	b	h		
		$Q \leqslant 10t$	$10t < Q < 30t$	$30t \leqslant Q \leqslant 50t$
有吊车厂房下柱	$\geqslant H_l/22$	$\geqslant H_l/14$	$\geqslant H_l/12$	$\geqslant H_l/10$
露天吊车柱	$\geqslant H_l/25$	$\geqslant H_l/10$	$\geqslant H_l/8$	$\geqslant H_l/7$
单跨无吊车厂房柱	$\geqslant H/30$	$\geqslant 1.5H/25$（或 $0.06H$）		
多跨无吊车厂房柱	$\geqslant H/30$	$\geqslant H_l/20$		
仅承受风载与自重的山墙抗风柱	$\geqslant H_b/40$	$\geqslant H_l/25$		
同时承受由连系梁传来山墙重的山墙抗风柱	$\geqslant H_b/30$	$\geqslant H_l/25$		

注：H_l——下柱高度（算至基础顶面）；

　　H——柱全高（算至基础顶面）；

　　H_b——山墙抗风柱从基础顶面至柱平面外（宽度）方向支撑点的高度。

截面形式和尺寸确定后，即可按矩形或工字形截面求得截面沿弯矩作用方向（排架平面内）的惯性矩 I_1（上柱的）、I_2（下柱的）。

按上述原则和方法也可确定等高和不等高多跨排架的计算简图。

2. 排架的受荷总图及各种荷载计算

绘出排架受荷总图并算出作用在排架上的各种荷载，是结构设计中非常重要的一个内容。它是手算的依据，也可作为电算的输入数据，且便于校审。图 7-8（a）所示的实际排架结构，其受荷总图如图 7-9 所示。

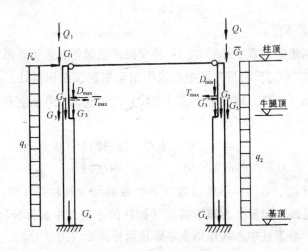

图 7-9　排架受荷总图

在进行荷载计算之前，应正确选择排架的计算单元。以单跨排架为例，其计算单元如图 7-10（a）所示。在局部区段出现抽柱时，其计算单元如图 7-10（b）所示。

（1）屋面恒荷载（标准值 G_{1k}、设计值 G_1）：屋面恒荷载包括各构造层（如保温屋、隔热层、防水层、隔离层、找平层等）、屋面板、天沟板（或檐口板）、屋架、天窗架及其支撑等自重，可按屋面构造详图、屋面构件标准图以及荷载规范等进行计算。当屋面坡度

157

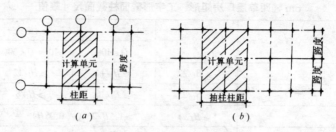

図 7-10　排架的计算单元

较陡时，负荷面积应按斜面面积计算。

屋面恒荷载的作用点，视不同情况而定。如当采用屋架时，G_1（G_{1k}）通过屋架上弦与下弦中心线的交点作用于柱顶（图 7-11）。通常屋架上弦与下弦轴线的交点到柱外边缘的距离为 150mm，若上柱截面高度为 h_u，则 G_1（G_{1k}）对上柱中心线的偏心距

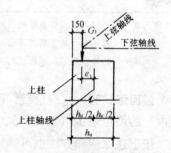

图 7-11　G_1（G_{1k}）作用位置

$$e_1 = h_u/2 - 150 \qquad (7\text{-}1)$$

当为屋面梁时，G_1（G_{1k}）通过梁端支承垫板的中心线作用于柱顶。

（2）上柱自重（G_2、G_{2k}）：上柱自重按上柱截面尺寸和柱高计算，沿上柱中心线作用（图 7-9），G_2（G_{2k}）对下柱中心线的偏心距

$$e_2 = (h_l - h_u)/2 \qquad (7\text{-}2)$$

式中　h_l 为下柱截面高度。

（3）吊车梁及轨道等自重（G_3、G_{3k}）：吊车梁及轨道等自重可按吊车梁及轨道连接构造的标准图采用，G_3（G_{3k}）沿吊车梁中心线作用于牛腿顶面标高处。一般情况下，吊车梁中心线到柱外边缘（边柱）或柱中心线（中柱）的距离为 750mm，故 G_3（G_{3k}）对下柱中心线的偏心距

$$\left.\begin{array}{ll} e_3 = 750 - h_l/2 & （边柱） \\ e_3 = 750 & （中柱） \end{array}\right\} \qquad (7\text{-}3)$$

（4）下柱自重（G_4、G_{4k}）：下柱自重按下柱截面尺寸和柱高计算，对于工字形截面柱，考虑到沿截面柱高方向部分为矩形截面（如柱的下端及牛腿部分），可乘以 1.2 的增大系数。G_4、（G_{4k}）沿下柱中心线作用于基础顶面标高处（图 7-9）。

（5）连系梁及其上墙体自重（G_5、G_{5k}）：连系梁自重可根据构件编号由连系梁的选用表查得，墙体自重按墙体构造、尺寸（包括窗洞大小）等进行计算，G_5（G_{5k}）沿连系梁中心线作用于支承连系梁的柱牛腿顶面标高处。

以上恒荷载（结构自重）的荷载分项系数 γ_G 均为 1.2。

（6）屋面活荷载（Q_1、Q_{1k}）：屋面活荷载可能有屋面均布活荷载、积雪荷载以及积灰荷载三种。它们均按屋面水平投影面积计算。

158

屋面均布活荷载不与积雪荷载同时考虑，取两者中的较大值。积灰荷载应与屋面活荷载或雪荷载二者中的较大值同时考虑。

屋面活荷载标准值确定后，即可按计算单元中的负荷面积计算 Q_{1k} 及 Q_1。它们的作用位置与 G_1（G_{1k}）相同。

（7）吊车垂直荷载（D_{max}、D_{min}、D_{maxk}、D_{mink}）：吊车垂直荷载可根据吊车每个轮子的轮压（最大轮压或最小轮压）、吊车宽度和轮距，利用反力影响线进行计算（图 7-12）。

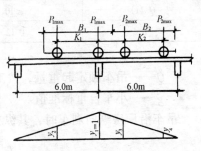

图 7-12　吊车梁支座反力影响线

吊车每个轮子最大轮压 P_{max} 的标准值、最小轮压 P_{min} 的标准值以及吊车宽度 B、轮距 K 根据吊车型号、规格（起重量和跨度）由电动单钩、双钩桥式吊车数据表查得。吊车垂直荷载作用在吊车梁的中线处。

当两台吊车不同时

$$\left.\begin{array}{l} D_{max} = \gamma_Q D_{maxk} = \gamma_Q [P_{1max}(y_1 + y_2) + P_{2max}(y_3 + y_4)] \\ D_{min} = \gamma_Q D_{mink} = \gamma_Q [P_{1min}(y_1 + y_2) + P_{2min}(y_3 + y_4)] \end{array}\right\} \qquad (7\text{-}4)$$

式中　P_{1max}、P_{2max}——吊车 1 和吊车 2 最大轮压的标准值，且 $P_{1max} > P_{2max}$；

P_{1min}、P_{2min}——吊车 1 和吊车 2 最小轮压的标准值，且 $P_{1min} > P_{2min}$；

y_1、y_2 和 y_3、y_4——与吊车 1 和吊车 2 的轮子相对应的支座反力影响线上的竖标，可按图 7-12 中的几何关系求得；

γ_Q——吊车荷载的分项系数，$\gamma_Q = 1.4$。

当两台吊车相同时

$$\left.\begin{array}{l} D_{max} = \gamma_Q D_{maxk} = \gamma_Q P_{max} \Sigma y_i \\ D_{min} = \gamma_Q D_{mink} = \dfrac{P_{min}}{P_{max}} D_{max} \end{array}\right\} \qquad (7\text{-}5)$$

式中　$\Sigma y_i = y_1 + y_2 + y_3 + y_4$，各轮子下影响线竖标的总和。

当厂房某跨内，近期及远期均肯定只设一台吊车时，该跨可按一台吊车考虑。此时，各轮子下影响线竖标的总和 $\Sigma y_i = y_1 + y_2$。

（8）吊车水平荷载（T_{max}、T_{maxk}）：吊车水平荷载作用于吊车轨顶面标高处[❶]，由吊车小车制动时引起。

当两台吊车不同时，其小车横向刹车的水平制动力

$$T_{max} = \gamma_Q T_{maxk} = \gamma_Q [T_1(y_1 + y_2) + T_2(y_3 + y_3)] \qquad (7\text{-}6)$$

当两台吊车相同时，其横向水平制动力

$$T_{max} = \gamma_Q T_{maxk} = \dfrac{T}{P_{max}} D_{max} \qquad (7\text{-}7)$$

式中　T——每个轮子水平制动力的标准值

---

❶　通常近似地作用于吊车梁顶面标高处。

$$T = \frac{\alpha}{4}(Q + g) \qquad (7-8)$$

α——横向制动力系数，对于硬勾吊车 $\alpha = 0.2$；对于软勾吊车，按表 7-9 采用。

软勾吊车横向制动力系数 α 表 7-9

Q (t)	$\leqslant 10$	$15 \sim 50$	$\geqslant 75$
α	0.12	0.10	0.08

Q——吊车额定起重量，按工艺要求确定。

g——小车自重标准值。

吊车沿厂房纵向刹车时，其纵向水平制动力

$$T_0 = m\gamma_Q T = m\gamma_Q \frac{nP_{\max}}{10} \qquad (7-9)$$

式中 $P_{\max}$——吊车最大轮压标准值。

n——吊车每侧制动轮数，对于一般四轮吊车，$n = 1$。

m——起重量相同的吊车台数。

计算吊车水平荷载时，不论是横向刹车力还是纵向刹车力，最多只考虑两台吊车同时刹车。当纵向柱列少于 7 根时，应计算纵向水平制动力。悬挂吊车、手动吊车、电动葫芦可不考虑水平荷载。

(9) 风荷载（q_1、q_2、F_w，q_{1k}、q_{2k}、F_{wk}）：柱顶以上的风压力和风吸力以水平集中力的形式作用于柱顶，柱顶标高以下的风压力和风吸力以均布水平荷载的形式分别作用于迎风面和背风面的柱上。

迎风面和背风面均布风荷载设计值

$$\left.\begin{array}{l} q_1 = \gamma_Q q_{1k} = \gamma_Q \mu_{s1} \mu_z w_0 B \\ q_2 = \gamma_Q q_{2k} = \gamma_Q \mu_{s2} \mu_z w_0 B \end{array}\right\} \qquad (7-10)$$

将 $\gamma_Q = 1.4, \mu_{s1} = 0.8, \mu_{s2} = -0.5$ 代入得

$$\left.\begin{array}{l} q_1 = 1.12 \mu_z w_0 B\,(风压) \\ q_2 = -0.7 \mu_z w_0 B\,(风吸) \end{array}\right\} \qquad (7-11)$$

柱顶以上屋面风荷载水平分力之合力设计值

$$F_w = \gamma_Q F_{wk} = \gamma_Q \Sigma \mu_s \mu_z w_0 h B_0 \qquad (7-12)$$

假定柱顶以上屋盖垂直部分的高度为 h_1，坡屋面的垂直投影高度为 h_2，由图 7-13 所示的单跨厂房的风压体型系数可得

$$F_w = (1.82 h_1 - 0.14 h_2) \mu_z w_0 B \qquad (7-13)$$

式中 μ_z——风压高度变化系数，当高度在 10m 以下时取 $\mu_z \approx 1.0$，高度超过 10m 时 μ_z 按荷载规范采用（其高度，当有矩形天窗时，按天窗檐口标高取值；当无天窗时，按厂房檐口标高或柱顶标高取值）；

w_0——基本风压标准值；

B——计算单元的宽度，一般厂房 $B = 6$m。

应该说明，q_1、q_2 沿厂房柱全高（从柱顶到基顶）均匀分布，是一种偏于安全的近

似计算。

对于不等高厂房排架的风荷载（图7-14）F_{w1A}、F_{w1B}、q_{1A}、q_{1B} 及 q_{2c}，可用类似的方法求得，但各部分的风压体型系数有所不同。此外，q_{1B} 仅沿柱高差部分均匀分布。

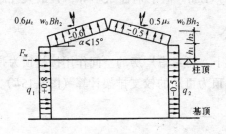
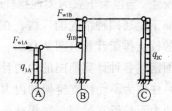

图 7-13　风压体型系数及风荷载计算简图　　　　图 7-14　不等高厂房排架的风荷载

考虑地震作用时,尚应计算各质点(集中于屋面处及吊车梁顶面处)的水平地震作用。

排架内力分析之前，要确定在排架上有哪几种需要单独考虑的荷载情况，如以单跨排架为例，若不考虑地震作用，从内力组合的需要出发，有如下 8 种作用的荷载情况：

情况 1 为恒荷载（G_1、G_2、G_3、G_4、G_5）的作用。

情况 2 为屋面活荷载（Q_1）的作用。

情况 3 为吊车垂直荷载 D_{max} 作用在 A 柱（D_{min} 作用在 B 柱）。

情况 4 为吊车垂直荷载 D_{min} 作用在 A 柱（D_{max} 作用在 B 柱）。

情况 5 为吊车水平荷载 T_{max} 从左向右作用在 A、B 柱。

情况 6 为吊车水平荷载 T_{max} 从右向左作用在 A、B 柱。

情况 7 为风荷载（q_1、q_2、F_w）从左向右作用。

情况 8 为风荷载（q_1、q_2、F_w）从右向左作用。

对于双跨排架，则可能有 12 种需要单独考虑的荷载情况。

7.2.3　排架内力计算与内力组合

1. 排架内力计算

考虑排架的受荷特点及厂房的空间工作，排架结构可能遇到图 7-15 所示的三种计算简图。

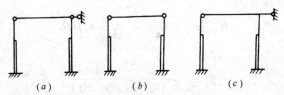

图 7-15　排架结构的三种计算简图

（a）柱顶为不动铰支排架；（b）柱顶为可动铰支排架；（c）柱顶为弹性支承的铰支排架

结构对称、荷载对称的排架以及两端有山墙的两跨或两跨以上的无檩屋盖等高厂房排架，当吊车起重量 $Q < 30t$ 时，可按柱顶为不动铰支排架计算（图 7-15a）。

在风荷载作用下的排架，以及在吊车荷载作用下的排架，属于下列情况之一者，按柱顶为可动铰支排架计算，不考虑厂房的空间作用（图 7-15b）：

情况 1　当厂房一端有山墙或两端均无山墙，且厂房长度小于 36m 时。

情况 2　天窗跨度大于厂房跨度的二分之一，或天窗布置使厂房屋盖沿纵向不连续时。

情况 3　厂房柱距大于 12m（包括一般柱距小于 12m，但个别柱距不等，且最大柱距超过 12m 的情况）时。

情况 4　当屋架下弦为柔性拉杆时。

不属于上述四种情况的厂房，在吊车荷载作用下，可考虑厂房的空间作用按柱顶为弹性支承的铰支排架计算（图 7-15c），也可近似按柱顶为可动的铰支排架计算（图 7-15b）。

下面阐述各种计算简图的内力计算方法。

（1）柱顶为不动铰支排架的内力计算

柱顶为不动铰支排架，每根柱可按图 7-16 所示的一次超静定结构计算。

以恒荷载（G_1、G_2、G_3、G_4、G_5）作用下的单跨排架为例，一般属于结构对称、荷载对称的情况，可按图 7-16 所示简图计算。考虑到受力的实际情况，G_2、G_3、G_4 亦可按图 7-17 所示的简图计算。由于对总的结果影响甚小，在设计中两种简图均有采用。以下仅介绍上端为不动铰支下端嵌固柱的计算方法。

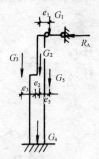

图 7-16　上端为不动铰支下端为嵌固的柱

注：e_1 为 G_1 到上柱中线的距离，e_2、e_3、e_5 分别为
　　G_2、G_3、G_5 到下柱中线的距离。

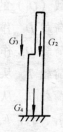

图 7-17　悬臂柱

这种结构的内力计算，关键在于求解柱上端的支座反力。

1）G_1 作用下的柱顶反力

$$R_{A1} = (\beta_1 G_1 e_1 + \beta_2 G_2 e_2)/H_2 \tag{7-14}$$

式中

$$\beta_1 = \frac{3}{2} \frac{1 - \lambda^2(1 - 1/n)}{1 - \lambda^3(1/n - 1)} \tag{7-15}$$

$$\beta_2 = \frac{3}{2} \frac{1 - \lambda^2}{1 + \lambda^3(1/n - 1)} \tag{7-16}$$

$$\lambda = H_1/H_2; \quad n = I_1/I_2$$

H_1、H_2——分别为上柱高和全柱高（即 H）。

I_1、I_2——分别为上柱和下柱的截面惯性矩。

柱顶反力以向左为正，反之为负。

反力 R_{A1} 求得后，即可按悬臂柱计算内力并绘出内力图（M、V、N 图）。

2）G_2 作用下的柱顶反力

$$R_{A2} = \beta_2 G_2 e_2 / H_2 = \beta_2 M_2 / H_2 \tag{7-17}$$

3）G_3 作用下的柱顶反力

$$R_{A3} = -\beta_2 G_3 e_3 / H_2 \tag{7-18}$$

4）G_4 作用下的柱顶反力

$$R_{A4} = 0$$

5）G_5 作用下的柱顶反力

$$R_{A5} = \beta_2 G_5 e_5 / H_2 \tag{7-19}$$

式中，β_2 仍可按式（7-16）计算，但该式分子中的 $\lambda = H'_1 / H_2$ 的 H'_1 为柱顶到 G_5 作用点的距离，即柱顶到连系梁梁底（连系梁牛腿顶面）的距离。

（2）柱顶为可动铰支排架的内力计算

这种排架，当为单跨和多跨等高时，可采用剪力分配法，求得柱顶剪力之后，即可按悬臂柱绘内力图；当为多跨不等高时，通常采用力法求横梁内力，也即可按悬臂柱绘内力图。

1）单跨排架的柱顶剪力

在吊车垂直荷载作用下（图 7-18a）：

A、B 柱的柱顶剪力（图 7-18b）为

$$\left.\begin{array}{l} V_{AD} = -0.5(D_{\max} + D_{\min}) e_3 \beta_2 / H_2 \\ V_{BD} = 0.5(D_{\max} + D_{\min}) e_3 \beta_2 / H_2 \end{array}\right\} \tag{7-20}$$

柱顶剪力以绕柱端顺时针转为正，反之为负。

在吊车水平荷载作用下（图 7-19a）：

由于结构对称荷载反对称，故柱顶的剪力 $V_{AT} = V_{BT} = 0$，其内力可按图 7-19（b）的悬臂柱计算。

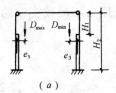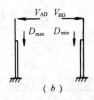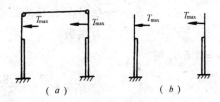

图 7-18　吊车垂直荷载作用下的柱顶剪力　　　　图 7-19　吊车水平荷载作用下的内力计算

在风荷载（F_w、q_1、q_2）作用下（图 7-20）单跨排架的柱顶剪力：

$$\left.\begin{array}{l} V_{Aw} = 0.5[F_w - \beta_q H_2(q_1 - q_2)] \\ V_{Bw} = 0.5[F_w + \beta_q H_2(q_1 - q_2)] \end{array}\right\} \tag{7-21}$$

式中

$$\beta_q = \frac{3}{8} \frac{[1 + \lambda^4(1/n - 1)]}{[1 + \lambda^3(1/n - 1)]} \tag{7-22}$$

2）多跨等高排架的柱顶剪力

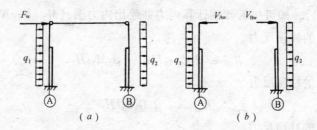

图 7-20　在风荷载作用下的柱顶剪力

以吊车水平荷载作用下的两跨等高排架为例（图 7-21），其柱顶剪力

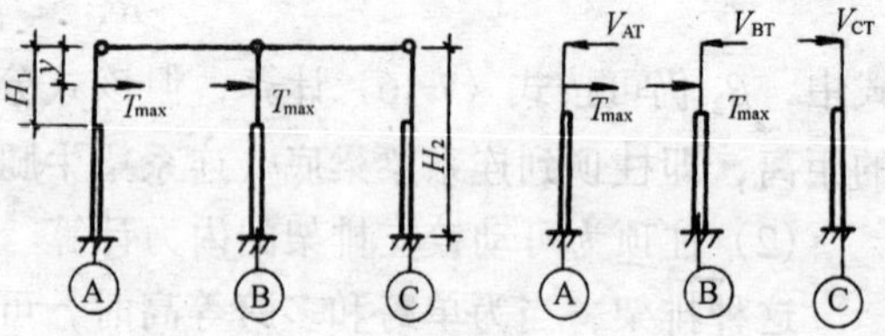

图 7-21　两跨等高排架的柱顶剪力

$$\left.\begin{aligned} V_{AT} &= -\left[\beta_{TA} - \eta_A(\beta_{TA} + \beta_{TB})\right]T_{max} \\ V_{BT} &= -\left[\beta_{TB} - \eta_B(\beta_{TA} + \beta_{TB})\right]T_{max} \\ V_{CT} &= \eta_c(\beta_{TA} + \beta_{TB})T_{max} \end{aligned}\right\} \tag{7-23}$$

式中　η_A、η_B、η_C——柱 A、B、C 的柱顶剪力分配系数；

$$\eta_A = \frac{1/\delta_A}{\sum_{i=1}^{n} 1/\delta_i};\quad \eta_B = \frac{1/\delta_B}{\sum_{i=1}^{n} 1/\delta_i};\quad \eta_C = \frac{1/\delta_C}{\sum_{i=1}^{n} 1/\delta_i} \tag{7-24}$$

$$\sum_{i=1}^{3} 1/\delta_i = 1/\delta_A + 1/\delta_B + 1/\delta_C \tag{7-25}$$

δ_A、δ_B、δ_C——在柱 A、B、C 柱顶作用单位水平力时的柱顶水平位移，对于单阶柱；

$$\delta_i = H_2^3/\beta_0 EI_2 \tag{7-26}$$

$$\beta_0 = 3/\left[1 + \lambda^3(1/n - 1)\right] \tag{7-27}$$

β_T——在吊车水平荷载 T_{max} 作用下，A 柱或 B 柱柱顶为不动铰支时的反力系数。

当 $y = 0.6H_1$ 时

$$\beta_T^{0.6} = \frac{2 - 1.8\lambda + \lambda^3(0.416/n - 0.2)}{2\left[1 + \lambda^3(1/n - 1)\right]} \tag{7-28}$$

当 $y = 0.7H_1$ 时

$$\beta_T^{0.7} = \frac{2 - 2.1\lambda + \lambda^3(0.243/n + 0.1)}{2\left[1 + \lambda^3(1/n - 1)\right]} \tag{7-29}$$

当 $y = 0.8H_1$ 时

$$\beta_T^{0.8} = \frac{2 - 2.4\lambda + \lambda^3(0.112/n + 0.4)}{2\left[1 + \lambda^3(1/n - 1)\right]} \tag{7-30}$$

当 y 为中间值时，可按式(7-28)～式（7-30）的计算结果内插。

排架在吊车垂直荷载（D_{max}、D_{min}）以及风荷载（F_w、q_1、q_2）作用下，其柱顶剪力可按上述类似的公式进行计算。如在吊车垂直荷载作用下（图 7-22），A、B、C 柱柱顶剪

力分别为：

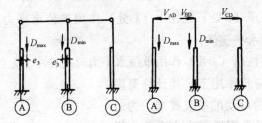

图 7-22　吊车垂直荷载作用下的柱顶剪力

$$
\left.\begin{array}{l}
V_{AD} = - \left[(1 - \eta_A) D_{max} e_{3A} \beta_{2A} + \eta_A D_{min} e_{3B} \beta_{2B} \right] / H_2 \\
V_{BD} = \left[\eta_B D_{max} e_{3A} \beta_{2A} + (1 - \eta_B) D_{min} e_{3B} \beta_{2B} \right] / H_2 \\
V_{CD} = \eta_C \left[D_{max} e_{3A} \beta_{2A} - D_{min} e_{3B} \beta_{2B} \right] / H_2
\end{array}\right\} \tag{7-31}
$$

在风荷载作用下（图 7-23），A、B、C 柱柱顶剪力分别为

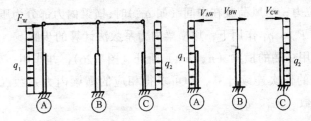

图 7-23　在风荷载作用下的柱顶剪力

$$
\left.\begin{array}{l}
V_{Aw} = \eta_A F_w - \left[(1 - \eta_A) q_1 - \eta_A q_2 \right] \beta_q H_2 \\
V_{Bw} = \eta_B \left[F_w + \beta_q H_2 (q_1 + q_2) \right] \\
V_{Cw} = \eta_C F_w + \left[\eta_C q_1 - (1 - \eta_C) q_2 \right] \beta_q H_2
\end{array}\right\}
$$
$$
\tag{7-32}
$$

　　按上述公式计算，柱顶剪力 V 为正时，其指向为绕杆端顺时针转。

　　(3) 不等高排架的计算

　　不等高排架在恒荷载、屋面活荷载和吊车荷载作用下，通常各柱可近似地按图 7-24（a）、（b）所示的简图计算。其中图 7-24（a）中的柱顶不动铰支反力 R_i 可按前述方法和公式计算。图 7-24（b）中的不动铰支反力 R_i 和 R_k 可由解力法方程求得

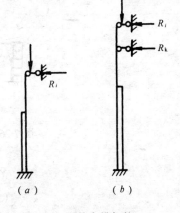

图 7-24　不等高排架柱的计算简图

$$
\left.\begin{array}{l}
R_i = \dfrac{\Delta_{kp} \delta_{ik} - \Delta_{ip} \delta_{kk}}{\delta_{ii} \delta_{kk} - \delta_{ik}^2} \\[3mm]
R_k = \dfrac{\Delta_{ip} \delta_{ki} - \Delta_{kp} \delta_{ii}}{\delta_{ii} \delta_{kk} - \delta_{ik}^2}
\end{array}\right\} \tag{7-33}
$$

式中　Δ_{ip}、Δ_{kp}——荷载对柱顶（i 处）及柱中（k 处）引起的水平变位；

$\quad\quad\quad$ δ_{ii}、δ_{kk}——柱顶（i 处）或柱中（k 处）作用单位水平力时，在 i 处或 k 处引起的水平变位；

$\quad\quad\quad$ $\delta_{ik} = \delta_{ki}$——在柱顶（$i$ 处）作用单位水平力时在柱中（k 处）引起的水平变位。

不等高排架在风荷载作用下，其计算简图如图 7-25 所示，柱顶为可动的铰支排架。为避免解高次线性方程，可采用横梁内力系数法进行计算。此时，应对 F_{w1}、F_{w2}、q_1、q_{1m}、q_2 分别进行计算，叠加得出在风荷载作用下的横梁总内力，从而求得各柱的柱顶剪力。在叠加时应注意横梁内力的符号（即拉力和压力）；当风荷载为压力时（如在左端的 F_{w1}、q_1），横梁内力为压力；当风荷载为吸力时（如右端的 F_{w2}、

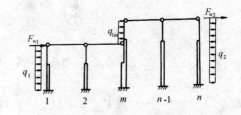

图 7-25　不等高排架在风荷载
作用下的计算简图

q_2），横梁内力为拉力；当风荷载在中间（如 q_{1m}）时，横梁内力部分为压力，部分为拉力。

现说明排架在 F_{w1}、q_1 作用下，用横梁内力系数法计算的步骤。

先将无荷载作用一端的横梁（n，n-1）断开（图 7-26），并作用一单位力 X_{n-1}，$n = 1$，然后通过下列公式的依次连续计算，即可求得相应的横梁内力系数（$\bar{X}_{m,n-1}\cdots$，$\bar{X}_{2m}\cdots$）及相应的外荷载系数（$\bar{F}_{w1}$、$\bar{q}_1$）。

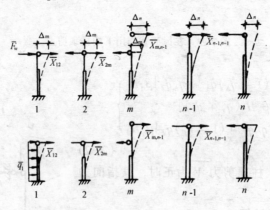

图 7-26　在风荷载作用下不等高排架的计算简图

$$
\left.
\begin{aligned}
&\bar{X}_{n-1,n}\delta_{ii(n)} = \Delta_n = \delta_{ii(n)} \\
&(\bar{X}_{m,n-1} - 1)\delta_{ii(n-1)} = \Delta_n \\
&(\bar{X}_{2,m}\delta_{ik(m)} - \bar{X}_{m,n-1}\delta_{ii(m)}) = \Delta_n \\
&(\bar{X}_{2,m}\delta_{ik(m)} - \bar{X}_{m,n-1}\delta_{ki(m)}) = \Delta_m \\
&(\bar{X}_{1,2} - \bar{X}_{2,m})\delta_{ii(2)} = \Delta_m \\
&(\bar{F}_{w1} - \bar{X}_{1,2})\delta_{ii(1)} = \Delta_m \\
&\bar{q}_1\delta_{iq1} - \bar{X}_{1,2}\delta_{ii(1)} = \Delta_m
\end{aligned}
\right\}
\tag{7-34}
$$

166

式中　$\overline{X}_{m,n-1}$，$\overline{X}_{2,m}$，$\overline{X}_{1,2}$——分别为（m，$n-1$）跨、（2，m）跨、（1，2）跨的横梁内力系数。

$\delta_{ii(n-1)}$——（$n-1$）号柱柱顶在单位水平力作用下的柱顶水平位移。

$\delta_{ik(m)}$——m 号柱在柱中间 k 作用单位水平力在柱顶 i 引起的水平位移。

δ_{iq1}——1 号柱在 $\overline{q}_1=1$ 作用下的柱顶位移。

$\delta_{ii(n)}$——（n）号柱柱顶在单位水平力作用下的柱顶水平位移。

各横梁的内力系数及相应的外荷载系数求得后，再将相应横梁内力系数（$\overline{X}_{n-1,n}$，$\overline{X}_{m,n-1}\cdots\cdots$）乘以比例系数 $\dfrac{F_{w1}}{F_{w1}}$ 或 $\dfrac{q_1}{\overline{q}_1}$，即得各种荷载作用下的横梁内力。若风荷载作用在另一端时，亦可按同理求得。

2. 排架内力组合

排架在各种荷载单独作用下的内力求得后（包括绘出内力图），根据最不利又是可能的原则，并考虑组合系数，即可求得排架柱各控制截面的最不利内力。

（1）确定控制截面

对于单阶柱一般取三个控制截面（图 7-27（a））：1—1 截面——牛腿顶面上截面，按上柱截面尺寸考虑；2—2 截面——牛腿顶面下截面，按下柱截面尺寸考虑；3—3 截面——柱底即基础顶面处的截面，按下柱截面尺寸考虑。

对于双阶柱通常取图 7-27（b）所示的 5 个控制截面。

（2）控制截面中的内力组

为保证排架的安全可靠，需要求出排架柱各控制截面中的最不利内力组。排架柱各控制截面需组合的内力组有下列四组：

1）最大正弯矩 M_{max} 及相应的轴向力 N。

2）最小负弯矩 M_{min} 及相应的轴向力 N。

3）最大轴向力 N_{max} 及相应的弯矩 M。

4）最小轴向力 N_{min} 及相应的弯矩 M。

框架柱通常采用对称配筋，故前两组可合并为弯矩绝对值最大的内力组 $|M|_{max}$ 及相应的轴向力 N。

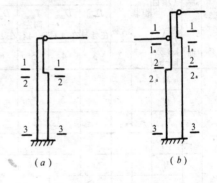

图 7-27　排架柱的控制截面

（3）可能出现的荷载效应组合

设计排架结构时，应根据使用过程中可能同时产生的荷载效应，对承载力和正常使用两种极限状态分别进行荷载效应（内力）组合，并分别取其最不利情况进行设计。

对于一般排架结构柱及柱下基础承载力计算，需考虑下列几种基本组合：

1）恒荷载标准值×1.2。

2）恒荷载标准值×1.2+屋面活荷载标准值×1.4。

3）恒荷载标准值×1.2+（屋面活荷载标准值+吊车荷载标准值）×1.4。

4）恒荷载标准值×1.2+（屋面活荷载标准值+风荷载标准值）×1.4×0.85。

5）恒荷载标准值×1.2+（屋面活荷载标准值+吊车荷载标准值+风荷载标准值）×

1.4×0.85。

 6）恒荷载标准值×1.2＋（吊车荷载标准值＋风荷载标准值）×1.4×0.85。

 7）恒荷载标准值×1.0＋风荷载标准值×1.4。

 8）恒荷载标准值×1.0＋吊车荷载标准值×1.4。

 对于 N_{max} 及相应的 M、V 这组内力，主要由组合（3）控制；对于 N_{min} 及相应的 M、V 这组内力，主要由组合（7）控制，由于轴力愈小愈不利，故这里取恒荷载分项系数为 1.0；对于 $|M|_{max}$ 及相应的 N、V 这组内力，主要由组合（6）或（5）确定。

 对于一般排架结构的裂缝计算，应考虑下列几种短期效应组合：

 1）恒荷载标准值。

 2）恒荷载标准值＋屋面活荷载标准值。

 3）恒荷载标准值＋吊车荷载标准值＋屋面活荷载标准值。

 4）恒荷载标准值＋（屋面活荷载标准值＋风荷载标准值）×0.85。

 5）恒荷载标准值＋风荷载标准值＋（屋面活荷载标准值＋吊车荷载标准值）×0.85。

 6）恒荷载标准值＋（风荷载标准值＋吊车荷载标准值）×0.85。

 7）恒荷载标准值＋风荷载标准值。

 8）恒荷载标准值＋吊车荷载标准值。

 当要求验算地基变形时，尚需按荷载规范进行荷载长期效应组合。

两跨排架柱的内力组合表   表 7-10

柱号	截面	荷载项目 内力 kN或 kN·m	恒载	屋面活载	吊车在 AB 跨			吊车在 BC 跨			风载		内力组合					
					D_{max} 在A柱	D_{min} 在A柱	T_{max} 向左 或向右	D_{max} 在B柱	D_{min} 在B柱	T_{max} 向左 或向右	左风	右风	$|M|_{max}$ 相应的 N		N_{max} 相应的 M		N_{min} 相应的 M	
			1	2	3	4	5	6	7	8	9	10	组合项目	组合值	组合项目	组合值	组合项目	组合值
A 柱	1—1	M																
		N																
		M_s																
		N_s																
	2—2	M																
		N																
		M_s																
		N_s																
	3—3	M																
		N																
		V																
		M_s																
		N_s																
		V_s																

 排架柱内力组合可列表进行，非地震区的格式可参考表 7-10。表中内力符号规定如下：

弯矩以柱左边受拉者为正，反之为负；轴力以使柱受压者为正，反之为负；剪力以绕柱截面（杆端）顺时针旋转为正，反之为负。

（4）排架柱内力组合注意事项

1）恒荷载均要考虑。

2）屋面活荷载、吊车荷载、风荷载根据最不利原则考虑。

3）多台吊车的竖向荷载，对于多跨厂房一个排架一般不多于4台吊车，多台吊车的水平荷载，对单跨或多跨厂房最多只考虑两台，多台吊车的荷载折减系数按表7-11采用。对于多层吊车的单跨或多跨厂房，计算排架时，参与组合的吊车台数及荷载折减系数应按实际情况考虑。

多台吊车的荷载折减系数　　　　　　　　　　表 7-11

吊 车 台 数	吊 车 工 作 制	
	轻级和中级	重级和超重级
2	0.9	0.95
4	0.8	0.85

4）当组合 N_{max} 与相应的 M 及 N_{min} 与相应的 M 时，应把 $N=0$ 相应的 M 按不利又是可能的原则组合进去，使 N_{max} 或 N_{min} 相对应的 M 尽可能大。

5）对于柱底截面（即基础顶面）还应组合与 M 或 N 相应的 V 值，以用于基础的计算。

6）对 $e_0 = M/N > 0.55h_0$ 的截面，尚应进行短期效应组合（$M_{s,max}$ 相应的 N_s 及 $N_{s,min}$ 相应的 M_s）。

7.2.4　排架柱牛腿设计

1. 确定牛腿的几何尺寸

柱牛腿的几何尺寸（包括牛腿的宽度、顶面的长度、外缘高度和底面倾斜角度等）可参照图 7-28 的构造要求确定。

（1）根据吊车梁宽度 b 和吊车梁外缘到牛腿外缘的距离（100mm 左右）确定牛腿顶面的长度，牛腿的宽度与柱宽相等。

（2）根据牛腿外缘高度 $h_1 \geqslant 200 \sim 300$mm 的构造要求，并取 $\alpha = 45°$，即可确定牛腿的总高 h，若 $h_1 \geqslant h/3$，牛腿尺寸符合构造要求。

（3）按下式验算牛腿截面总高 h 是否满足抗裂要求

$$F_{vs} \leqslant \beta \left(1 - 0.5 \frac{F_{hs}}{F_{vs}} \right) \frac{f_{tk} b h_0}{0.5 + a/h_0} \qquad (7-35)$$

式中　F_{vs}——作用于牛腿顶部的按荷载短期效应组合计算的竖向力值，对于吊车梁下牛腿 $F_{vs} = D_{maxk} + G_{3k}$；

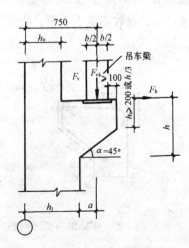

图 7-28　牛腿几何尺寸

F_{hs}——作用于牛腿顶部按荷载短期效应组合计算的水平拉力标准值，对于吊车梁下牛腿 $F_{hs} = 0$；

β——裂缝控制系数，对承受重级工作制吊车的牛腿，$\beta = 0.65$；对承受中、轻级工作制吊车的牛腿，$\beta = 0.70$；其他牛腿，$\beta = 0.8$；

a——竖向力 F_{vk} 的作用点至下柱边缘的水平距离，此时，应考虑安装偏差 20mm；当竖向力的作用点位于下柱截面以内时，取 $a = 0$；

b——牛腿宽度；

h_0——牛腿与下柱交接处垂直截面的有效高度。

若式（7-35）不满足，则应加大牛腿截面的高度 h，并注意满足 $h_1 \geqslant h/3$ 的构造要求。

2. 按计算和构造配置纵向受力钢筋

由承受竖向力的受拉钢筋和承受水平拉力的锚筋组成的纵向受拉钢筋的总截面面积按下式计算

$$A_s = \frac{F_v a}{0.85 f_y h_0} + 1.2 \frac{F_h}{f_y} \tag{7-36}$$

式中　F_v——作用在牛腿顶部的竖向力设计值；

F_h——作用在牛腿顶部的水平拉力设计值；

a——竖向力 F_v 作用点至下柱边缘的水平距离，当 $a < 0.3 h_0$ 时，取 $a = 0.3 h_0$。

按式（7-36）计算的牛腿纵向受拉钢筋，其配筋率不应小于 0.2%，也不宜大于 0.6%，且根数不应少于 4 根，直径不应小于 12mm，伸入柱内应有足够的锚固长度（图 7-29）。承受水平拉力的水平锚筋应焊在预埋件上，且不少于 2 根。

3. 按构造要求配置水平箍筋和弯起钢筋

按构造要求，牛腿的水平箍筋直径取 6～12mm，间距为 100～150mm，且在上部 $2h_0/3$ 范围内的水平箍筋的总截面面积不应小于纵向受拉钢筋截面面积（不计入水平拉力所需的纵向受拉钢筋 $A_{sh} = 1.2 F_h / f_y$）的 1/2。当牛腿的剪跨比 $a/h_0 \geqslant 0.3$ 时，应设置弯起钢筋，其截面面积不应小于纵向受拉钢筋截面面积 A_s（不计入 A_{sh}）的 2/3，且不应小于 0.0015bh，根数不少于 3 根，直径不应小于 12mm，配置在牛腿上部 $l/6$ 至 $l/2$ 之间的范围内（图 7-30）。

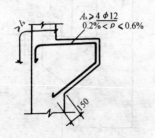

图 7-29　牛腿纵向受力钢筋

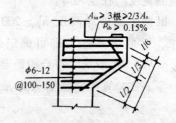

图 7-30　牛腿箍筋和弯起钢筋

牛腿中的纵向受力钢筋和弯起钢筋均宜采用变形钢筋。

4. 验算垫板下的局部承压

垫板下局部承压要求

$$\sigma = \frac{F_v}{A} \leqslant 0.75 f_c \tag{7-37}$$

式中　A——局部承压面积，$A = ab$，其中 a、b 分别为局部承压的长和宽；

　　　f_c——混凝土抗压强度设计值。

当式（7-37）不满足时，应采取必要措施，如加大承压面积，提高混凝土强度等级，使其得到满足。

7.2.5　排架柱截面配筋计算

1. 挑选最不利内力组

以单阶柱为例，上柱按 1—1 截面（图 7-27a）的最不利内力组配筋，下柱按 2—2 和 3—3 截面（图 7-27a）的最不利内力组配筋，上柱的最不利内力组在 3 组不利组合中挑选，下柱最不利内力组在 6 组不利组合中挑选。挑选原则和方法是：

（1）弯矩（ηM）与轴向力（N）均较大，且均为小偏心受压时，为最不利内力组。

（2）弯矩与轴向力一大一小，且均为小偏心受压时，轴向力小弯矩大者为最不利。

（3）弯矩相等或相近，当为小偏心受压时，轴向力大者为最不利，当为大偏心受压时，轴向力小者为最不利。

（4）轴向力相等或相近，弯矩大者为最不利。

2. 确定柱的计算长度

采用刚性屋盖的单层工业厂房柱和露天吊车栈桥柱的计算长度 l_0 可按表 7-12 采用。

采用刚性屋盖的单层工业厂房柱和露天吊车栈桥柱的计算长度 l_0 表 7-12

项　次	柱　的　类　型		排架方向	垂直排架方向	
				有柱间支撑	无柱间支撑
1	无吊车厂房柱	单　　跨	$1.5H$	$1.0H$	$1.2H$
		两跨及多跨	$1.25H$	$1.0H$	$1.2H$
2	有吊车厂房柱	上　　柱	$2.0H_u$	$1.25H_u$	$1.5H_u$
		下　　柱	$1.0H_l$	$0.8H_l$	$1.0H_l$
3	露天吊车栈桥柱		$2.0H_l$	$1.0H_l$	—

注：1. 表中符号，H 为从基础顶面算起的柱全高；H_l 为从基础顶面至装配式吊车梁底面或现浇吊车梁顶面的柱下部高度；H_u 为从装配式吊车梁底面或从现浇式吊车梁顶面算起的柱上部高度。

2. 表中有吊车厂房柱的计算长度，当计算中不考虑吊车荷载时，可按无吊车厂房采用，但上柱的计算长度仍按有吊车厂房采用。

3. 表中有吊车厂房柱的上柱在排架方向的计算长度，仅适用于 $H_u/H_l \geqslant 0.3$ 的情况。当 $H_u/H_l < 0.3$ 时，宜采用 $2.5H_u$。

3. 计算排架柱的纵向受力钢筋

在排架平面内，各排架柱按偏心受压构件计算纵向受力钢筋（$A_s = A_s'$），对称配置于弯矩作用方向两对边。

在排架平面外，各排架柱按轴心受压构件计算全部纵向受压钢筋 ΣA_s，可沿截面周边均匀布置。但位于弯矩作用方向两对边的钢筋截面面积不应低于按偏心受压构件计算的配筋。钢筋混凝土轴心受压构件的稳定系数 φ 可根据长细比 l_0/λ 或 l_0/b 之比查混凝土结构设计规范（GBJ10—89）中表4.1.13求得。

排架柱纵向受力钢筋（$A_s = A'_s$）也可列表进行计算，表格形式可参考表7-13、7-14。

偏心距增大系数 η 及稳定系数 φ　　　　　表 7-13

柱号	截面	$b \times h$ (mm^2)	l_0 (m)	M (kN·m)	N (kN)	e_0 (mm)	e_a (mm)	e_i (mm)	e_i/h_0	ξ_1	l_0/h	ξ_2	η	l_0/b	φ
A 柱	1—1														
	2—2														
	3—3														
B 柱	⋮														

注：1. $e_a = 0.12(0.3h_0 - e_0)$，当 $e_a < 0$，取 $e_a = 0$；$e_i = e_0 + e_a$；$\xi_1 = \dfrac{0.5f_cA}{N}$，当 $\xi > 1$，取 $\xi_1 = 1$；

2. $\xi_2 = 1.15 - 0.01l_0/h$，当 $\xi_2 > 1$，取 $\xi_2 = 1$；

3. $\eta = 1 + \dfrac{1}{1400\dfrac{e_i}{h_0}}(l_0/h)^2\xi_1\xi_2$，当 $\dfrac{l_0}{h} \leq 8$ 时，取 $\eta = 1$；

4. φ 根据 l_0/b 或 l_0/i 由《混凝土结构设计规范》GBJ10 表4.1.13查得。

钢筋混凝土排架柱的配筋计算　　　　　表 7-14

柱号	截面	$b \times h$ (mm^2)	N (kN)	e_i (mm)	η	e (mm)	e' (mm)	ξ (m)	$A_s = A'_s$ (mm^2)	φ	ΣA_s (mm^2)	实配 (mm^2)
A 柱	1—1											
	2—2												
	3—3												
B 柱	⋮												

注：1. $e = \eta e_i + h/2 - a_s$；$e' = \eta e_i - h/2 + a'_s$

2. $\xi = \dfrac{N}{f_{cm}bh_0}$

3. $\xi_b = 0.614$（Ⅰ 级钢筋）；$\xi_b = 0.544$（Ⅱ 级钢筋）

4. 当 $\xi \leq \xi_b$ 时，

$$A_s = A'_s = \frac{Ne - \xi(1 - \xi/2)f_{cm}bh_0^2}{f'_y(h_0 - a'_s)}$$

当 $\xi > \xi_b$ 时，按下式计算 ξ_m，

$$\xi_m = \frac{N - \xi_bf_{cm}bh_0}{\dfrac{Ne - 0.45f_{cm}bh_0^2}{(0.8 - \xi_b)(h_0 - a'_s)} + f_{cm}bh_0} + \xi_b$$

$$A_s = A'_s = \frac{Ne - \xi_m(1 - \xi_m/2)f_{cm}bh_0^2}{f'_y(h_0 - a'_s)}$$

当 $\xi < 2a_s/h_0$ 时，$A_s = A'_s = \dfrac{N'_e}{f_y(h_0 - a'_s)}$

172

5. $\Sigma A_s = \dfrac{N/\varphi - f_c bh}{f_y'}$

6. 验算 ΣA_s 是否满足式 (7-38)。

7. 当 $e_0 = M/N > 0.55 h_0$ 时，应验算裂缝宽度 $w_{max} \leqslant [w_{max}]$，此时满足裂缝宽度要求的有效配筋率 ρ_{te} 可由 ζ_t 查表得出，ζ_t 按下列公式计算：

$$\zeta_t = \dfrac{N_s(e - z)}{A_{te} Z f_{tk}}$$

式中

$$e = \eta_s e_{os} + \dfrac{h}{2} - a_s$$

$$\eta_s = 1 + \dfrac{1}{4000 \dfrac{e_{0s}}{h_0}}(l_0/h)^2, \quad e_{0s} = M_s/N_s$$

$A_{te} = 0.5 bh + (b_f - b) h_f$，矩形截面，$A_{ta} = 0.5 bh$，$z = \gamma_s h_0$

$\gamma_s = 0.87 - 0.12\left(1 - \gamma_f'\right)\left(\dfrac{h_0}{e}\right)^2$，矩形截面，$\gamma_s = 0.87 - 0.12\left(\dfrac{h_0}{e}\right)^2$

$\gamma_f' = \dfrac{(b_f' - b) h_f'}{bh_0}$

当 $h_f' > 0.2 h_0$ 时，取 $h_f' = 0.2 h_0$。

当 $l_0/b \leqslant 14$ 时，取 $\eta_s = 1.0$。

排架柱纵向受力钢筋截面面积尚应满足下列构造要求：全部纵向受力钢筋截面面积

$$\left. \begin{array}{l} \Sigma A_s \geqslant 0.004 A_c \\ \Sigma A_s \leqslant 0.05 A_c \end{array} \right\} \tag{7-38}$$

式中，A_c 为构件混凝土截面面积，对于矩形截面 $A_c = bh$。

单层厂房排架柱纵向受力钢筋直径不宜小于 16mm，纵向构造钢筋直径不宜小于 12mm。当柱的截面配筋由轴心受压控制时，纵向钢筋的间距不应大于 350mm。

此外，排架柱中的配筋还应满足裂缝宽度验算的要求和规范规定的有关构造要求。对地震区尚应满足抗震的有关计算规定和构造要求。

单层厂房排架柱一般采用预制钢筋混凝土柱，在吊装过程中其最不利位置及相应的计算简图如图 7-31 （a）、（b）所示。考虑到起吊时的动力作用，柱的自重应乘以 1.5 的动力系数。在下柱自重 g_1、牛腿自重 g_2 和上柱自重 g_3 设计值的作用下，柱的弯矩图如图 7-31 （c）所示。

平吊时，柱的截面如图 7-31 （e）所示，对于工字形截面，可简化为图 7-31 （f）所示的矩形截面（宽为 $2h_f$，高为 b_f）。验算时，每侧翼缘只考虑最外边的一根钢筋（共 2 根）作为截面抗弯的受力钢筋（$A_s = A_s'$），因为受压区高度 $x < 2a_s'$，

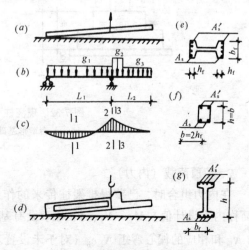

图 7-31 柱吊装验算简图

173

宜按单筋矩形截面进行承载力验算

$$M \leqslant f_{cm} bx(h_0 - x/2) \tag{7-39}$$

式中　$x = \dfrac{f_y A_s}{f_{cm} b}$——截面混凝土受压区高度；

M——吊装时各控制截面（图 7-31c）弯矩设计值，考虑动力系数 1.5，自重分项系数 1.2，结构重要性系数 0.9（施工阶段）。

裂缝宽度验算，可近似控制钢筋应力予以保证，即

$$\sigma \leqslant [\sigma_s] \tag{7-40}$$

式中　$\sigma_s = \dfrac{M_k}{0.87 A_s h_0}$——裂缝截面钢筋应力标准值；

$[\sigma_s]$——允许的钢筋应力：

Ⅰ级钢筋 $[\sigma_s] = 150\text{N/mm}^2$；

Ⅱ级钢筋 $[\sigma_s] = 210\text{N/mm}^2$；

M_k——吊装时各控制截面弯矩标准值，考虑动力系数为 1.5。

平吊验算不满足时，可采用翻身吊（图 7-31d）。此时，截面的受力方向与使用阶段一致，因而承载力和裂缝宽度一般能满足要求。

7.2.6　现浇柱下基础设计

钢筋混凝土现浇柱下基础的类型很多，有柱下单独基础、条形（包括十字交叉）基础、片筏基础、箱形基础和桩基础等。这里仅先介绍现浇柱下单独基础的设计。

1. 选型

现浇柱下单独基础有两种基本形式，一种是阶梯形的（图 7-32a）；一种是锥形的（图 7-32b），前者施工较方便，但混凝土用量稍多；后者施工难度较大，但可减少混凝土用量。工程中，对中、小型基础，采用阶梯形的居多。

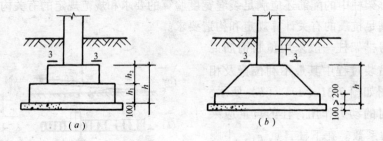

图 7-32　现浇柱下单独基础的形式

(a) 台阶形基础；(b) 锥形基础

2. 基顶荷载（内力）

在内力组合时，已获得排架柱传来的作用于基顶（3-3）截面的荷载效应基本组合值（简称内力设计值）M_3、N_3、V_3 对于设有基础梁的情况，尚应考虑由基础梁传来的轴向力 N_b 和相应的偏心弯矩 $N_b e_b$（对于未设置基础梁的基础，则应考虑由基础台阶上的墙体传来的轴向力和相应的偏心弯矩）。于是作用在基顶的荷载（内力）设计值为：

$$N = N_3 + N_b$$
$$M = M_3 + N_b e_b \Bigg\}$$ (7-41)
$$V = V_3$$

由于柱传来的内力有三组,故作用于基础顶面的荷载(内力)也有三组,应选最不利者进行设计。当验算地基变形时[●],采用作用于基顶的内力长期值 M_l、N_l、V_l,而计算地基的承载力、确定基础的高度和基底的配筋时,采用上述作用于基顶的内力设计值 M、N、V。

3. 确定基底的外形尺寸

(1) 试算法(图7-33)

1) 求基底面积

$$A = a \times b = \frac{(1.2 \sim 1.4)N_{max}}{f - \gamma_m d}$$ (7-42)

式中,系数 1.2~1.4,对单层排架结构边柱基础,可取系数为 1.4;对中柱基础,可取系数为 1.2。

2) 假定边长比

$\beta = a/b = 1.0 \sim 1.50$

对于边柱基础,可取 $\beta = 1.25 \sim 1.5$;中柱基础,可取 $\beta = 1 \sim 1.25$。

3) 根据地基允许承载力的条件,可求得沿垂直于弯矩作用方向的边长 b 以及沿弯矩作用方向的边长 a,即

$$b = \sqrt{\frac{N_{max}}{f - \gamma_m d}}$$ (7-43)

$$a = \beta b$$ (7-44)

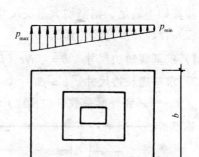

图 7-33 基底外形尺寸计算图示

a 与 b 的尾数以单数为宜,如 2.1×2.1、2.3×2.3、2.5×2.5、2.1×2.7、2.3×2.9、2.5×3.1(m×m)等等。

4) 验算地基承载力

$$p_{max} \leqslant 1.2f$$ (7-45)

$$p_m \leqslant f$$ (7-46)

为使基础与地基全部接触,一般还要求

$$p_{min} \geqslant 0$$ (7-47)

以上式中

$$p_{max} = \frac{N}{A} + \frac{M + Vh}{W} + \gamma_m d$$ (7-48)

$$p_{min} = \frac{N}{A} - \frac{M + Vh}{W} + \gamma_m d$$ (7-49)

● 对于地基主要压力层 $200kN/m^2 \leqslant f_k < 300kN/m^2$ 的单层排架结构(二级民用建筑物),当厂房跨度≤30m(柱距6m),吊车额定起重量 50~100t(单跨厂房)或 30~75t(多跨厂房),可不作地基变形计算。

$$p_m = \frac{N}{A} + \gamma_m d \tag{7-50}$$

f——地基承载力设计值，当 $f < 1.1f_k$，可取 $f = 1.1f_k$，f_k 为地基承载力标准值；

h——基础高度，由构造要求初定，对于现浇柱下基础 $h \geqslant l_a$，l_a 为柱中纵向受力钢筋的锚固长度；

γ_m——基础自重设计值及其台阶上回填土自重标准值的平均重力密度，设计时可近似取 $\gamma_m = 20\text{kN/m}^3$；

d——基础底面的埋置深度，等于基础高度加基顶埋深，基顶埋深（从室内地面）算起通常可取 500mm，同时应满足基底置于持力层的要求；

A——基础底面面积，$A = a \times b$；

W——基础底面的截面抵抗矩，$W = \frac{1}{6} a \times b^2$。

验算如不满足，则需增大基底尺寸，直到满足要求。

（2）合理外形直接计算法

1）求基底短边尺寸　$b = \sqrt{N/(f - \gamma_m d)}$

2）求基底长边尺寸　$a = \beta b$

式中　β——基底外形系数（边长比），可根据系数 C_0 和 α 由图 7-34、7-35 查得。

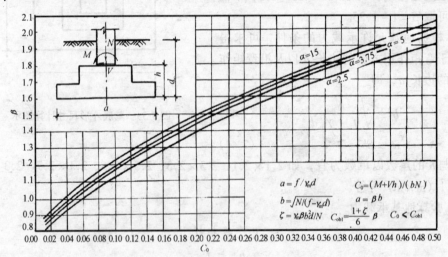

图 7-34　柱下单独基础基底合理外形系数 β（$C_0 \leqslant 0.5$）

注：$a = f/\gamma_m d$；$C_0 = (M + Vh)/bN$；$b = \sqrt{N/(f - \gamma_m d)}$；$a = \beta b$；当要求基础与地基全部接触时，

$C_0 \leqslant C_{0bl} = \frac{1 + \zeta}{6}\beta$，$\zeta = \gamma_m b^2 d/N$。

当 $\beta < 1$ 时，取 $\beta = 1$。

$$C_0 = \frac{M + Vh}{bN} \tag{7-51}$$

$$\alpha = \frac{f}{\gamma_m d} \tag{7-52}$$

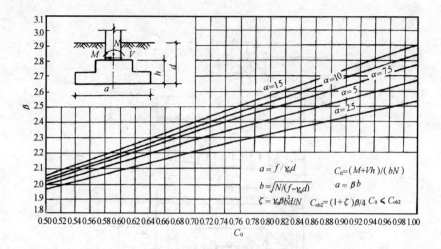

图 7-35　柱下单独基础基底合理外形系数 β（$C_0 > 0.5$）

注：当要求基础与地基接触面不小于 75% 时，$C_0 < C_{0b2} = \dfrac{1+\zeta}{4}\beta$，$\zeta = \gamma_m \beta b^2 d / N$。

3）验算 N_{bot} 的偏心距 e_{bot}

$$e_{bot} = \frac{M_{bot}}{N_{bot}} = \frac{M + Vh}{N + \gamma_m A d} \leqslant \frac{a}{6} \tag{7-53}$$

或

$$C_0 \leqslant \frac{(1 + \zeta)\beta}{6} = C_{ob1} \tag{7-54}$$

式中 $\zeta = \gamma_m \beta b^2 d / N$。如不满足要求，可加大长边 a 或埋深 d 使式（7-53）或式（7-54）满足为止。

应该指出，当弯矩作用方向的基础边长 a 受到限制时，允许加大弯矩作用平面外的基底边长 b。

4. 确定基础高度

按构造要求初估的基础高度是否合适，在基底尺寸 $a \times b$ 确定之后，应进行抗冲切承载力验算，其条件对矩形截面柱的矩形基础，在柱与基础交接处以及基础变阶处（图 7-36）为

$$F_l \leqslant 0.6 f_t b_m h_0 \tag{7-55}$$

$$F_l = p_n A \tag{7-56}$$

式中　b_m——冲切破坏锥体截面的上边长 b_t 与下边长 b_b 的平均值

$$b_m = (b_t + b_b)/2 \tag{7-57}$$

　b_t——冲切破坏锥体斜截面的上边长；当计算柱与基础交接处的冲切承载力时，取柱宽；当计算基础变阶处的冲切承载力时，取上阶宽；

　b_b——冲切破坏锥体斜截面的下边长：当计算柱与基础交接处的冲切承载力时，取柱宽加两倍该处基础有效高度；当计算基础变阶处的冲切承载力时，取上阶宽加两倍该处的基础有效高度；当 $b/2 < \dfrac{b_c}{2} + h_0$ 时，取 $b_b = b$；

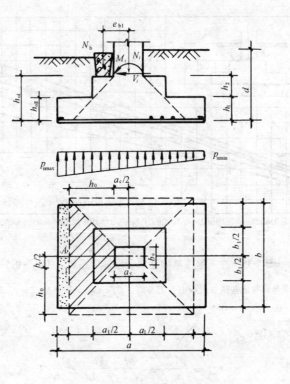

图 7-36　基础高度计算图示

h_0——基础冲切破坏锥体的有效高度：柱与基础交接处为 h_{0I}；变阶处为 h_{0II}；

A——考虑冲切荷载时取用的面积当 $b/2 > \dfrac{b_c}{2} + h_0$ 时，

$$A = \left[(a/2 - a_c/2 - h_0)b - (b/2 - b_c/2 - h_0)^2\right] \qquad (7\text{-}58)$$

当 $b/2 < \dfrac{b_c}{2} + h_0$ 时（图 7-36）

$$A = (a/2 - a_c/2 - h_0)b \qquad (7\text{-}59)$$

p_n——在荷载设计值作用下基础底面单位面积上土的净反力设计值（扣除基础自重及其上土的自重），当为偏心荷载时，可取用最大土的净反力

$$p_{nmax} = N/A + (M + Vh)/W \qquad (7\text{-}60)$$

式中　N、M、V——在荷载设计值作用下，基础顶面的轴力、弯矩和剪力，即

$N = N_3 + N_b$

$M = M_3 \pm N_b e_b（N_b e_b$ 与 M_3 作用方向一致为正，反之为负）

$V = V_3$

当冲切破坏锥体的底面位于基础底面以外时，可不必进行抗冲切承载力验算。

式（7-55）如不满足，则要调整基础高度 h 值直至满足要求。

基础的分阶，当 $h > 1$m 时，分为三阶；当 $h < 1$m，分为两阶；当 $h < 0.5$m 时为一阶。

5. 计算基底的配筋

（1）沿弯矩作用方向的钢筋

178

1) Ⅰ—Ⅰ截面（图7-37），即柱边截面处

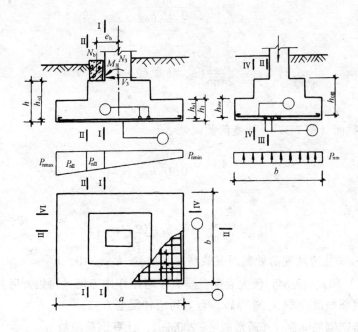

图7-37　基底配筋计算图示

$$A_{s\,Ⅰ} = \frac{M_Ⅰ}{0.9 f_y h_{0Ⅰ}} \qquad (7\text{-}61)$$

式中，
$$M_Ⅰ = \frac{p_{nⅠm}}{24}(a - a_c)^2 (2b + b_c) - N_b(e_b - a_c/2)\text{❶} \qquad (7\text{-}62)$$

$$p_{nⅠm} = (p_{nmax} + p_{nⅠ})/2 \qquad (7\text{-}63)$$

2) Ⅱ—Ⅱ截面（图7-37），即变阶截面处

$$A_{s\,Ⅱ} = \frac{M_Ⅱ}{0.9 f_y h_{0Ⅱ}} \qquad (7\text{-}64)$$

式中，

$$M_Ⅱ = \frac{p_{nⅡm}}{24}(a - a_1)^2 (2b + b_1) \qquad (7\text{-}65)$$

$$p_{nⅡm} = \frac{p_{nmax} + p_{nⅡ}}{2} \qquad (7\text{-}66)$$

$p_{nⅠ}$、$p_{nⅡ}$——分别为Ⅰ—Ⅰ截面和Ⅱ—Ⅱ截面处基底土的净反力；

$h_{0Ⅰ}$、$h_{0Ⅱ}$——Ⅰ—Ⅰ截面和Ⅱ—Ⅱ截面处截面有效高度。当有垫层时，$h_{0Ⅰ} = h - 40$，
$h_{0Ⅱ} = h_1 - 40$；当无垫层时，$h_{0Ⅰ} = h - 80$，$h_{0Ⅱ} = h_1 - 80$。

按式（7-61）和式（7-64）较大者配置沿弯矩作用方向（长边方向）的钢筋。

（2）沿垂直于弯矩作用方向的钢筋

---

❶　当基础梁位于柱内，即 $e_b < a_c/2$ 时，该项影响不予考虑。

1）Ⅲ—Ⅲ截面（图 7-37），即柱边截面处

$$A_{sⅢ} = \frac{M_{Ⅲ}}{0.9f_y h_{0Ⅲ}} \tag{7-67}$$

式中

$$M_{Ⅲ} = \frac{N_{max}}{24ab}(b - b_c)^2(2a + a_c) \tag{7-68}$$

$$N_{max} = N_{Jmax} + N_b \tag{7-69}$$

2）Ⅳ—Ⅳ截面（图 7-37），即变阶截面处

$$A_{sⅣ} = \frac{M_{Ⅳ}}{0.9f_y h_{0Ⅳ}} \tag{7-70}$$

式中

$$M_{Ⅳ} = \frac{N_{max}}{24ab}(b - b_1)^2(2a + a_1) \tag{7-71}$$

$h_{0Ⅲ}$、$h_{0Ⅳ}$——柱边及变阶处截面有效高度，$h_{0Ⅲ} = h_{0Ⅰ} - 10$，$h_{0Ⅳ} = h_{0Ⅱ} - 10$。

按式（7-61）和式（7-64）较大者配置垂直于弯矩作用方向（短边方向）的钢筋。

基础底部钢筋截面面积 A_s 求得后，有下列两种配筋方法：

一种是先指定钢筋间距 s（通常取 $s = 200mm$），计算钢筋根数 n

沿长边方向布置的钢筋
$$n = \frac{b - 100}{s} + 1 \tag{7-72}$$

沿短边方向布置的钢筋
$$n = \frac{a - 100}{s} + 1 \tag{7-73}$$

即可求得基底钢筋的直径
$$d = \sqrt{\frac{4A_s}{n\pi}} \geqslant 8mm \tag{7-74}$$

另一种是先指定钢筋直径 d，算出钢筋根数 $n = \frac{4A_s}{\pi d^2}$，即可确定钢筋的间距 s。

沿长边方向布置的钢筋
$$s = \frac{b - 100}{n - 1} \leqslant 200mm \tag{7-75}$$

沿短边方向布置的钢筋
$$s = \frac{a - 100}{n - 1} \leqslant 200mm \tag{7-76}$$

但间距 s 也不宜小于 70mm，且沿长边方向布置的钢筋通常应在沿短边方向布置的钢筋的下方。

7.2.7 预制柱下基础设计

预制柱下基础的选型、基顶内力、基础埋深、基底尺寸、基础高度以及基底配筋的确定与现浇柱下基础完全一样。不同的是基础构造要求的高度与柱中钢筋直径无关，而是取决于随柱截面高度变化的插入深入 H_1 和基底厚度 a_1。可按下式确定预制柱下基础（杯形基础）符合构造要求的最小高度

$$h = H_1 + 50 + a_1 \tag{7-77}$$

式中　H_1——柱的插入深度，按表 7-15 采用；

　　　a_1——基础的杯底厚度，按表 7-16 采用；

柱的插入深度 H_1 （mm）

表 7-15

矩 形 或 工 形 截 面 柱				双 肢 柱
$h < 500$	$500 \leqslant h \leqslant 800$	$800 \leqslant h \leqslant 1000$	$h > 1000$	
$H_1 = (1.0 \sim 1.2) h$	$H_1 = h$	$H_1 = 0.9h$ $H_1 \geqslant 800$	$H_1 = 0.8h$ $H_1 \geqslant 1000$	$H_1 = \left(\dfrac{1}{3} \sim \dfrac{2}{3}\right) h$ $H_1 = (1.5 \sim 1.3) b$

注：1. h 为柱截面长边，b 为短边；双肢柱时，h 与 b 分别为整个截面的长边和短边。

　　2. 柱为轴心或小偏心受压时，H_1 可适当减小；当 $e_0 > 2h$ 时，H_1 应适当加大。

基础的杯底厚度和杯壁厚度

表 7-16

柱截面长边尺寸 h（mm）	杯底厚度 a_1（mm）	杯壁厚度 t（mm）
$h < 500$	$\geqslant 150$	$150 \sim 200$
$500 \leqslant h < 800$	$\geqslant 200$	$\geqslant 200$
$800 \leqslant h < 1000$	$\geqslant 200$	$\geqslant 300$
$1000 \leqslant h < 1500$	$\geqslant 250$	$\geqslant 350$
$1500 \leqslant h \leqslant 2000$	$\geqslant 300$	$\geqslant 400$

注：1. 双肢柱的 a_1 值可适当加大；

　　2. 当有基础梁时，基础梁下的杯壁厚度应满足其支承宽度的要求。

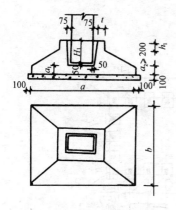

50——使柱嵌固的后浇细石混凝土厚度（mm）。

杯形基础尺寸的构造要求详见图 7-38。

当柱根部截面（基顶截面 3—3）为轴心或小偏心受压且 $0.5 \leqslant t/h_1 < 0.65$ 时，杯壁内需按表 7-17 及图 7-39 配筋。

杯 壁 配 筋

表 7-17

柱截面长边尺寸 h（mm）	$h < 1000$	$100 \leqslant h < 1500$	$1500 \leqslant h \leqslant 2000$
钢筋直径（mm）	$\phi 8 \sim 10$	$\phi 10 \sim 12$	$\phi 12 \sim 16$

图 7-38 杯形基础的构造

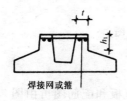

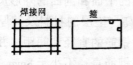

图 7-39 杯壁配筋示意

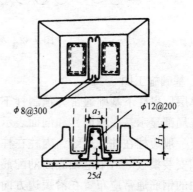

图 7-40 双杯口基础杯壁配筋示意

对于伸缩缝处的双杯口基础（联合基础），当两杯口之间的厚度 $a_3 < 400mm$，以及为大偏心受压且 $0.5 \leqslant t/h_1 < 0.75$ 时，该处宜按图 7-40 的构造要求配筋。

7.2.8　单层厂房结构施工图

1. 结构布置图

单层厂房结构布置图，包括基础和基础梁平面布置图（图 7-42）；吊车梁、连系梁、柱及柱间支撑平面及剖面布置图（图 7-43）；屋面板、屋架（或屋面梁）及其支撑平面及剖面布置图（图 7-44）。当设置天窗时，还有屋面板、天窗架及其支撑的平面和剖面布置图（图 7-45）。图 7-42～7-45 为某单层工业厂房（平面见图 7-41）的结构布置示例，反映了这些施工图的详细内容和表示方法，可供设计时参考。

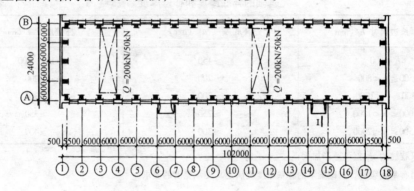

图 7-41　某车间平面

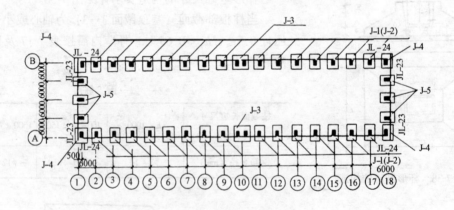

图 7-42　基础、基础梁平面布置图

2. 基础施工图

单层厂房柱下基础通常为预制柱下的杯形基础，其模板和配筋图可由图 7-46 所示的平面（局部显示基底配筋）和剖面表示。图中应给出基础的平面和剖面的外形尺寸、轴线位置（一般边柱在柱外边缘，内柱在柱轴线处）、基顶标高、垫层的材料及其厚度，以便制作和安装模板。对于基础底面的配筋，应给出两个方向钢筋的直径和间距，并注意沿长边方向的钢筋通常应布置在沿短边方向钢筋的下方。基底钢筋直径不小于 8mm，间距不大于 200mm，也不宜小于 70mm，钢筋保护层的厚度有垫层时为 35mm，无垫层时为 70mm，

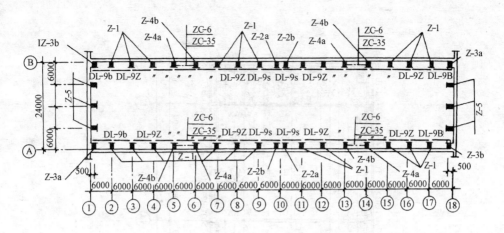

图 7-43 吊车梁、柱及柱间支撑布置图

垫层通常采用 100mm 厚 C7.5 ~ C10 的素混凝土。

基础施工图中应说明的问题是：

（1）混凝土强度等级；

（2）钢筋级别；

（3）地基承载力设计值；

（4）基底钢筋保护层厚度；

（5）如实际地质情况与设计要求不符时，应通告设计和地质勘察人员验槽后处理。

3．柱施工图

单层厂房柱的预埋件较多，配筋也较复杂，因此，通常要求柱的模板图与配筋图分开绘出。

（1）柱的模板图（图 7-47a）

柱的模板图除绘出柱的外形（包括插入基础杯口的部分）和标注尺寸（包括外形尺寸和各控制截面尺寸）外，尚应绘出柱上所有的预埋件。

预埋件是构件与构件之间相互连接所需要预先埋设在构件内的铁件。如柱顶有柱与屋架（或屋面梁）连接的预埋件 M—1，在上柱的内侧有柱与吊车梁顶面连接的预埋件 M—2。在牛腿顶面有柱与吊车梁连接的预埋件 M—3。在柱的外侧有柱与外墙拉接的预埋钢筋（拉墙筋），通常沿柱高每隔 500 ~ 620mm 预埋一道。设有柱间支撑跨的柱，还有与支撑相连的预埋件 M—4。设有连系梁时，还有与连系梁连接的预埋件 M—5。此外，在柱上还可能有工艺上要求特殊埋设的铁件等等，在模板图中都要一一绘出，并注明其编号、标高和定位尺寸。

在模板图中，轴线、标高、预埋件这"三大件"至关重要，不可弄错和遗漏，以免酿成设计或施工上的重大质量事故。

一般情况下，柱上的预埋件参考工程实践经验选用，可不另行计算。

（2）柱的配筋图（图 7-47b）

预制柱的配筋图通常包括一个纵剖面配筋图和 3 ~ 4 个截面配筋图以及必要的说明。

纵剖面配筋图要求绘出：

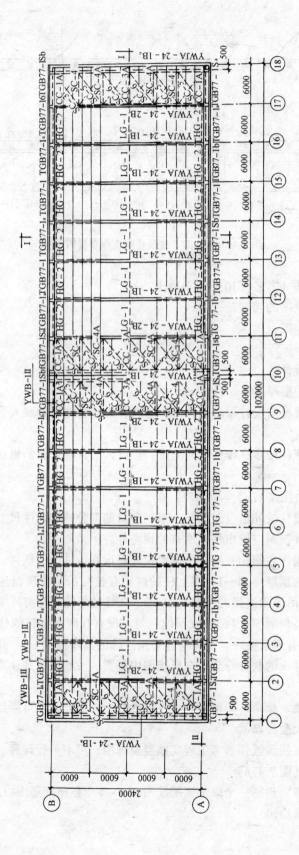

图7-44 屋面结构布置图

184

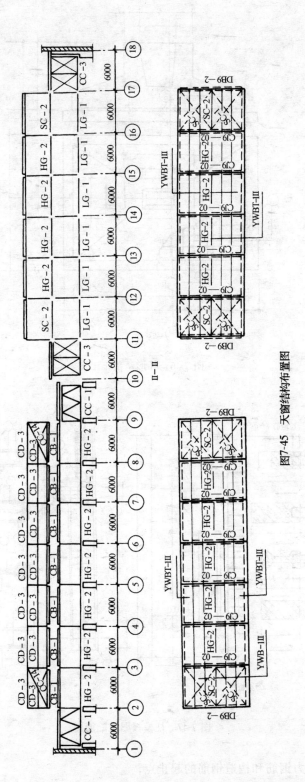

图7-45 天窗结构布置图

185

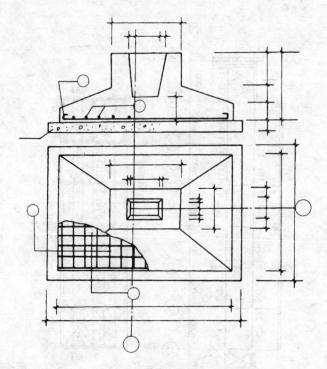

图 7-46 杯形基础施工图

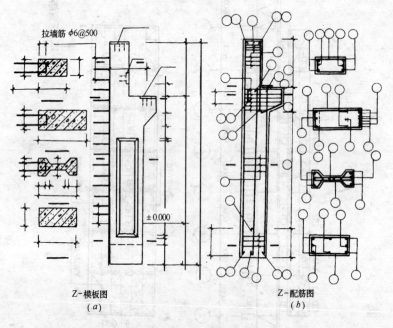

拉墙筋 $\phi6@500$

±0.000

Z-模板图
(a)

Z-配筋图
(b)

图 7-47 柱模板图及配筋图

1）柱纵向受力钢筋和构造钢筋的起止点；

2）牛腿纵向钢筋和弯起钢筋的起止点；

3）从钢筋起止点绘引出线，标注钢筋的编号和钢筋起止点的定位尺寸；

4）同一种箍筋（直径、形式和间距相同）的布置范围；

5）标注横向配筋截面的位置。

截面配筋图（1—1、2—2、3—3、4—4截面）要求绘出：

1）纵向钢筋的分布点（直径粗的纵向钢筋布置在四角）；

2）箍筋的轮廓线；

3）从钢筋点绘出引出线，同一种钢筋（直径、形式、长度相同）标注同一钢筋编号；

4）从箍筋轮廓线绘引出线，标注箍筋的编号。

截面配筋图应与纵剖面配筋图一致，避免相互矛盾。

柱的配筋图应说明混凝土的强度等级、钢筋的级别和保护层的厚度。如果柱需要翻身吊时，也应在该图上加以说明。

7.3 设 计 例 题

7.3.1 设计资料

1. 工程名称：××厂房装配车间

2. 建筑地点：长沙地区（暂不考虑抗震设防）

3. 气象资料：

温度：最热月平均28℃；最冷月平均6.2℃；

极端温度38.8℃；极端最低 – 9.5℃。

相对湿度：年平均79%。

主导风向：全年为偏北风，夏季为偏南风。

雨雪量：年降雨量1450mm，最大积雪深度100mm。

4. 地质条件：

厂区自然地坪下0.8m为填土；

填土下层3.5m内为中层粗砂土中密（地基容许承载力设计值为220kN/m²）；

再下层为粗砂土（地基容许承载力设计值为300kN/m²）；

地下水位 – 4.50m，无腐蚀性。

5. 材料供应：砂石、砖、瓦该地区能保证供应；水泥、钢材、木材品种齐全，由建筑公司供应。

6. 施工能力：承建公司技术力量较强，机械装备水平较高，可进行各种类型的预制构件的吊装，专用预制构件厂能生产预应力混凝土构件和各类钢筋混凝土预制构件。

7. 根据生产工艺要求，车间的平面布置如图7-48、剖面如图7-49所示，车间内设有两台20/5t 桥式吊车，均为中级工作制，$P_{max} = 202$kN，$P_{min} = 60$kN，$B = 5600$mm，$K = 4400$mm，小车重77.2kN。

8. 依建筑材料供应情况和施工能力，车间的主要承重构件采用装配式钢筋混凝土结构，标准构件用如下：

（1）屋面板——全国标准图集 G410（一）中的 1.5m × 6m 预应力钢筋混凝土屋面板（YWB-Ⅲ），板重为 1.3kN/m，灌缝重为 0.1kN/m²。

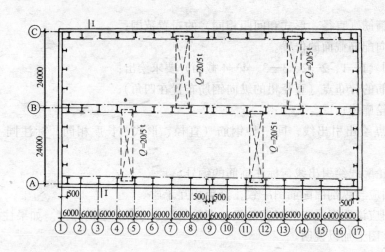

图 7-48　车间平面布置图

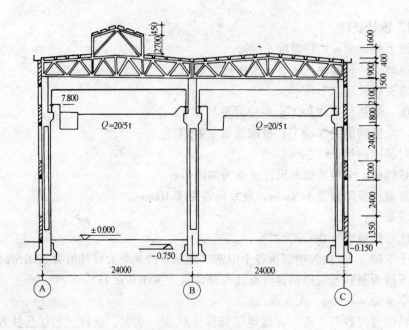

图 7-49　Ⅰ—Ⅰ剖面图

（2）天沟板——G410（三）TGB77-1，每块自重 2.02kN/m，积水荷载以 0.6kN/m 计。

（3）天窗架——G316 中的 Ⅱ 形钢筋混凝土天窗架 GJ9-03；自重 26.9kN；选用 G316 中的钢筋混凝土端壁 DB9-3，自重 43.2kN，选用 G316 中的钢筋混凝土侧板 CB-1，自重 5.9kN。

（4）屋架——G415（三）YWJA-24-2CC，自重 106kN，天窗处为 YWJA-24-cf。

（5）吊车梁——选用国标 G426（二）后张法预应力混凝土（6m 后张锚具），吊车梁 YWDL6-4，梁高 $H = 120$mm，自重 45.5kN，轨道及连接件自重按 1kN/m² 计，其构造高度为 200mm。

（6）基础梁——选用 G320，JL-1，每根重 16.7kN。

9. 屋面构造为大型屋面板承重层：

20 厚 1:3 水泥砂浆找平层（重力密度 20kN/m²）；

冷底子油两道隔气层 0.05kN/m²；

100 厚泡沫混凝土隔热层（抗压强度 4MPa，重力密度 5kN/m²）；

15 厚 1:3 水泥砂浆找平层（重力密度 20kN/m²）；

$$\left.\begin{array}{l}\text{冷底子油一道}\\\text{二毡三油防水层}\\\text{绿豆砂保护层}\end{array}\right\}0.35\text{kN/m}^2$$

（注：以上所给各种荷载均为标准值）

7.3.2 计算简图

1. 本车间为机修车间，工艺无特殊要求，结构布置均匀。荷载分布均匀，故可从整个厂房中选择具有代表性的排架作为计算单元，如图 7-50。计算单元宽度为 $B = 6.0$m。

根据建筑剖面及其构造，确定厂房计算简图如图 7-51 所示，其中上柱高 $H_1 = 4.8$m，下柱高 $H_3 = 8.55$m，柱总高 $H_2 = 13.35$m。

2. 柱截面几何参数见表 7-18。

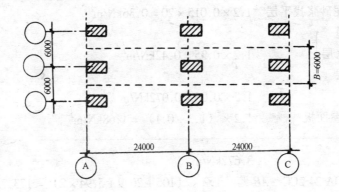

图 7-50

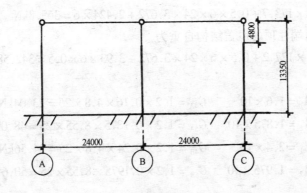

图 7-51

189

表 7-18

柱列	上 柱			下 柱		
	$b \times h$ (mm)	截面积 A_1 (mm^2)	惯性矩 I_1 (mm^4)	$b \times h \times b_w \times h_f'$ (mm)	截面积 A_2 (mm^2)	惯性矩 I_2 (mm^4)
A	400×400	1.6×10^5	2.13×10^9	$400 \times 800 \times 100 \times 150$	1.875×10^5	1.934×10^{10}
B	400×600	2.4×10^5	7.2×10^9	$400 \times 1000 \times 100 \times 150$	1.975×10^5	2.476×10^{10}
C	400×400	1.6×10^5	2.13×10^9	$400 \times 800 \times 100 \times 150$	1.875×10^5	1.934×10^{10}

7.3.3 荷载计算

1. 恒载

（1）屋盖结构自重

20 厚 1:3 水泥砂浆找平层	$1.2 \times 20 \times 0.02 = 0.48 kN/m^2$
冷底子油两道隔气层	$1.2 \times 0.05 = 0.6 kN/m^2$
100 厚泡沫混凝土隔热层	$1.2 \times 5 \times 0.1 = 0.6 kN/m^2$
15 厚 1:3 水泥砂浆找平层	$1.2 \times 0.015 \times 20 = 0.36 kN/m^2$
冷底子油一道 二毡三油防水层 绿豆砂保护层	$1.2 \times 0.35 = 0.42 kN/m^2$
屋架支撑	$1.2 \times 0.06 = 0.072 kN/m^2$
$1.5m \times 6.0m$ 屋面板	$1.2 \times (1.3 + 0.1) = 1.68 kN/m^2$

屋面恒载　　　　　　　　　　$3.672 kN/m^2$

屋架自重 YWJA-24-2CC　　AB 跨　$1.2 \times (106 + 26.9 + 5.94 \times 2) = 173.7 kN/榀$

　　　　　　　　　　　　　BC 跨　$1.2 \times 106 = 127.2 kN/榀$

天沟板：　　　　　　　　　　$1.2 \times 2.02 = 2.424 kN/m$

故作用于 AB 跨两端柱顶的屋盖结构自重为

$G_{1A} = G_{1BC} = 0.5 \times 173.7 + 0.5 \times 6 \times 24 \times 3.672 + 2.424 \times 6 = 365.8 kN$

作用于 BC 跨两端柱顶的屋盖结构自重为

$G_{1C} = G_{1BA} = 0.5 \times 127.2 + 0.5 \times 6 \times 24 \times 3.672 + 3.93 \times 6 \times 0.5 = 342.58 kN$

（2）柱自重

边柱 A：上柱 $A_1 = 1.6 \times 10^5$　　$G_{4A} = 1.2 \times 0.16 \times 4.8 \times 25 = 23.04 kN$

　　　　　下柱 $A_2 = 1.875 \times 10^5$　$G_{5A} = 1.2 \times 0.1875 \times 8.55 \times 25 = 48.09 kN$

中柱 B：上柱 $A_1 = 2.4 \times 10^5$　　$G_{4B} = 1.2 \times 0.24 \times 4.8 \times 25 = 34.56 kN$

　　　　　下柱 $A_2 = 1.975 \times 10^5$　$G_{5B} = 1.2 \times 0.1975 \times 8.55 \times 25 = 50.66 kN$

C 柱同 A 柱

（3）吊车梁及轨道自重

AB 跨：$G_3 = 1.2 \times (45.5 + 6 \times 1) = 61.8\text{kN}$

AB 跨：$G_3 = 1.2 \times (45.5 + 6 \times 1) = 61.8\text{kN}$

各恒载作用位置如图 7-52。

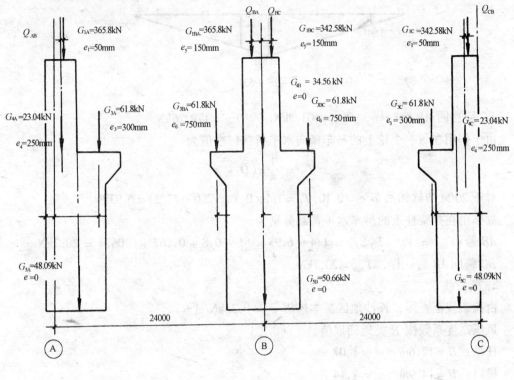

图 7-52

2. 屋面活荷载

由荷载规范查得，屋面活荷载的标准值为 0.7kN/m^2，雪荷载的标准值为 0.35kN/m^2，故仅按屋面活荷载计算。

AB 跨：$Q_{AB} = Q_{BA} = 1.4 \times 0.7 \times 6 \times 24 \times 0.5 + 1.4 \times 0.6 \times 12 \times 0.5 = 75.6\text{kN}$

BC 跨：$Q_{BC} = Q_{CB} = 1.4 \times 0.7 \times 6 \times 24 \times 0.5 + 1.4 \times 0.6 \times 12 \times 0.5 = 75.6\text{kN}$

屋面活荷载在每侧柱上的作用点的位置与屋盖结构自重 G_1 相同。

3. 吊车荷载

本车间选用的吊车主要参数如下：

AB 和 BC 跨：20/5t，中级工作制，吊车梁高 1.2m

$B = 5.6\text{m}$，$K = 4.4\text{m}$，$P_{\max} = 202\text{kN}$，$P_{\min} = 60\text{kN}$，$G = 246.8\text{kN}$，$g = 77.2\text{kN}$

吊车梁的支座反力影响线如图 7-53。

AB 跨：

$D_{\max} = \gamma_Q \cdot P_{\max} \Sigma y_i = 1.4 \times 202 \times (1 + 0.8 + 0.267 + 0.067) = 1.4 \times 202 \times 2.134$

$\qquad = 603.5\text{kN}$

$D_{\min} = \gamma_Q \cdot P_{\max} \Sigma y_i = 1.4 \times 60 \times (1 + 0.8 + 0.267 + 0.067) = 179.26\text{kN}$

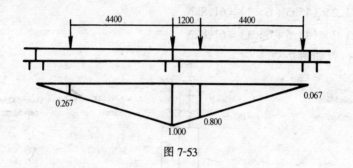

图 7-53

BC 跨：同 AB 跨一样，$D_{max} = 603.5\text{kN}$，$D_{min} = 179.26\text{kN}$

由于作用在每一个轮上的吊车横向水平荷载标准值为

$$T_Q = \frac{1}{4}\alpha(Q + g)$$

对于 20/5t 的软钩吊车 $\alpha = 0.10$，$T_Q = 1/4 \times 0.1 \times (200 + 77.2) = 6.93\text{kN}$

故作用在排架柱上的吊车水平荷载分别为

AB 跨：$T_{max} = \gamma_Q \cdot T_Q \Sigma y_i = 1.4 \times 6.93 \times (1 + 0.8 + 0.267 + 0.067) = 20.7\text{kN}$

BC 跨同 AB 跨一样，$T_{max} = 20.7\text{kN}$

4. 风荷载

由荷载规范查得，长沙地区基本风压 $w_0 = 0.35\text{kN/m}^2$

风压高度系数按 B 类地面取值，

柱顶：$H = 12.6\text{m}$　$\mu_z = 1.07$

檐口：$H = 14.9\text{m}$　$\mu_z = 1.14$

屋顶：AB 跨　$H = 19.65\text{m}$　$\mu_z = 1.24$

　　　　BC 跨　$H = 16.50\text{m}$　$\mu_z = 1.17$

风荷载体型系数如图 7-54 所示。

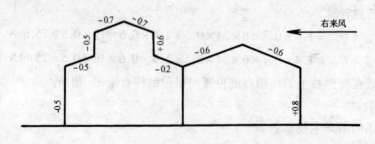

图 7-54

故风荷载标准值为：

$$w_1 = \mu_{sl} \times \mu_z \times w_0 = 0.8 \times 1.07 \times 0.35 = 0.300\text{kN/m}^2$$

$$w_2 = \mu_{sl} \times \mu_z \times w_0 = 0.5 \times 1.07 \times 0.35 = 0.187\text{kN/m}^2$$

作用于排架上的风荷载的设计值为：

$$q_1 = \gamma_Q w_1 B = 1.4 \times 0.3 \times 6 = 2.52\text{kN/m}$$

192

$$q_2 = \gamma_Q w_2 B = 1.4 \times 0.187 \times 6 = 1.57 \text{kN/m}$$

右来风时：

$$F_W = \gamma_Q \big[(\mu_{s1} + \mu_{s2}) \mu_z h_1 w_0 + (\mu_{s3} + \mu_{s4}) \mu_z h_2 w_0 + (\mu_{s5} + \mu_{s6}) \mu_z h_3 w_0 \big] B$$

$$= 1.4 \times \big[(0.8 + 0.5) \times 1.14 \times (14.9 - 12.6) \times 0.35 + (-0.2 + 0.5) \times 1.17$$

$$\times (2 - 0.4) \times 0.35 + (0.6 + 0.5) \times 1.24 \times 2.7 \times 0.35 \big] \times 6 = 22.50 \text{kN}$$

所以风荷载作用如图 7-55 所示。

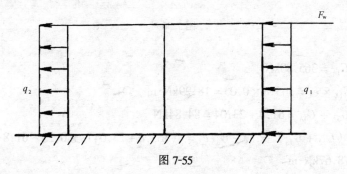

图 7-55

7.3.4 内力分析

本厂房为两跨等高排架，可用剪力分配法进行内力分析。

1. 剪力分配系数的计算

(1) A 列柱柱顶位移 δ_A 的计算

上柱：$I_1 = 2.13 \times 10^9 \text{mm}^4$，$I_2 = 1.934 \times 10^{10} \text{mm}^4$

$n = I_1/I_2 = (2.13 \times 10^9)/(1.934 \times 10^{10}) = 0.110$，$\lambda = H_1/H_2 = 4.8/13.35 = 0.360$，

$C_0 = 3/[1 + \lambda^3 (1/n - 1)] = 3/[1 + 0.36^3 (1/0.11 - 1)] = 2.18$

$$\delta_A = H_2^3/EI_2 C_0 = 1.0/(1.934 \times 10^{10} \times 2.18) \times \left(\frac{H_2^3}{E} \right) = 2.372 E \times 10^{-11} \times \left(\frac{H_2^2}{E} \right)$$

(2) B 列柱柱顶位移 δ_B 的计算

上柱：$I_1 = 7.2 \times 10^9 \text{mm}^4$，$I_2 = 2.535 \times 10^{10} \text{mm}^4$

$n = I_1/I_2 = (7.2 \times 10^9)/(2.535 \times 10^{10}) = 0.284$，$\lambda = H_1/H_2 = 4.8/13.35 = 0.360$，

$C_0 = 3/[1 + \lambda^3 (1/n - 1)] = 3/[1 + 0.36^3 (1/0.11 - 1)] = 2.68$

$\delta_B = H_2^3/EI_2 C_0 = 1.0/(2.535 \times 10^{10} \times 2.68) \times (H_2^3/E) = 1.472 \times 10^{-11} \times (H_2^3/E)$

(3) C 列柱柱顶位移 δ_C 同 A 列柱

(4) 各柱剪力分配系数 η_i

$$\sum_{i=1}^{3} \frac{1}{\delta_i} = \frac{1}{\delta_A} + \frac{1}{\delta_B} + \frac{1}{\delta_C} = \left(\frac{2}{2.372 \times 10^{-11}} + \frac{1}{1.472 \times 10^{-11}} \right) \times \frac{E}{H_2^3} = 1.523 \times 10^{11} \times \frac{E}{H_2^3}$$

$$\eta_A = (1/\delta_A)/\left(\sum_{i=1}^{3} 1/\delta_i \right) = \frac{1}{2.732} \times \frac{1}{1.523} = 0.277$$

$$\eta_B = \eta_C = (1/\delta_B)/\left(\sum_{i=1}^{3} 1/\delta_i \right) = \frac{1}{1.472} \times \frac{1}{1.523} = 0.446$$

$$\Sigma\eta = \eta_A + \eta_B + \eta_C = 2 \times 0.277 + 0.446 = 1.0$$

2. 恒载作用下的内力分析

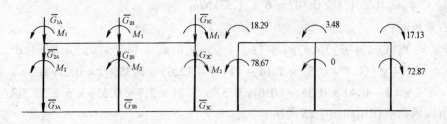

图 7-56

A 柱列：$\bar{G}_{1A} = G_{1A} = 365.80\text{kN}$

$\qquad M_1 = G_{1A} \times e_1 = 365.8 \times 0.05 = 18.29\text{kN·m} \quad \curvearrowleft$

$\qquad \bar{G}_{2A} = G_{3A} + G_{4A} = 61.8 + 23.04 = 84.84\text{kN}$

$\qquad M_2 = (G_{1A} + G_{4A}) \times e_4 - G_{3A}e_3 = (365.8 + 23.04) \times 0.25 - 61.8 \times 0.3$

$\qquad\qquad = 78.67\text{kN·m} \quad \curvearrowleft$

$\qquad \bar{G}_{3A} = G_{5A} = 48.09\text{kN}$

B 柱列：$\bar{G}_{1B} = G_{1BA} + G_{1BC} = 365.80 + 342.58 = 708.38\text{kN}$

$\qquad M_1 = G_{1BA} \times e_5 - G_{1BC} \times e_5 = 365.8 \times 0.15 - 342.58 \times 0.15 = 3.483\text{kN·m} \quad \curvearrowleft$

$\qquad \bar{G}_{2B} = G_{3BA} + G_{4B} + G_{3BC} = 61.8 \times 2 + 34.56 = 158.16\text{kN}$

$\qquad M_2 = G_{3BA} \times e_6 - G_{3BC} \times e_6 = 0$

$\qquad \bar{G}_{3B} = G_{5B} = 50.66\text{kN}$

C 柱列：$\bar{G}_{1C} = G_{1C} = 342.58\text{kN}$

$\qquad M_1 = G_{1C} \times e_1 = 342.58 \times 0.05 = 17.13\text{kN·m} \quad \curvearrowright$

$\qquad \bar{G}_{2C} = G_{3C} + G_{4C} = 61.8 + 23.04 = 84.84\text{kN}$

$\qquad M_2 = (G_{1C} + G_{4C}) \times e_4 - G_{3C} \times e_3 = (342.58 + 23.04) \times 0.25 - 61.8 \times 0.3$

$\qquad\qquad = 72.87\text{kN·m} \quad \curvearrowright$

$\qquad \bar{G}_{3C} = G_{5C} = 48.09\text{kN}$

各柱不动铰支承反力分别为：

A 列柱：$n = 0.11, \lambda = 0.360$，则

$\qquad C_1 = 1.5 \times [1 - \lambda^2(1 - 1/n)]/[1 + \lambda^3(1/n - 1)] = 2.231$

$\qquad C_3 = 1.5 \times (1 - \lambda^2)/[1 + \lambda^3(1/n - 1)] = 0.948$

$\qquad R_1 = C_1 \times M/H_2 = 2.231 \times 18.29/13.35 = 3.057\text{kN}(\rightarrow)$

$\qquad R_2 = C_3 \times M/H_2 = 0.948 \times 78.67/13.35 = 5.586\text{kN}(\rightarrow)$

$\qquad R_A = R_1 + R_2 = 5.586 + 3.057 = 8.643\text{kN}(\rightarrow)$

B 列柱：$n = 0.284, \lambda = 0.360$

$\qquad$同理可得 $\quad C_1 = 1.781, C_3 = 1.168$

$\qquad R_1 = C_1 \times M/H_2 = 1.781 \times 3.483/13.35 = 0.465\text{kN}(\rightarrow)$

$\qquad R_2 = C_3 \times M/H_2 = 1.168 \times 0/13.35 = 0$

$$R_B = R_1 + R_2 = 0.465 + 0 = 0.465 \text{kN}(\rightarrow)$$

C 列柱：$n = 0.110, \lambda = 0.360,$

同理可得　$C_1 = 2.231, C_3 = 0.948$

$$R_1 = C_1 \times M/H_2 = 2.331 \times 17.13/13.35 = 2.863 \text{kN}(\leftarrow)$$

$$R_2 = C_3 \times M/H_2 = 0.948 \times 72.87/13.35 = 5.175 \text{kN}(\leftarrow)$$

$$R_C = R_1 + R_2 = 2.836 + 5.175 = 8.038 \text{kN}(\leftarrow)$$

故假设在排架柱顶不动铰支的总反力为：

$$R = R_A + R_B - R_C = 8.643 + 0.465 - 8.038 = 1.07 \text{kN}(\rightarrow)$$

各柱柱顶最后剪力分别为：

$$V_A = R_A - \eta_A R = 8.643 - 0.277 \times 1.07 = 8.347 \text{kN}(\rightarrow)$$

$$V_B = R_B - \eta_B R = 0.465 - 0.446 \times 1.07 = -0.012 \text{kN}(\leftarrow)$$

$$V_C = R_C - \eta_C R = -8.038 - 0.277 \times 1.07 = -8.337 \text{kN}(\leftarrow)$$

$$\Sigma V_i = V_A + V_B + V_C = 8.347 - 0.012 - 8.334 = 0$$

故恒载作用下排架柱的弯矩图和轴力图如图 7-57 所示。

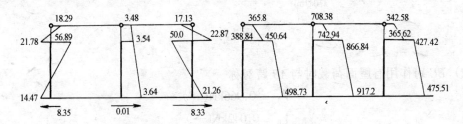

图 7-57

3. 屋面活荷载作用下的内力分析

（1）AB 跨作用有屋面活荷载时

由屋面活荷载在每侧柱顶产生的压力

为 $Q_{1A} = Q_{1BA} = 75.6 \text{kN}$

其中在 A 列柱、B 列柱柱顶及变阶处引起
的弯矩分别为：

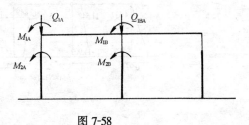

图 7-58

$M_{1A} = Q_{1A}e_1 = 75.6 \times 0.05 = 3.78 \text{kN} \cdot \text{m}$　$\curvearrowright$

$M_{2A} = Q_{1A}e_2 = 75.6 \times 0.25 = 18.9 \text{kN} \cdot \text{m}$　$\curvearrowright$

$M_{1B} = Q_{1BA}e_1 = 75.6 \times 0.15 = 11.34 \text{kN} \cdot \text{m}$　$\curvearrowright$

$M_{2B} = Q_{1BA}e_2 = 0$

各柱不动铰支座反力分别为：

A 列柱：$n = 0.110, \lambda = 0.360, C_1 = 2.231, C_3 = 0.948$

$$R_1 = C_1 \times M_{1A}/H_2 = 2.231 \times 3.78/13.35 = 0.632 \text{kN}(\rightarrow)$$

$$R_2 = C_3 \times M_{2A}/H_2 = 0.948 \times 18.9/13.35 = 1.343 \text{kN}(\rightarrow)$$

$$R_A = R_1 + R_2 = 0.632 + 1.343 = 1.975 \text{kN}(\rightarrow)$$

B 列柱：$n = 0.284, \lambda = 0.360, C_1 = 1.781$

$$R_B = R_1 = C_1 \times M_{1B}/H_2 = 1.781 \times 11.34/13.35 = 1.513\text{kN}(\rightarrow)$$

假想排架柱顶不动铰支座的总反力为：

$$R = R_A + R_B = 1.975 + 1.513 = 3.488\text{kN}(\rightarrow)$$

各柱柱顶最后剪力分别为：

$$V_A = R_A - \eta_A R = 1.975 - 0.277 \times 3.488 = 1.009\text{kN}(\rightarrow)$$

$$V_B = R_B - \eta_B R = 1.513 - 0.446 \times 3.488 = -0.042\text{kN}(\leftarrow)$$

$$V_C = R_C - \eta_C R = 0 - 0.277 \times 3.488 = -0.966\text{kN}(\leftarrow)$$

$$\Sigma V_i = V_A + V_B + V_C = 1.009 - 0.042 - 0.966 = 0$$

AB 跨作用有屋面活载时排架柱的弯矩图和轴力图如图 7-59 所示。

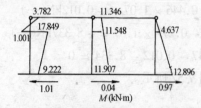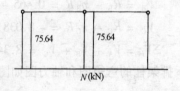

图 7-59

（2）BC 跨作用有屋面荷载时与 AB 跨对称

$$V_A = 0.966\text{kN}(\rightarrow)$$

$$V_B = 0.042\text{kN}(\rightarrow)$$

$$V_C = -1.009\text{kN}(\leftarrow)$$

排架柱的弯矩图和轴力图如图 7-60 所示。

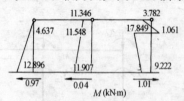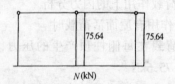

图 7-60

4. 吊车竖向荷载作用下的内力分析（考虑厂房整体空间工作，$\mu = 0.8$）：

（1）AB 跨 D_{max} 作用于 A 列柱，由 AB 跨 D_{max} 和 D_{min} 的偏心作用而在柱中引起的弯矩为：

$$M_1 = D_{max}e_3 = 603.5 \times 0.3 = 181.05\text{kN} \cdot \text{m} \quad \cap$$

$$M_2 = D_{max}e'_3 = 179.5 \times 0.75 = 134.45\text{kN} \cdot \text{m} \quad \cap$$

其计算简图如图 7-61 所示。

各柱不动铰支座反力分别为：

A 列柱：$n = 0.110, \lambda = 0.360, C_1 = 2.231, C_3 = 0.948$

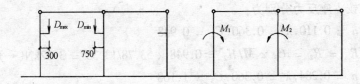

图 7-61

$$R_A = R_2 = C_3 \times M/H_2 = 0.948 \times 181.05/13.35 = 12.86\text{kN}(\leftarrow)$$

B 列柱：$n = 0.284, \lambda = 0.360, C_3 = 1.168$

$$R_B = R_2 = C_3 \times M/H_2 = 1.168 \times 134.45/13.35 = 11.76\text{kN}(\rightarrow)$$

假想排架柱顶不动铰支座的总反力为

$$R = R_A + R_B + R_C = 12.86 - 11.76 + 0 = 1.10\text{kN}(\leftarrow)$$

各柱柱顶最后剪力分别为：

$$V_A = R_A - \mu\eta_A R = 12.86 - 0.8 \times 0.277 \times 1.10 = 12.616\text{kN}(\leftarrow)$$

$$V_B = R_B - \mu\eta_B R = 11.76 - 0.8 \times 0.446 \times 1.10 = 12.152\text{kN}(\rightarrow)$$

$$V_C = R_C - \mu\eta_C R = 0 - 0.8 \times 0.277 \times 1.10 = -0.244\text{kN}(\rightarrow)$$

$$\Sigma V_i = V_A + V_B + V_C = 12.616 - 12.152 - 0.244 = 0$$

AB 跨 D_{max} 作用在 A 柱时排架柱的弯矩图和轴力图如图 7-62 所示。

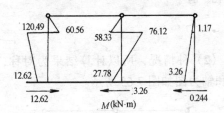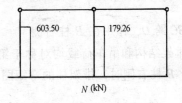

图 7-62

（2）AB 跨 D_{max} 作用在 B 柱左侧

由 AB 跨 D_{max} 和 D_{min} 的偏心作用而在柱中引起的弯矩为：

$$M_1 = D_{min}e_3 = 179.5 \times 0.3 = 53.78\text{kN} \cdot \text{m} \quad \curvearrowleft$$

$$M_2 = D_{min}e_3' = 603.5 \times 0.75 = 452.63\text{kN} \cdot \text{m} \quad \curvearrowleft$$

其计算简图如图 7-63 所示。

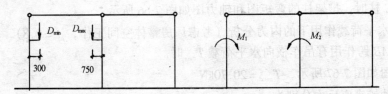

图 7-63

各柱不动铰支座反力分别为：

A 列柱：$n = 0.110, \lambda = 0.360, C_3 = 0.948$

$$R_A = R_2 = C_3 \times M/H_2 = 0.948 \times 53.78/13.35 = 3.82 \text{kN}(\leftarrow)$$

B 列柱：$n = 0.284, \lambda = 0.360, C_3 = 1.168$

$$R_B = R_2 = C_3 \times M/H_2 = 1.168 \times 452.63/13.35 = 39.60 \text{kN}(\rightarrow)$$

假想排架柱顶不动铰支座的总反力为：

$$R = R_A + R_B + R_C = -3.82 + 39.60 + 0 = 35.78 \text{kN}(\rightarrow)$$

各柱柱顶最后剪力分别为：

$$V_A = R_A - \mu\eta_A R = 3.82 + 0.8 \times 0.277 \times 35.78 = 11.75 \text{kN}(\leftarrow)$$

$$V_B = R_B - \mu\eta_B R = 39.6 - 0.8 \times 0.446 \times 35.78 = 26.83 \text{kN}(\rightarrow)$$

$$V_C = R_C - \mu\eta_C R = 0 - 0.8 \times 0.277 \times 35.78 = -7.93 \text{kN}(\leftarrow)$$

AB 跨 D_{max} 作用在 B 柱左侧时排架柱的弯矩图和轴力图如图 7-64 所示。

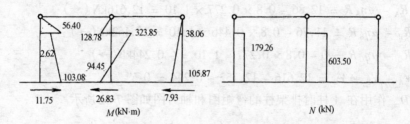

图 7-64

（3）BC 跨 D_{max} 作用在 B 柱右侧

由于排架结构和吊车荷载均对称于第（2）种情况，所以计算结果为对称，故 BC 跨 D_{max} 作用于 B 柱右侧时，排架柱的弯矩图和轴力图如图 7-65 所示。

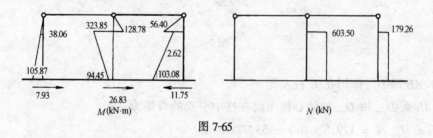

图 7-65

（4）BC 跨 D_{max} 作用在 C 柱

由于排架结构和吊车荷载均对称于第（1）种情况，所以计算结果对称，故 BC 跨 D_{max} 作用于 C 柱时，排架柱的弯矩图和轴力图如图 7-66 所示。

5. 吊车水平荷载作用下的内力分析（考虑厂房整体空间工作，$\mu = 0.8$）

（1）当 AB 跨作用有吊车横向水平荷载 T_{max} 时

计算简图如图 7-67 所示，$T_{max} = 20.70 \text{kN}$

各柱不动铰支座反力分别为：

A 列柱：$n = 0.110, \lambda = 0.360, x/H_1 = 3.6/4.8 = 0.75$

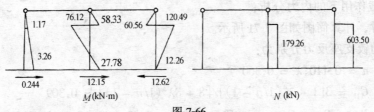

图 7-66

$$C_5 = \left[2 - 2.25\lambda + \lambda^3(0.178/n + 0.25)\right]/\left[2 + 2\lambda^3(1/n - 1)\right] = 0.464$$

$$R_A = R_2 = C_5 \times T_{max} = 0.464 \times 20.70 = 9.60\text{kN}(\leftarrow)$$

B 列柱：$n = 0.284, \lambda = 0.360, x/H_1 = 3.6/4.8 = 0.75$

$$C_5 = \left[2 - 2.25\lambda + \lambda^3(0.178/n + 0.25)\right]/\left[2 + 2\lambda^3(1/n - 1)\right] = 0.551$$

$$R_B = R_2 = C_5 \times T_{max} = 0.551 \times 20.70 = 11.41\text{kN}(\leftarrow)$$

假想排架柱顶不动铰支座的总反力为：

$$R = R_A + R_B + R_C = 9.60 + 11.41 + 0 = 21.01\text{kN}(\leftarrow)$$

各柱柱顶最后剪力分别为：

$$V_A = R_A - \mu\eta_A R = 9.60 + 0.8 \times 0.277 \times 21.01 = 4.94\text{kN}(\leftarrow)$$

$$V_B = R_B - \mu\eta_B R = 11.41 - 0.8 \times 0.446 \times 21.01 = 3.91\text{kN}(\leftarrow)$$

$$V_C = R_C - \mu\eta_C R = 0 - 0.8 \times 0.277 \times 21.01 = -7.93\text{kN}(\rightarrow)$$

排架柱的弯矩图如图 7-68 所示。

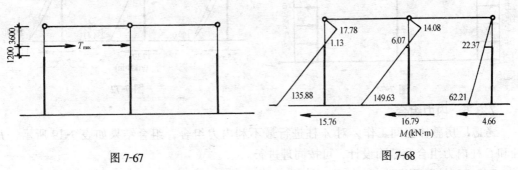

图 7-67   图 7-68

（2）当 BC 跨作用有吊车横向水平荷载 T_{max} 时，由于排架结构对称，荷载反对称，所以计算简图和弯矩图分别如图 7-69 和 7-70 所示。

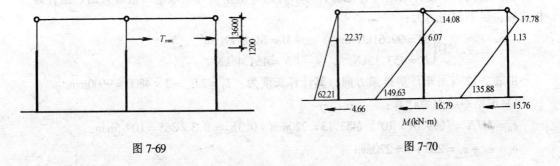

图 7-69   图 7-70

注意：吊车横向水平荷载 T_{max} 可左右两向作用，则各柱弯矩图反向。

199

6. 风荷载作用下的内力分析：

右来风时，计算简图如图 7-71 所示。

各柱不动铰支座反力分别为：

A 列柱：$n = 0.110, \lambda = 0.360$

$$C_{11} = 3[1 - \lambda^4(1/n - 1)]/[8 + 8\lambda^3(1/n - 1)] = 0.309$$

$$R_A = R_2 = C_{11} \times q \times H_2 = 0.309 \times 2.52 \times 13.35 = 10.40\text{kN}(\rightarrow)$$

C 列柱：$n = 0.110, \lambda = 0.360, C_{11} = 0.309$

$$R_C = R_2 = C_{11} \times q \times H_2 = 0.309 \times 2.52 \times 13.35 = 10.40\text{kN}(\rightarrow)$$

假想排架柱顶不动铰支座的总反力为：

$$R = F_W + R_A + R_B + R_C = 22.50 + 6.48 + 0 + 10.40 = 39.38\text{kN}(\rightarrow)$$

各柱柱顶最后剪力分别为：

$$V_A = R_A - \mu\eta_A R = 6.48 - 0.277 \times 39.38 = -4.43\text{kN}(\leftarrow)$$

$$V_B = R_B - \mu\eta_B R = 0 - 0.446 \times 39.38 = -17.56\text{kN}(\rightarrow)$$

$$V_C = R_C - \mu\eta_C R = 10.40 - 0.277 \times 39.38 = -0.5\text{kN}(\leftarrow)$$

右来风时排架柱的弯矩图如图 7-72 所示，左来风时排架柱内力近似地按右来风时的反对称荷载取值。

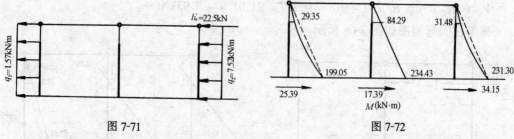

图 7-71　　　　　　　　　　　　　　　　图 7-72

7.3.5　内力组合

考虑厂房整体空间工作，对 A 柱进行最不利内力组合，组合结果如表 7-19 所示，B 柱和 C 柱内力组合及截面设计，可按同理进行。

7.3.6　柱截面设计（以 A 柱为例，混凝土 C25，Ⅱ级钢筋）

1. 柱的纵向钢筋计算

（1）上柱：本设计采用对称配筋，可不考虑弯矩正负号而取绝对值最大的一组，经分析比较，最不利内力为：

①$\begin{cases} M = 99.61\text{kN·m} \\ N = 453.13\text{kN} \end{cases}$　②$\begin{cases} M = 81.87\text{kN·m} \\ N = 464.48\text{kN} \end{cases}$

由表 7-12 有吊车厂房排架方向，其计算长度为：$l_0 = 2H_u = 2 \times 4800 = 9600\text{mm}$

1）按第一组内力计算：

$$e_0 = M/N = (99.61 \times 10^3)/453.13 = 220\text{mm} > 0.3h_0 = 0.3 \times 365 = 109.5\text{mm}$$

$$e_i = e_0 + e_a = 220 + 0 = 220\text{mm}$$

$$l_0/h = 9600/400 = 24 > 15$$

$$\zeta_1 = 0.5bhf_c/N = 0.5 \times 400 \times 400 \times 12.5/(453.13 \times 10^3) = 2.21 > 1.0, \text{ 取 } \zeta_1 = 1.0$$

200

表 7-19

两跨排架柱的内力组合表

说明：列号说明——屋面活载（②AB跨、③BC跨）；吊车在 AB 跨（④D_{max} 在 A 柱、⑤D_{min} 在 A 柱、⑥T_{max} 向左或向右）；吊车在 BC 跨（⑦D_{max} 在 B 柱、⑧D_{min} 在 B 柱、⑨T_{max} 向左或向右）；风载（⑩左来风、⑪右来风）。

柱号	载面	项目(kN或kN·m)	恒载①	AB跨②	BC跨③	D_{max}在A柱④	D_{min}在A柱⑤	T_{max}⑥	D_{max}在B柱⑦	D_{min}在B柱⑧	T_{max}⑨	左来风⑩	右来风⑪	$|M|_{max}$相应的N 组合项目	组合值	N_{max}相应的M 组合项目	组合值	N_{min}相应的M 组合项目	组合值
A柱	1—1	M	21.78	1.00	4.64	−60.56	−56.40	±1.13	38.06	−1.17	±22.37	31.48	−29.35	①+0.85(②+0.9×⑤+0.9×⑥+0.9×⑨)	99.61	①+②+0.9×④+0.9×⑥	81.87	①+0.85(③+0.9×⑥+0.9×⑨+⑩)	98.71
		N	388.84	75.64	0	0	0		0	0		0	0		453.13		464.48		388.84
		M_s	18.15	0.71	3.31	−43.26	−40.29	±0.81	27.19	−0.84	±15.98	22.49	−20.96		73.76		60.07		73.10
		N_s	324.03	54.02	0	0	0		0	0		0	0		369.96		378.06		324.03
	2—2	M	−56.89	−17.85	4.64	120.49	−2.62	±1.13	38.06	−1.17	±22.37	31.48	−29.35	①+0.85(③+0.9×⑦+0.9×⑨+⑪)	−125.20	①+②+0.9×④+0.9×⑥	53.83	①+0.85(③+0.9×⑨+⑪)	108.53
		N	450.64	75.64	0	603.50	179.26		0	0		0	0		636.83		1069.43		450.64
		M_s	47.41	−12.75	3.31	86.06	−1.87	±0.81	27.19	−0.84	±15.98	22.49	−20.96		−96.20		31.68		−84.16
		N_s	375.53	54.02	0	431.07	128.04		0	0		0	0		508.53		817.53		375.53
	3—3	M	14.47	−9.22	12.90	12.62	−103.80	±135.88	105.87	−3.26	±62.21	231.30	−199.05	①+0.85(③+0.9×⑦+0.9×⑨+⑩)	407.04	①+0.85(②+0.9×④+0.9×⑧+⑩)	316.90	①+0.85(③+0.9×⑨+⑩)	350.62
		N	498.73	75.64	0	603.50	179.26		0	0		0	0		498.73		1024.70		498.73
		V	8.35	1.01	0.97	−12.62	−11.75	±15.76	−7.93	−0.24	±4.66	34.15	−25.39		56.32		40.64		30.64
		M_s	12.06	−6.59	9.21	9.01	−74.14	±97.06	75.62	−2.33	±44.44	165.21	142.18		292.46		228.08		252.16
		N_s	415.61	54.02	0	431.07	128.04		0	0		0	0		415.61		791.30		415.61
		V_s	6.96	0.72	0.69	−9.01	−8.39	±11.26	−5.66	−0.17	±3.33	24.39	−18.14		41.22		30.02		22.88

$\zeta_2 = 1.15 - 0.01 l_0/h = 1.15 - 0.01 \times 9600/400 = 0.91 < 1.0$

$\eta = 1 + 1/(1400 \times e_i/h_0) \times (l_0/h)^2 \times \zeta_1 \times \zeta_2$

$\eta = 1.62$

$x = N/f_{cm}b = (453.13 \times 10^3)/(13.5 \times 400 = 83.9\text{mm} < \zeta_b h_0 = 0.544 \times 365$
$\qquad = 199\text{mm} > 2a_s' = 70\text{mm}$

属于大偏心受压，$e = \eta e_i + \dfrac{h}{2} - a_s = 1.62 \times 220 + \dfrac{400}{2} - 35 = 521.4\text{mm}$

$A_s = A_s' = [Ne - f_{cm}bx(h_0 - x/2)]/[f_y \times (h_0 - a_s')] = 879\text{mm}^2$

2) 按第二组内力计算：

$e_0 = M/N = (81.87 \times 10^3)/464.48 = 176.3\text{mm}$

$e_i = e_0 + e_a = 176.3\text{mm}$

$l_0/h = 9600/400 = 24 > 15$

$\zeta_1 = 0.5bhf_c/N = 0.5 \times 400 \times 400 \times 12.5/(464.48 \times 10^3) = 2.25 > 1.0$，取 $\zeta_1 = 1.0$

$\zeta_2 = 1.15 - 0.01 l_0/h = 1.15 - 0.01 \times 9600/400 = 0.91 < 1.0$

$\eta = 1 + 1/(1400 \times e_i/h_0) \times (l_0/h)^2 \times \zeta_1 \times \zeta_2$

$\eta = 1.78$

$x = N/f_{cm}b = (464.48 \times 10^3)/13.5 \times 400 = 86\text{mm} < \zeta_{bh0} = 0.544 \times 365 = 199\text{mm} > 2a_s' = 70\text{mm}$

属于大偏心受压，$e = \eta e_i + \dfrac{h}{2} - a_s = 1.78 \times 176.3 + \dfrac{400}{2} - 35 = 478.8\text{mm}$

$A_s = A_s' = [Ne - f_{cm}bx(h_0 - x/2)]/[f_y \times (h_0 - a_s')] = 712\text{mm}^2$

$\rho_{min}A = 0.002 \times 400 \times 365 = 292\text{mm}^2$

按计算和构造要求，上柱纵向钢筋 $A_s = A_s' = 879\text{mm}^2$

3) 垂直于弯矩作用平面承载力计算：

由表 7.3.6 在垂直排架方向设有柱间支撑时，其计算长度为：

$l_0 = 1.25H_u = 1.25 \times 4800 = 6000\text{mm}$

$l_0/b = 6000/400 = 15$，轴心受压稳定系数 $\varphi = 0.895$

$N_u = \varphi(f_c bh + f_y' A_s') = 0.895 \times (12.5 \times 400 + 310 \times 879)$
$\qquad = 2033.9\text{kN} > N_{max} = 464.48\text{kN}$

因此满足验算要求。

(2) 下柱：由 A 柱内力组合表可得，最不利内力为：

① $\begin{cases} M = 407.04\text{kN·m} \\ N = 498.73\text{kN} \end{cases}$ ② $\begin{cases} M = 350.62\text{kN·m} \\ N = 498.73\text{kN} \end{cases}$ ③ $\begin{cases} M = 316.9\text{kN·m} \\ N = 1024.7\text{kN} \end{cases}$

1) 按第一组内力计算：

$e_0 = M/N = (407.04 \times 10^3)/498.73 = 816\text{mm} > 0.3h_0 = 0.3 \times 865 = 259.5\text{mm}$

$e_i = e_0 + e_a = 816\text{mm}$

下柱截面积为 $A = 1.875 \times 10^5 \text{mm}^2$，$I = 1.934 \times 10^{10} \text{mm}^4$

$$r = \sqrt{I/A} = 321\text{mm}$$

下柱计算长度为：$l_0 = 1.0 \times H_1 = 1.0 \times 8.55 = 8.55\text{m}$

$$l_0/r = 8550/321 = 26.6 < 28$$

可不考虑偏心增大系数

$$x = N/f'_{cm}b'_f = (498.73 \times 10^3)/13.5 \times 400 = 92.4\text{mm} < \zeta_b h_0 = 0.544 \times 865 = 471\text{mm}$$
$$> 2a'_s = 70\text{mm}$$
$$< h'_f = 150\text{mm}$$

中和轴在翼缘内，属于大偏心受压。

$$e = \eta e_i + h/2 - a_s = 816 + \frac{900}{2} - 35 = 1231\text{mm}$$

$$A_s = A'_s = \left[Ne - f_{cm}b'_f x \left(h_0 - x/2 \right) \right] / \left[f'_y \times \left(h_0 - a'_s \right) \right] = 798\text{mm}^2$$

2）按第二组内力计算

由 $M \sim N$ 曲线可知，该组内力比第①组内力偏于安全，不必再进行配筋计算。

3）垂直于弯矩作用平面承载力验算

$$I_y = 1.74 \times 10^{10}\text{mm}^4$$

$$r = I_y/A = 96.3\text{mm}$$

由表 7-12，$l_0 = 0.8 \times 8.55 = 6.84\text{m}$

$$l_0/r = 6840/96.3 = 71.0 > 28, \quad \varphi = 0.736$$

$$N_u = \varphi \left(f_c A + f'_y A'_s \right) = 0.736 \times \left(12.5 \times 1.875E + 05 + 310 \times 798 \right)$$
$$= 1907.1\text{kN} > N_{max} = 1024.7\text{kN}$$

因此满足验算要求。

（3）A 柱纵向钢筋 A_s（A'_s）的配置

由前计算结果：上柱 $A_s = A'_s = 879\text{mm}^2$

下柱 $A_s = A'_s = 798\text{mm}^2$

综合考虑配筋：上柱 $A_s = A'_s = 1005\text{mm}^2$　$5\phi16$

下柱 $A_s = A'_s = 1005\text{mm}^2$　$5\phi16$

2．柱内箍筋

设计经验表明，在非抗震区，柱内箍筋由构造要求控制

所以上柱和下柱箍筋均选用 $\phi6@200$

3．柱的裂缝宽度验算

（1）上柱

取 M_{max} 对应的 N，V 一组内力的标准值进行验算：

$$M_s = 73.76\text{kN} \cdot \text{m}, \quad N_s = 369.96\text{kN}$$

$$e_0 = M_s/N_s = 7.376E + 04/369.96 = 199.4\text{mm}$$

$$\rho_{te} = A_s/0.5bh = 1005/(0.5 \times 400 \times 400) = 0.013 > 0.01$$

$$\eta_s = 1 + \left[1/(4000 \times e_0/h_0) \right] \times (l_0/h)^2 = 1.264$$

$$e = \eta_s e_0 + \frac{h}{2} - a_s = 1.264 \times 199.4 + \frac{400}{2} - 35 = 417\text{mm}$$

$$z = \left[0.87 - 0.12(1 - \gamma'_f) \times (h_0/e)^2 \right] h_0 = 284\text{mm}$$

$$\sigma_{ss} = N_s(e - z)/(A_s \times z) = (3.6996 \times 10^5) \times (417 - 284)/(1005 \times 284) = 172.4\text{N/mm}^2$$

$\psi = 1.1 - 0.65 \times f_{tk}/(\rho_{te} \times \sigma_{ss}) = 1.1 - 0.65 \times 1.75/(0.013 \times 172.4) = 0.59 > 0.4$

$w_{max} = \alpha_{cr}\psi\sigma_{ss}/E_s \times (2.7C + 0.1d/p_{te})v = 0.14\text{mm} < [w_{max}] = 0.3\text{mm}$

验算满足要求

（2）下柱

$M_s = 292.46\text{kN} \cdot \text{m}, \ N_s = 415.61\text{kN}$

$e_0 = M_s/N_s = (2.9246 \times 10^5)/415.61 = 703.7\text{mm}$

$\rho_{te} = 1005/[(0.5 \times 100 \times 900) + 150 \times (400 - 100)] = 0.011 > 0.01$

$\eta_s = 1 + [1/(4000 \times e_0/h_0)] \times (l_0/h)^2 = 1.028$

$e = \eta_s e_i + \dfrac{h}{2} - a_s = 1.028 \times 703.7 + \dfrac{900}{2} - 35 = 1138.4\text{m}$

$\gamma'_f = h'_f \times (b'_f - b)/bh_0 = 150 \times (400 - 100)/(100 \times 856) = 0.52$

$z = [0.87 - 0.12(1 - \gamma'_f) \times (h_0/e)^2]h_0 = 723.8\text{mm}$

$\sigma_{ss} = N_s(e - z)/(A_s \times z) = 4.1561 \times 10^5 \times (1138 - 723.8)/(1005 \times 723.8) = 236.9\text{MPa}$

$\psi = 1.1 - 0.65 \times f_{tk}/(\rho_{te} \times \sigma_{ss}) = 1.1 - 0.65 \times 1.75/(0.011 \times 236.9) = 0.66 > 0.4$

$w_{max} = 2.1\psi\sigma_{ss}/E_s \times (2.7C + 0.1d/p_{te})v = 0.244\text{mm} < [w_{max}] = 0.3\text{mm}$

验算满足要求

4. 柱的吊装验算：

采用翻身吊，起吊时混凝土达到设计强度的100%，计算简图如图7-73所示。

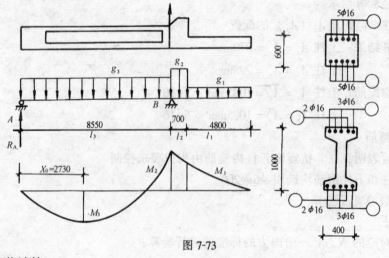

图7-73

（1）荷载计算

自重线荷载考虑动力系数 $n = 1.5$，各段荷载设计值分别为

上柱：$g_1 = n\gamma_G g_{1K} = 1.5 \times 1.2 \times 25 \times (1.6 \times 10^{-1}) = 7.2\text{kN/m}$

牛腿：$g_2 = n\gamma_G g_{2K} = 1.5 \times 1.2 \times 25 \times (4.2 \times 10^{-1}) = 18.9\text{kN/m}$

下柱：$g_3 = n\gamma_G g_{3K} = 1.5 \times 1.2 \times 25 \times 1.875E \times 10^{-1} = 8.44\text{kN/m}$

（2）内力分析

$M_1 = g_1 \times l_1^2/2 = 7.2 \times 4.8^2/2 = 82.9\text{kN} \cdot \text{m}$

$M_2 = g_1 \times (l_1 + l_2)^2/2 + (g_2 - g_1) \times l_2^2/2$

$$= 7.2 \times (4.8 + 0.7)^2 / 2 + (18.9 - 7.2) \times 0.7 \times 0.7 / 2 = 111.8 \text{kN·m}$$

由 $\Sigma M_B = R_A \times l_3 + M_2 - g_3 \times l_3^2 / 2 = 0$

$$R_A = g_3 l_3 / 2 - M_2 / l_3 = 8.44 \times 8.55 / 2 - 111.8 / 8.55 = 23.0 \text{kN}$$

$$M_3 = R_A \times x_0 - g_3 \times x_0^2 / 2 \qquad 令 \ dM_3 / dx = R_A - g_3 \times x_0 = 0$$

当 $x_0 = R_A / g_3 = 23.0 / 8.44 = 2.73 \text{m}$ 时，$M_3 = R_A \times x_0 - g_3 \times x_0^2 / 2 = 31.34 \text{kN·m}$

（3）上柱吊装验算

上柱配筋：$A_s = A'_s = 1005 \text{mm}^2$

1）$M_u = f'_y A'_s \ (h_0 - a'_s) = 310 \times 1005 \times (365 - 35) = 102.8 \text{kN·m} > \gamma_0 M_1$
$\qquad = 0.9 \times 82.9 = 74.6 \text{kN·m}$

满足承载力要求。

2）$\sigma_{ss} = M_s / \ (0.87 \times A_s \times h_0) = (8.29 \times 10^7) \ / \ (0.87 \times 365 \times 1005 \times 1.2)$
$\qquad = 216.5 \text{N/mm}^2$

$\psi = 1.1 - 0.65 \times f_{tk} / \ (\rho_{te} \times \sigma_{ss}) = 1.1 - 0.65 \times 1.75 / \ (0.01 \times 216.5) = 0.57 > 0.4$

$w_{max} = 1.66 \psi \sigma_{ss} / E_s \times \ (2.7C + 0.1d / \rho_{te}) \ v = 0.16 \text{mm} < \ [w_{max}] = 0.2 \text{mm}$

满足裂缝控制要求。

（4）下柱吊装验算

下柱配筋：$A_s = A'_s = 1005 \text{mm}^2$

1）$M_u = f'_\gamma A'_s \ (h_0 - a'_s) = 310 \times 1005 \times (865 - 35) = 258.6 \text{kN·m} > \gamma_0 M_1$
$\qquad = 0.9 \times 111.8 = 100.6 \text{kN·m}$

满足承载力要求。

2）$\sigma_{ss} = M_s / \ (0.87 \times A_s \times h_0) = (1.118 \times 10^8) \ / \ (0.87 \times 865 \times 1005 \times 1.2)$
$\qquad = 123.2 \text{N/mm}^2$

$\psi = 1.1 - 0.65 \times f_{tk} / \ (\rho_{te} \times \sigma_{ss}) = 1.1 - 0.65 \times 1.75 / \ (0.01 \times 123.2) = 0.18 < 0.4$，
取 $\psi = 0.4$

$w_{max} = 1.66 \psi \sigma_{ss} / E_s \times \ (2.7C + 0.1d / \rho_{te}) \ v = 0.07 \text{mm} < \ [w_{max}] \ 0.2 \text{mm}$

满足裂缝控制要求。

5. 牛腿设计

设牛腿截面高度为 $h = 700 \text{mm}$

作用于牛腿顶部按短期荷载效应组合计算的竖向力值

$$F_{vs} = D_{max} / \gamma_Q + G_3 / \gamma_G = 603.5 / 1.4$$
$$+ 61.8 / 1.2 = 482.6 \text{kN}$$

$F_{hs} = 0$，$h_0 = 700 - 35 = 665 \text{mm}$

裂缝控制系数 $\beta = 0.70$，F_{sv} 作用点位于下柱截面内，$a = 0$

$F_{vu} = \ (1 - 0.5 F_{hs} / F_{vs}) \ \times \ (f_{tk} b h_0) \ / \ (0.5 + a / h_0) = 0.7 \times 1.75 \times 400 \times 665 / 0.5$
$\qquad = 651.7 \text{kN} > F_{vs} = 482.6 \text{kN}$

所以，牛腿高度满足要求。

6. 牛腿配筋计算

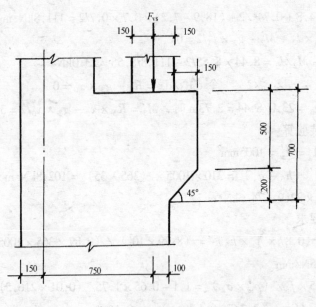

图 7-74

按构造配筋：其纵筋为 4ϕ12，箍筋 ϕ8@100。

7.A 柱施工图

A 柱模板配筋图如图 7-78。

7.3.7 基础设计

以 A 柱基础为例，混凝土 C15，Ⅱ 级钢筋

1. 荷载计算

（1）选择三组最不利内力进行基础设计

① $\begin{cases} M = 407.04\text{kN} \cdot \text{m} \\ N = 498.73\text{kN} \\ V = 41.22\text{kN （→）} \end{cases}$
② ❶ $\begin{cases} M = -345.36\text{kN} \cdot \text{m} \\ N = 700.16\text{kN} \\ V = 22.88\text{kN （→）} \end{cases}$
③ $\begin{cases} M = 316.9\text{kN} \cdot \text{m} \\ N = 1024.70\text{kN} \\ V = 30.02\text{kN （←）} \end{cases}$

（2）由基础梁传至基础顶面的外墙及钢窗的自重设计值为

$G_w = 1.2 [15.25 \times 6.0 - (2.4 \times 4.8 + 2.4 \times 4.8 + 2.1 \times 4.8)] \times 0.24 \times 19$
$\qquad + 1.2 (2.4 \times 4.8 + 2.4 \times 4.8 + 2.1 \times 4.8) \times 0.45 = 337.34\text{kN}$

G_w 相对于基础底面中心线的偏心距为

$e_w = h/2 + b/2 = 800/2 + 300/2 = 550\text{mm}$

（3）作用于基底的弯矩和相应基顶的轴向力

拟定基础高度：$h = h_1 + a_1 + 50$

柱插入深度取 900mm，$h_c = 0.9 \times 900 = 810\text{mm} > 800\text{mm}$，取 $h_1 = 810\text{mm}$

杯底厚度 $a_1 > 250\text{mm}$，取 $a_1 = 300\text{mm}$

所以 $h = 810 + 300 + 50 = 1160\text{mm}$

基础顶面标高为 -0.75m，则基础埋深为 $d = h + 750 = 1160 + 750 = 1910\text{mm}$

---

❶ 该组内力为 M_{min} 及相应的 N、V，组合项目为：① + 0.85（② + 0.9 × ⑤ + 0.9 × ⑥ +（11））

作用于基底的弯矩和相应基顶的轴向力的设计值分别为：

第一组　　$M_{bot1} = 407.04 + 1.16 \times 41.22 - 337.34 \times 0.6 = 252.45 \text{kN·m}$

　　　　　$N_1 = 498.73 + 337.34 = 836.07 \text{kN}$

第二组　　$M_{bot2} = -345.36 - 22.88 \times 1.16 - 337.34 \times 0.6 = -574.30 \text{kN·m}$

　　　　　$N_2 = 700.16 + 337.34 = 1037.5 \text{kN}$

第三组　　$M_{bot3} = 316.9 + 30.02 \times 1.16 - 337.34 \times 0.6 = 149.32 \text{kN·m}$

　　　　　$N_3 = 1024.7 + 337.34 = 1362.04 \text{kN}$

基础受力情况如图 7-75 所示。

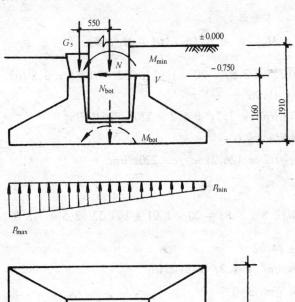

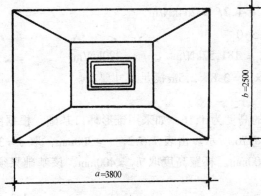

图 7-75　基础底面尺寸的确定

2. 确定基底尺寸

按第二组荷载设计值进行计算。该例由于宽度和深度修正对地基承载力影响较小，计算中取 $f = 220 \text{kN/m}^2$。

（1）基底短边尺寸

$$b = \sqrt{\frac{N_2}{(f - \gamma_m d)}} = \sqrt{\frac{1037.5}{(220 - 20 \times 1.91)}} = 2.39 \text{m}, \text{取 } b = 2.5 \text{m}$$

（2）基底外形系数及长边尺寸

$$C_0 = M_{bot2}/(bN_2) = 574.30/(2.5 \times 1037.5) = 0.2214 < 0.5$$

$$a = f/(\gamma_m d) = 220/(20 \times 1.91) = 5.76$$

查附图 7-34 得 $\beta = 1.51$，故长边尺寸

$$a = \beta b = 1.51 \times 2.5 = 3.775\text{m}, \text{取} \ a = 3.8\text{m}$$

（3）验算 $e_0 \leqslant a/6$ 的条件

$$e_{0k} = M_{bot2}/N_{bot2} = 574.30/(1037.5 + 20 \times 2.5 \times 3.8 \times 1.91) = 0.41\text{m} < a/6 = 3.8/6$$
$$= 0.63\text{m}$$

验算并满足要求。

（4）验算其他两组荷载设计值作用下的基底应力

第一组

$$\left.\begin{array}{r} p_{max} \\ p_{min} \end{array}\right\} = N_{bot1}/A \pm M_{bot1}/W = N_1/A + \gamma d \pm M_{bot1}/W$$

$$= 836.07/(2.5 \times 3.8) + 20 \times 1.91 \pm 252.45/(2.5 \times 3.8^2/6)$$

$$= 126.21 \pm 41.96$$

$$= \begin{cases} 168.17\text{kN/m}^2 < 1.2f = 1.2 \times 220 = 264\text{kN/m}^2 \\ 84.25\text{kN/m}^2 > 0 \end{cases}$$

$$p_m = (p_{max} + p_{min})/2 = 126.21 < f = 220\text{kN/m}^2$$

第三组

$$\left.\begin{array}{r} p_{max} \\ p_{min} \end{array}\right\} = 1362.04/(2.5 \times 3.8) + 20 \times 1.91 \pm 149.32/(2.5 \times 3.8^2/6)$$

$$= 181.57 \pm 24.82$$

$$= \begin{cases} 206.39\text{kN/m}^2 < 1.2f = 264\text{kN/m}^2 \\ 156.75\text{kN/m}^2 > 0 \end{cases}$$

$$p_m = (p_{max} + p_{min})/2 = 181.57\text{kN/m}^2 < f = 220\text{kN/m}^2$$

验算表明基底尺寸 $a \times b = 3.8 \times 2.5\text{m}$ 满足尺寸要求。

3. 冲切承载力验算

前面已初步假定基础的高度为 1.16，如采用锥形杯口基础，根据图 7-49 的构造要求，初步确定的剖面尺寸如图 7-76 所示。由表 7.5.2，$t \geqslant 300\text{mm}$，取 $t = 325\text{mm}$，则基础顶面突出柱边宽度为 $t + 75 = 400\text{mm}$。杯壁高度取 $h_2 = 400\text{mm}$，该基础只须进行变阶处的抗冲承载力验算。

（1）在各组荷载设计值作用下地基净反力

第一组：$P_{nmax} = 836.07/(2.5 \times 3.8) + 252.45/(2.5 \times 3.8^2/6) = 129.97\text{kN/m}^2$

第二组：$P_{nmax} = 1037.5/(2.5 \times 3.8) + 574.3/(2.5 \times 3.8^2/6) = 204.66\text{kN/m}^2$

第三组：$P_{nmax} = 1362.04/(2.5 \times 3.8) + 149.32/(2.5 \times 3.8^2/6) = 168.19\text{kN/m}^2$

抗冲切计算按第二组荷载设计值作用下的地基净反力计算。

（2）在第二组荷载作用下的冲切力

冲切力近似按最大地基净反力 P_{nmax} 计算，即取 $P_{n1} \approx P_{nmax} = 204.66\text{kN/m}^2$ 由于基础宽度 $b = 25\text{m}$，小于冲切锥体底边宽（$b_1/2 + h_{01}$）$\times 2 = (0.6 + 0.725) \times 2 = 2.65\text{m}$ 故

$$A_1 = (a/2 - a_1/2 - h_{01})b = (3.8/2 - 1.6/2 - 0.725) \times 2.5 = 0.9375\text{m}^2$$

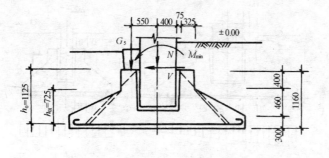

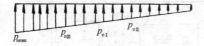

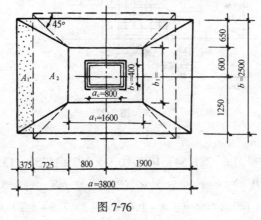

图 7-76

$F_L = P_{nmax} A_1 = 204.66 \times 0.9375 = 191.87\text{kN}$

（3）变阶处的抗冲切力

$A_2 = (b_c + h_0) h_0 - (h_0 + b_c/2 - b/2)^2$

$\qquad = (1.2 + 0.725) \times 0.725 - (0.725 + 1.2/2 - 2.5/2)^2 = 1.39\text{m}^2$

$0.6 f_1 A_2 = 0.6 \times 0.9 \times (1.39 \times 10^6) = 750.6\text{kN} > F_L = 191.87\text{kN}$

因此，基础的高度及分阶可按图 7-76 所示的尺寸采用。

4．基础底板配筋计算

沿长边方向的钢筋用量由第二组荷载设计值作用下的地基净反力进行计算，而沿短边方向的钢筋用量应由第三组荷载设计值作用下的平均地基净反力进行计算。

（1）沿长边方向的配筋计算

在第二组荷载设计值作用下，相应于柱边及变阶处的地基净反力如图 7-77(a) 所示。

$P_{nmax} = 204.66\text{kN/m}^2$

$P_{nI} = 1037.5/(2.5 \times 3.8) + 574.3/(2.5 \times 3.8^2/6) \times (0.4/1.9) = 129.31\text{kN/m}^2$

$P_{nIII} = 1037.5/(2.5 \times 3.8) + 574.3/(2.5 \times 3.8^2/6) \times (0.8/1.9) = 149.40\text{kN/m}^2$

则

$M_I = (P_{nmax} + P_{nI}) \times (a - a_c)^2 \times (2b + b_c)/48 - G_5 e_5$

$\qquad = (204.66 + 129.31) \times (3.8 - 0.8)^2 \times (2 \times 2.5 + 0.4)/48 - 337.34 \times 0.15$

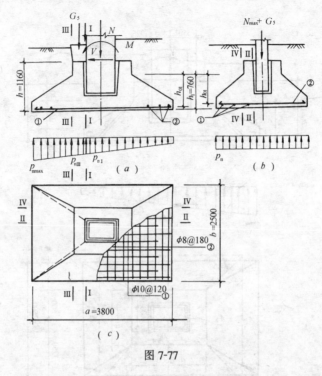

图 7-77

$$= 287.54 \text{kN} \cdot \text{m}$$

$$A_{sI} = M_I / (0.9 f_y h_0) = (287.54 \times 10^6) / (0.9 \times 210 \times 1125) = 1352 \text{mm}^2$$

$$M_{III} = (P_{nmax} + P_{nIII}) \times (a - a_c)^2 \times (2b + b_c) / 48$$

$$= (204.66 + 149.4) \times (3.8 - 1.6)^2 \times (2 \times 2.5 + 1.2) / 48 = 221.35 \text{kN} \cdot \text{m}$$

$$A_{sIII} = (221.35 \times 10^6) / (0.9 \times 210 \times 725) = 1615 \text{mm}^2$$

选用 21ϕ10（ϕ10@120），$A_s = 1648.5 \text{mm}^2 > 1615 \text{mm}^2$

(2) 沿短边方向的配筋计算

在第三组荷载设计值作用下，均匀分布的地基净反力如图 7-77（b）所示。

$$P_{nm} = N_3 / A = 1362.04 / (2.5 \times 3.8) = 143.37 \text{kN/m}^2$$

$$M_{II} = P_{nm} (b - b_c)^2 (2a + a_c) / 24 = 143.37 \times (2.5 - 0.4)^2 \times (2 \times 3.8 + 0.8) / 24$$

$$= 221.29 \text{kN} \cdot \text{m}$$

$$A_{sII} = M_{II} / (0.9 f_y h_0) = (221.29 \times 10^6) / (0.9 \times 210 \times 1125) = 1041 \text{mm}^2$$

$$M_{IV} = P_{nm} \times (b - b_c)^2 \times (2a + a_c) / 24$$

$$= 143.37 \times (2.5 - 1.2)^2 \times (2 \times 3.8 + 1.6) / 24$$

$$= 92.88 \text{kN} \cdot \text{m}$$

$$A_{sIV} = M_{IV} / (0.9 f_y h_0) = (92.88 \times 10^6) / (0.9 \times 210 \times 725) = 678 \text{mm}^2$$

选用 21ϕ8（ϕ8@180），$A_s = 1056.3 \text{mm}^2 > 1041 \text{mm}^2$

基础底面沿两个方向的配筋简图如图 7-77（c）所示，由于长边边行大于 3m，其钢筋长度可切断 10%，并交错布置，钢筋可用同一编号。

该例单层厂房结构平面布置如图 7-48 ～ 图 7-52 所示，排架柱（Z-1）和基础（J-1）的模板和配筋的施工详图 7-78 所示。

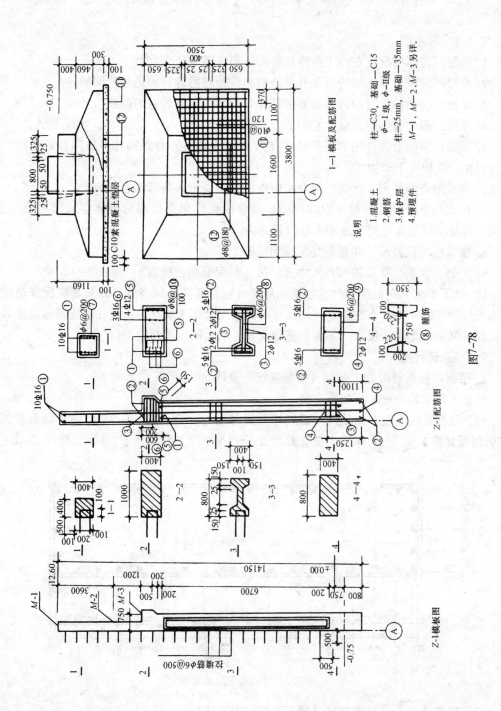

图7-78

说明
1. 混凝土
2. 钢筋
3. 保护层
4. 预埋件

柱—C30，基础—C15
φ—I 级，φ—II 级
柱—25mm，基础—35mm
M—1，M—2，M—3 另详.

211

7.4 钢筋混凝土单层厂房排架结构课程设计题及思考题

7.4.1 思考题

1. 单层厂房结构设计在施工图阶段的内容和步骤是什么？

2. 单层厂房横向承重结构有哪几种结构类型？它们各自的适用范围如何？

3. 单层厂房结构布置的内容和要求是什么？结构布置的目的何在？

4. 单层厂房中有哪些支撑？它们的作用是什么？

5. 根据厂房的空间作用和受荷特点在内力计算时可能遇到哪几种排架计算简图？它们分别在什么情况下采用？

6. 荷载组合的原则是什么？荷载组合中为什么要引入荷载组合系数？

7. 什么是单层厂房的整体空间作用？哪些荷载作用下厂房的整体空间作用最明显？单层厂房整体空间作用的程度和哪些因素有关？

8. 排架柱的截面尺寸和配筋是怎样确定的？

9. 牛腿可能发生哪几种破坏？牛腿的尺寸和配筋如何确定？

10. 柱下单独基础的底面尺寸、基础高度（包括变阶处的高度）以及基底配筋是根据什么条件确定的？为什么在确定基底尺寸时要采用全部土壤反力？而在确定基础高度和基底配筋时又采用土壤净反力（不考虑基础及其台阶上回填土自重)？

7.4.2 设计题

1. 单跨厂房钢筋混凝土排架（柱与基础）设计

（1）工程名称：××厂装配车间

（2）装配车间距度 24m，总长 102m，中间设伸缩缝一道，柱距 6m，车间的平面布置如图 7-79，剖面如图 7-80 所示，车间内没有雨台 200/50kN 中级工作制吊车，其轨顶标高 10.0m。

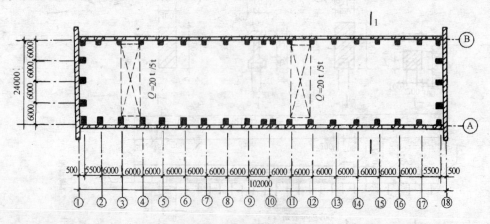

图 7-79 柱结构平面布置图

（3）建筑地点：××市郊区（暂不考虑抗震设防）

（4）车间所在场地，地坪下 1.0m 内为填土，填土下层 3.5m 内为均匀亚粘土，地基承载力设计值，$f = 250\text{kN/m}^2$，地下水位为 -4.05m，无腐蚀性。基本风压 $w_0 = 0.35\text{kN/m}^2$，基本雪压 $s_0 = 0.35\text{kN/m}^2$。

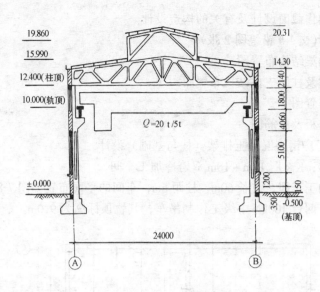

图 7-80 Ⅰ—Ⅰ剖面图

（5）厂房中标准构件选用情况

1）屋面板采用 G410（一）标准图集中的预应力混凝土大型屋面板，板重（包括灌缝在内）标准值为 1.4kN/m²。

2）天沟板采用 G410（三）标准图集中的 JGB77-1 天沟板，板重标准值 2.02kN/m。

3）天窗架采和 G316 中的 Ⅱ 型钢筋混凝土天窗架 CJ9-03，自重标准值 2×36kN/每榀，天窗端壁选用 G316 中的 DB9-3，自重标准值 2×57kN/每榀（包括自重、侧板、窗挡、窗扇、支撑、保温材料、天空电动天启机、消防栓等）。

4）屋架采用 G415（三）标准图集中的预应力混凝土折线形屋架，屋架自重标准值 106kN/每榀。

5）吊车梁采和 G425 标准图集中的先张法预应力混凝土吊车梁 YXDL6-8，吊车梁高 1200mm，自重标准值 44.2kN/根，轨道及零件重 1kN/m，轨道及垫层构造高度 200mm。

（6）排架柱及基础材料选用情况

1）柱

混凝土：采用 C30

钢筋：纵向受力钢筋采用 Ⅱ 级钢筋，箍筋采用 Ⅰ 级钢筋。

2）基础

混凝土：采用 C15

钢筋：采用 Ⅰ 级钢筋

（7）设计要求

1）结构计算（交一份计算书）

①确定计算排架的尺寸和计算简图（横向排架尺寸，作用在排架上的恒荷载、屋面活荷载、雪荷载、风荷载、吊车荷载及其作用位置和方向）。

②进行排架内力分析，计算控制截面的内力，绘出各类荷载下的排架内力图。

③对计算的排架柱进行内力组合。

④对柱及基础作截面设计及有关的构造设计。

2）绘施工图（交 1 # 铅笔图 2 张）

①基础、基础梁结构布置图。

②吊车梁、柱及柱间支撑结构布置图。

③屋盖结构布置图

④柱、基础模板及配筋图。

2．单层双跨厂房钢筋混凝土排架（柱与基础）设计

（1）工程名称：K×厂 18m＋18m 双跨冷加工车间

（2）双跨冷加工车间，总长 60m，柱距 6m，车间的平面布置如图 7-81，剖面如图 7-82 所示，车间内设有两台 100kN 中级工作制吊车，其轨顶标高为 9.0m。

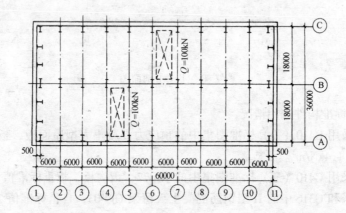

图 7-81

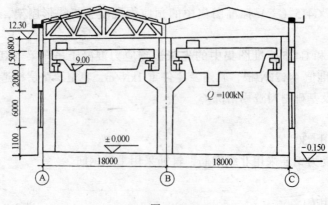

图 7-82

（3）建筑地点：××市郊区（暂不考虑抗震设防）。

（4）其他设计资料与本章例题一致。

（5）设计要求与 7.4.2.1 一样。

3．单层双跨厂房钢筋混凝土排架（柱与基础）设计

（1）工程名称：××厂 24m＋24m 双跨装配车间

（2）双跨装配车间，总长 90.48m，柱距 6m，车间平面布置如图 7-83，剖面如图 7-84

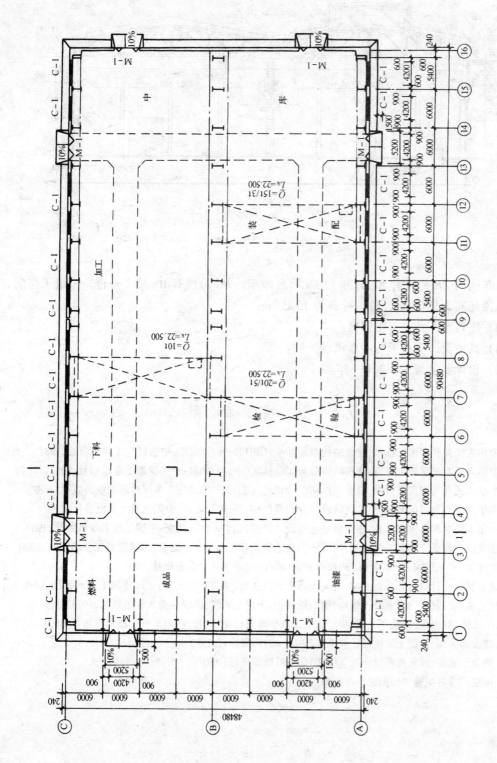

图7-83 车间平面布置图

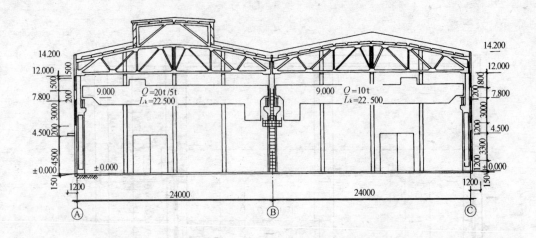

图 7-84 Ⅰ—Ⅰ剖面图

所示。车间内 *AB* 跨设有 20t/5t 和 15t/3t 两台吊车，*BC* 跨设有 10t 吊车一台，中级工作制，其轨吊顶标高为 9.00mm，柱顶标高为 12.000m。

（3）建筑地点：××市郊区。

（4）其他设计资料可与本章例题一致。

（5）设计要求与 7.4.2.1 一样。

7.5 参 考 文 献

1.中华人民共和国国家标准.建筑结构制图标准(GBJ105—87).北京:中国建筑工业出版社,1987

2.中华人民共和国国家标准.建筑结构荷载规范(GBJ9—87).北京:中国建筑工业出版社,1987

3.中华人民共和国国家标准.混凝土结构设计规范(GBJ10—89).北京:中国建筑工业出版社,1989

4.中华人民共和国国家标准.建筑抗震设计规范(GBJ11—89).北京:中国建筑工业出版社,1989

5.中华人民共和国国家标准.建筑地基基础设计规范(GBJ7—89).北京:中国建筑工业出版社,1989

6.建筑结构构造资料集编委会编.建筑结构构造资料集(上、下册).北京:中国建筑工业出版社,1990

7.沈蒲生,罗国强编著.混凝土结构疑难释义.武汉:武汉工业大学出版社,1992

8.北京钢铁设计研究部总院主编.混凝土结构计算手册(第二版).北京:中国建筑工业出版社,1991

9.沈蒲生,罗国强主编.混凝土结构(第二版)(上、下册).武汉:武汉工业大学出版社,1993

10.陈文琪,罗国强,邓铁军主编.房屋建筑工程毕业设计指南.长沙:湖南科学技术出版社.1993

11.建设部主编.混凝土结构设计规范(GBJ10—89)局部修订.1993

12.建设部主编.建筑抗震设计规范(GBJ11—89)局部修订.1993

13.单层厂房各类构件的国家标准图集

8. 单层工业厂房施工组织设计

8.1 教 学 要 求

（1）了解装配式单层工业厂房的整个施工过程。

（2）掌握单层工业厂房结构安装工程的施工方案，包括：施工程序，起重机设备类型和型号的选择。各种构件的吊装工艺，单层工业厂房结构安装方法等。

（3）学习单层工业厂房施工组织设计的内容，及其设计计算步骤和方法，巩固所学的理论知识，使学生达到具有运用所学知识进行初步分析和解决施工组织问题的能力。

8.2 设计方法、步骤

单层工业厂房结构的荷载大（一般设有吊车）、跨度大、高度高，因而构件内力大、截面大、用料多，且由于生产工艺和劳动保护的需要，门窗尺寸也较大。与民用房屋相比，工业厂房基建投资多，占地面积大，并受工艺条件的制约。

8.2.1 工程概况

1.单层厂房基本尺寸

我国以 100mm 作为基本模数；厂房跨度和柱距尺寸则采用扩大模数。厂房跨度在 18mm 以下时，采用 3m 的倍数，即 9m、12m、15m、18m；在 18m 以上则采用 6m 的倍数，即 18m、24m、30m、36m。厂房柱距则采用 6m 或 6m 的倍数，即 6m、12m 等。厂房高度，由于各类厂房要求不同，承受的荷载较复杂、变化多，其柱子多数是非标准构件；厂房高度一般不严格规定。

2.单层厂房建筑结构类型

单层厂房依其生产规模，分成大、中、小型；依其主要承重结构的材料，分成钢筋混凝土结构、混合结构和钢结构。对于小型厂房通常选用混合结构，即采用以钢筋混凝土或轻钢屋架、承重砖柱作为主要构件的结构。对于大型厂房通常选用钢屋架、钢筋混凝土柱，或全钢结构。其余大部分厂房都选用钢筋混凝土结构，且尽可能采用装配式和预应力混凝土结构。

单层厂房常用的结构型式有排架结构和刚架结构。目前大多数单层厂房采用钢筋混凝土排架结构。这种结构的刚度较大，耐久性和防火性较好，施工也较方便。根据厂房生产和建筑要求的不同，钢筋混凝土排架结构又可分为单跨、两跨或多跨等高和两跨或多跨不等高形式。按主体承重结构的方向分，有横向承重结构和纵向承重结构。

单层厂房钢筋混凝土排架结构大多采用装配式，它的空间高度大、跨度大；由屋架、吊车梁、柱、基础等构件组成，除基础为现浇钢筋混凝土杯形基础外（当中、重型单层工业厂房建于土质较差的地区时，一般需采用桩基础），其他构件均需预制和吊装，外墙仅起围护作用。

3. 场区水文地质情况

在基础工程施工中，为确保边坡稳定，防止坍方，挖土时应考虑放坡要求。

边坡的坡度以其高 H 与底 B 之比来表示，土方边坡坡度 $= H/B = 1:m$，$m = B/H$ 称坡度系数。图 8-1 所示为基础的边坡形式。

边坡系数的大小与土的自然倾角、边坡的最大高度、边坡的留置时间、边坡的含水量等有关。

当无地下水时，在天然湿度的土中开挖基坑（槽），可作成直立壁而不加支撑的挖方深度不超过下列规定：

<table>
<tr><td colspan="2" align="center">作成直立壁的挖方深度</td><td align="right">表 8-1</td></tr>
<tr><td>堆填的砂土和砾石土</td><td colspan="2" align="center">1.0m</td></tr>
<tr><td>亚砂土和亚粘土</td><td colspan="2" align="center">1.25m</td></tr>
<tr><td>粘　　　土</td><td colspan="2" align="center">1.5m</td></tr>
<tr><td>特别密实的土</td><td colspan="2" align="center">2.0m</td></tr>
</table>

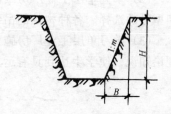

图 8-1　基础工程的边坡形式

当土具有天然湿度、构造均匀、水文地质条件良好且无地下水时，对于深度在 5m 以内、不加支撑的基坑（槽）或管沟，其边坡的最大允许坡度应符合表 8-2 的规定。

基坑（管沟）边坡最大允许坡度　　　　表 8-2

土　名　称	人工挖土并将土抛于坑（槽）或沟的上边	机　械　挖　土	
		在坑（槽）或沟底挖土	在坑（槽）或沟上边挖土
砂　　　　　　土	1:1	1:0.75	1:1.0
亚　砂　　　土	1:0.67	1:0.50	1:0.75
亚　粘　　　土	1:0.50	1:0.33	1:0.75
粘　　　　　　土	1:0.33	1:0.25	1:0.67
含砾石、卵石土	1:0.67	1:0.50	1:0.75
泥炭岩、白垩土	1:0.33	1:0.25	1:0.67
干　黄　　　土	1:0.25	1:0.10	1:0.33

注：1. 如人工挖土不把土抛于基坑（槽）或管沟上边而随时把土运往弃土场时，则应采用机械在坑（槽）或沟底挖出边坡的坡度。

2. 表中砂土不包括细砂和粉砂；干黄土不包括类黄土。

3. 在个别情况下，如有足够资料和经验或采用多斗挖沟机时，均可不受本表限制。

单层厂房施工前，为排除地面水，可沿场地四周，或沿柱基础边开挖排水明沟；沟底宽度及深度一般宜大于 500mm，泄水坡度宜不小于 2‰。施工现场地势低下时，应做挡水堤或截水沟。

排除地下水的方法应根据当地水文地质条件、设备条件、挖方尺寸和设计上防止基土遭受破坏的要求进行选择，方法不外乎两种：一是让地下水渗入基坑集水井内，施工时及时地将其抽走；另一种是把地下水位人为地降低到基坑底面以下，使基坑始终保持干燥，即所谓井点降水。井点的种类及其适用范围见表8-3。

井点的种类及其适用范围   表 8-3

井 点 种 类	土层渗透系数（m/昼夜）(K)	降低地下水位深度（m）
一级轻型井点	0.1~80	4~5
多级轻型井点	0.1~80	5~12
电渗井点	<0.1	6
管井井点	20~200	3~5
喷射井点	0.1~50	8~20
装有深井水泵的管井	10~80	>15

8.2.2 工程施工方案

1. 施工程序与施工顺序

单层工业厂房的施工，基本遵守"先地下后地上"、"先土建后设备"、"先主体后围护"、"先结构后装饰"的原则，将工程分为基础工程、预制工程、结构安装工程、围护工程和装饰工程等五个施工阶段。图8-2为装配式钢筋混凝土单层工业厂房施工程序与施工顺序示意图。为了保证质量、跟上进度、控制成本，它们之间应更多地按穿插配合关系安排。

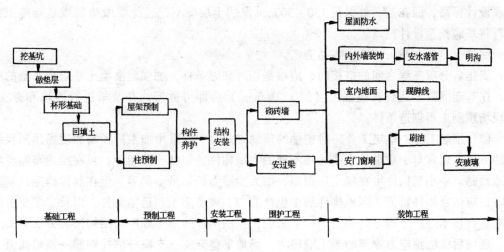

图 8-2 装配式钢筋混凝土单层厂房施工程序与施工顺序图

（1）基础工程：单层厂房不但有柱基，往往还有设备基础，特别是在重型厂房中，设备基础比一般柱基础的施工要困难和复杂得多。对设备基础采取不同的施工程序的，常会影响到结构吊装的方法、施工的速度和经济效果。设备基础与厂房柱基础的施工程序，一般有两种方案：

1）当厂房柱基础的埋置深度大于设备基础埋置深度时，可采用"封闭式"施工，即厂房柱基础先施工，设备基础后施工。这样有利于构件的现场预制、拼装和就位，并便于选择各种起重机械进行吊装。设备基础则在室内施工，不受气候影响。有时还可利用厂房内的桥式吊车为设备基础施工服务。因此当厂房施工处于雨季或冬季施工时，或设备基础不大不深等情况时，可采用"封闭式"施工。但它的缺点是：重复性挖填；设备基础施工受场地限制，不便于采用机械挖土；不能为设备安装提供工作面，因而工期较长。

当桩基单独施工时，若相邻柱基基坑考虑了放坡要求已很接近，可将柱基基坑连通挖掘，即挖成基槽。但在一般情况下，柱基基坑不大且不深，土质也较好时，为了减少土方工程量，往往将各柱基基坑分别开挖。

2）当设备基础埋置深度大于厂房基础的埋置深度时，通常采用"开敞式"施工。即厂房柱基础和设备基础同时施工，先安装工艺设备，后建造厂房。其优缺点与封闭式的相反。

当采用开敞式施工方式时，设备基础与柱基础往往连成一片，故可采取成片开挖。

如果设备基础与厂房基础埋置深度相接近，上述两种施工方案都可以考虑。

基础往往是单层工业厂房中唯一现浇构件。基础工程的施工顺序通常是：基坑开挖→垫层→绑扎钢筋→支模板→浇混凝土基础→养护→拆模→回填。

单层工业厂房基础施工和民用房屋一样，需进行分段流水作业。

单层厂房杯形基础斜面以下的一段，在放线时应考虑其支模所需的尺寸（约300mm）。若无地下水，也不是雨季施工，一般可考虑不做木模，以土壁作模。

在雨季，土方工程要特别注意分段施工，土方挖好一段后，后续工序（如垫层、基础等）应及时跟上，避免挖好的土坑暴露时间太长，基底遭雨水侵蚀。也可在挖土时不挖到基底设计标高，而在基底处保留150~300mm厚的土层暂不挖，待临做垫层或基础施工前再行将基底挖至设计标高。

回填土尽量在晴天施工，容易夯实。

安排各分项工程之间的搭接时，应根据当时气温条件，加强对混凝土垫层和基础的养护，在基础混凝土达到拆模强度（约$1.2N/mm^2$）后即可拆模，并及早进行回填和夯实，为现场预制工程创造条件。

（2）预制工程：单层工业厂房构件的预制方式，一般采用加工厂预制和现场预制相结合的方法。通常对于重量较大或运输不便的大型构件，如柱、屋架等，可在拟建车间现场就地预制。中小型构件可在加工厂预制，如大型屋面板、吊车梁等。但在具体确定预制方案时，应结合构件特征、当地构件加工生产能力、现场施工和运输条件，以及工期要求等因素进行技术经济分析之后确定。一般来说，预制构件的施工顺序与结构吊装方法有关。

现场后张法预应力屋架的施工顺序为：场地平整夯实→支模→绑扎钢筋→预留孔道→浇筑混凝土→养护→拆模→预应力筋张拉→锚固→灌浆。这里一定要注意场地的平整夯实，否则导致构件不均匀沉降而开裂。

（3）结构安装工程：结构安装施工的施工顺序取决于吊装方法，见8.2.5节。

（4）围护结构工程：内墙起隔断作用，外墙一般仅起围护作用，它们通常不另设基础，而是砌筑在基础梁上。地基条件较好时，也可自设墙基础。围护工程阶段的施工包括内外墙体砌筑、搭脚手架、安装门窗框和屋面工程等。在结构工程结束后或安装完一部分区段后即可开始内外墙砌筑工程的分段施工。此时，不同的分项工程在不同的施工段上进行流水施工，砌筑一完，即开始屋面工程。

（5）装饰工程：装饰工程的施工分室内装饰和室外装饰。室内装饰：地面找平、垫层、面层、门窗扇安装、玻璃安装、油漆、刷白等；室外装饰：勾缝、抹灰、勒脚、散水等。在冬雨季即将到来时，应先室外装饰，后室内装饰，并注意门窗和玻璃的安装。单层厂房装饰工程与其他施工过程穿插进行。

2. 施工起点、流向和施工段的划分

单层厂房施工起点、流向和施工段的划分主要取决于生产需要、缩短工期和保证质量等要求。

（1）施工一般按生产工艺顺序开展，这样可以保证设备安装工程的分期进行，以便分别交付使用，从而缩短工期。但对于生产工艺上会影响其他工段试车投产或生产使用上要求急的工段或部位应先行安排施工。

（2）一般说，技术复杂、施工进度慢、工期较长的工段或部位，应先施工。

（3）厂房有高低跨时，柱的吊装应从高低跨并列处开始；屋面防水层施工应按先高后低的方向施工，同一屋面则由檐口向屋脊方向施工。

（4）工程机械的开行路线或布置位置决定了基础挖土及结构吊装的施工起点和流向。

（5）施工段的部位，如伸缩缝、沉降缝、施工缝等是决定其施工流向时应考虑的因素。

（6）当厂房为多跨并列，且有纵横跨时，可将纵跨和横跨划分为两段，先吊装各纵向跨、再吊装横向跨，以保证在各纵向跨吊装时起重机械和运输车辆的畅通。

（7）当厂房有多跨结构且面积较大时，为加快施工进度，可将建筑物划分为若干段，多台设备各段同时进行施工。

3. 起重机选择

起重机的选择，关系到构件安装方法、起重机械开行路线、停机位置、构件平面布置等许多问题。

（1）起重机类型的选择：起重机类型的选择主要根据厂房的跨度、构件重量、安装高度、施工现场条件，以及当地现有起重设备情况而定。

一般中小型单层厂房结构采用自行式起重机安装是较合理的，且大多采用履带式起重机，由于履带的面积较大，对地面的压强较低，行走时一般不超过 0.2MPa，起重时不超过 0.4MPa。因此，它可以在较为不平的松软地面工作。当现场路面较好时，也可选择轮胎式起重机。当厂房高度较大时，柱和吊车梁可用履带式起重机吊装，屋盖结构采用塔式起重机吊装。在缺乏大型起重设备的情况下，也可采用独脚拔杆、人字拔杆、桅杆式起重机等进行吊装。

重型单层厂房跨度大，构件重量和吊装高度也大，往往需要结合设备安装同时考虑结构构件的安装问题，选用的起重机既要安装厂房的承重结构又要能完成设备的安装。对于重型构件，当一台起重机无法吊装时，也可选用两台起重机抬吊。

（2）起重机型号选择：起重机类型确定后，需进一步选择起重机型号。所选起重机的起重量 Q、起重高度 H、起重幅度 R 三参数应满足结构吊装要求。图 8-3 及表 8-4 所示为起重机的参数和外形尺寸。表 8-5 列出了履带式起重机的性能。

1）起重量：

起重机的起重量必须满足下式要求

$$Q \geqslant Q_1 + Q_2 \tag{8-1}$$

式中　Q——起重机的起重量（t）；

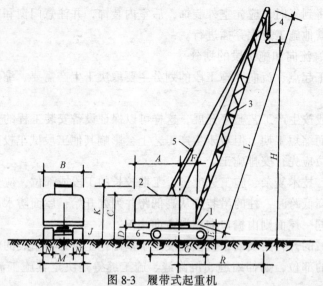

图 8-3　履带式起重机

1—底盘；2—机棚；3—起重臂；4—起重滑轮组；5—变幅滑轮组；6—履带
A、B⋯⋯—外形尺寸符号；L—起重臂长度；H—起升高度；R—工作幅度

履带式起重机外形尺寸（mm）　　　　表 8-4

符　号	名　　称	型号 W₁—50 (W—501、₃—505)	W₁—100 (W—1001、₃—1004)	W₁—200 (W—2001)	₃—1252	W—4
A	机棚尾部到回转中心距离	2900	3300	4500	3540	5250
B	机棚宽度	2700	3120	3200	3120	
C	机棚顶部距地面高度	3220	3675	4125	3675	
D	回转平台底面距地面高度	1000	1045	1190	1095	
E	起重臂枢轴中心距地面高度	1555	1700	2100	1700	2650
F	起重臂枢轴中心至回转中心的距离	1000	1300	1600	1800	2340
G	履带长度	3420	4005	4950	4005	
M	履带架宽度	2850	3200	4050	3200	
N	履带板宽度	550	675	800	675	
J	行走底架距地面高度	300	275	390		
K	双足支架顶部距地面高度	3480	4170	4300	4180	8580

履带式起重机性能　　　　表 8-5

参　　数		单位	型号 W₁—50			W₁—100		W₁—200			₃—1252			W—4			
起重臂长度		m	10	18	18 带鸟嘴	13	23	15	30	40	12.5	20	25	21	27	33	45
最大工作幅度		m	10.0	17.0	10.0	12.5	17.0	15.5	22.5	30.0	10.1	15.5	19.0	20.32	25.52	30.67	41.12
最小工作幅度		m	3.7	4.5	6.0	4.23	6.5	4.5	8.0	10.0	4.0	5.65	6.5	6.54	7.79	9.03	11.51
起重量	最小工作幅度时	t	10.0	7.5	2.0	15.0	8.0	50.0	20.0	8.0	20.0	9.0	7.0	63.4	56.8	45.7	32.0
	最大工作幅度时	t	2.6	1.0	1.0	3.5	1.7	8.2	4.3	1.5	5.5	2.5	1.7	16.8	11.3	83.3	4.34
起升高度	最小工作幅度时	m	9.2	17.2	17.2	11.0	19.0	12.0	26.8	36.0	10.7	17.9	22.8	20.5	26.5	32.5	45
	最大工作幅度时	m	3.7	7.6	14.0	5.8	16.0	3.0	19.0	25.0	8.1	12.7	17.0	10.5	13.5	16.5	22.65

注：表中数据所对应的起重臂倾角为：$\alpha_{min}=30°$，$\alpha_{max}=77°$。

222

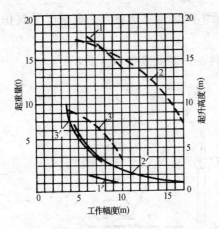

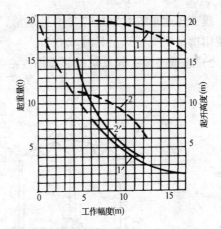

图 8-4　W₁-50 型起重机工作性能曲线

1，1′—臂长 18m 并带鸟嘴时的起升高度与起重量曲线；

2，2′—臂长 18m 时的起升高度与起重量曲线；

3，3′—臂长 10m 时的起升高度与起重量曲线

图 8-5　W₁-100 型起重机工作性能曲线

1，1′—臂长 23m 时的起升高度与起重量曲线；

2，2′—臂长 13m 时的起升高度与起重量曲线

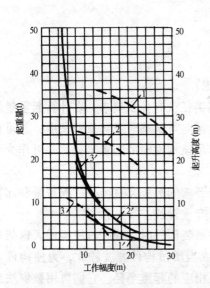

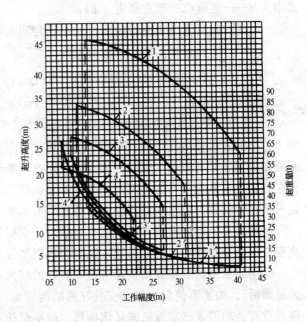

图 8-6　W₁-200 型起重机工作性能曲线

1，1′—臂长 40m 时的起升高度与起重量曲线；

2，2′—臂长 30m 时的起升高度与起重量曲线；

3，3′—臂长 15m 时的起升高度与起重量曲线

图 8-7　W-4 型起重机工作性能曲线

1，1′—臂长 45m 时的起升高度与起重量曲线；

2，2′—臂长 33m 时的起升高度与起重量曲线；

3，3′—臂长 27m 时的起升高度与起重量曲线；

4，4′—臂长 21m 时的起升高度与起重量曲线

Q_1——构件的重量（t）；

Q_2——索具的重量（t）。

履带式起重机起重量包含索具重量，这与塔吊不同。索具重量在一般情况下取 0.2t，当使用横吊梁等特殊吊具时取 0.3t。

2）起重高度：起重机的起重高度必须满足构件的吊装高度要求（图 8-8）。

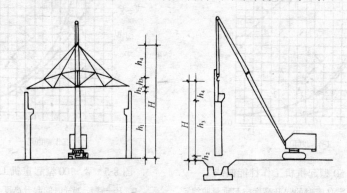

图 8-8　履带式起重机起重高度计点简图

$$H > h_1 + h_2 + h_3 + h_4 \tag{8-2}$$

式中　H——起重机的起重高度（m）；

　　　h_1——安装支座表面的高度（m），从停机面算起；

　　　h_2——安装空隙，不小于 0.3m；

　　　h_3——绑扎点至构件吊起底面的距离（m）；

　　　h_4——索具高度，自绑扎点至吊钩面（m）。

3）起重半径：起重半径的确定可按三种情况考虑：

①当起重机可以开到构件附近去吊装时，对起重半径没有什么要求，在计算起重量及起重高度后，便可查阅起重机性能表或性能曲线来选择起重机型号及起重臂长度，并可查得在此起重量和起重高度下相应起重半径，即为起吊该构件时的起重半径，并可作为确定吊装该类构件时起重机开行路线及停机点的依据。

②当起重机不能开到构件附近去吊装时，应根据要求的最小起重半径、起重量和起重高度查起重机性能表或性能曲线来选择起重机型号及起重臂长。

③当起重机的起重臂需要跨过已安装好的结构去吊装构件时（如跨过屋架或天窗架吊装屋面板），为了不使起重臂与安装好的结构相碰，或当所吊构件宽度较大，为使构件不碰起重臂，均需求出起重机起吊该构件的最小臂长及相应的起重半径。它们可用数解法或图解法求得。

A. 数解法：如图 8-9（a）所示，最小起重臂长 L 为

$$L \geqslant l_1 + l_2 = \frac{h}{\sin\alpha} + \frac{f + g}{\cos\alpha} \tag{8-3}$$

式中　L——起重臂的长度（m）；

　　　h——起重臂底铰至构件吊装支座（在本例中即屋架上弦顶面）的高度（m）；

224

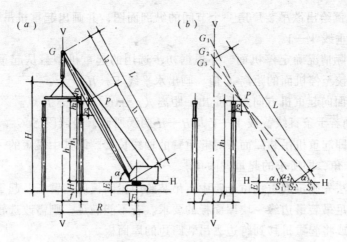

图 8-9　吊装屋面板时，起重臂最小长度之计算简图

(a) 数解法计算简图；(b) 图解法

$$h = h_1 - E$$

h_1——停机面至构件吊装支座的高度（m）；

f——起重钩需跨过已吊装结构的距离（m）；

g——起重臂轴线与已吊装屋架间的水平距离，至少取 1m；

E——起重臂底铰至停机面的距离（m），可由起重机械外形尺寸表（如表 8-4）查得；

F——起重臂底铰至起重机回转中心的距离（m），可由表 8-4 查得；

α——起重臂的倾角。

为了使求得的起重臂长度为最小，可对 (8-3) 式进行一次微分，并令 $\dfrac{\mathrm{d}L}{\mathrm{d}\alpha} = 0$；

$$\frac{dL}{d\alpha} = \frac{-h\cos\alpha}{\sin^2\alpha} + \frac{(f+g)\sin\alpha}{\cos^2\alpha} = 0$$

得

$$\frac{\sin^3\alpha}{\cos^3\alpha} = \frac{h}{f+g}$$

$$\mathrm{tg}^3\alpha = \frac{h}{f+g}$$

所以

$$\alpha = \mathrm{arctg}\sqrt[3]{\frac{h}{f+g}} \tag{8-4}$$

以求得的 α 值代入 (8-3) 式，即可得出所需起重臂的最小长度。根据计算结果，选用适当的起重臂。然后按实际采用的 L 及 α 值计算出工作幅度 R：

$$R = F + L\cos\alpha \tag{8-5}$$

按计算出的 R 值及已选定的起重长度臂 L，查起重机工作性能表或曲线，复核起重量 Q 及起升高度 H，如能满足构件的吊装要求，即可根据 R 值确定起重机吊装屋面板时的停机位置。

B. 图解法（图 8-9b）：用作图方法求所需最小臂长的步骤如下：

（a）按一定比例绘出欲吊装厂房一个节间的纵剖面图，并画出起重机吊装屋面板时，起重钩需伸到处的垂线 V—V。

（b）按地面实际情况确定停机面，并根据初步选用的起重机型号从起重机外形尺寸表，查出起重臂底铰至停机面的距离 E 值，画出水平线 H—H。

（c）自屋架顶面向起重机方向水平量出一距离 $(g \geqslant 1m)$，可得 P 点。

（d）过 P 点画若干条直线，被 V—V 及 H—H 两线所截，得线段 S_1G_1、S_2G_2、S_3G_3 ……等。这些线段即起重机吊装屋面板时起重臂的轴线长度。取其中最短的一根即所求的最小臂长。量出 α_i 角，即所求的起重臂倾角。

一般按上述方法先确定起重机位于跨中，吊装跨中屋面板所需臂长及起重倾角。然后再复核一下能否满足吊装最边缘一块屋面板的要求。若不能满足，则需改选较长的起重臂及改变起重倾角，或将起重机移到跨边去吊装跨边的屋面板。

在起重机型号、参数、起重臂长的选择中应注意：起重臂长度和倾角、起重量、起重幅度以及起重高度之间存在着相互制约的关系。当起重臂长度一定时，随着起重臂倾角的增大，起重量和起重高度增大，起重幅度减小；当起重臂倾角不变时，随着起重臂长度的增加，起重幅度和起重高度增加，而起重量减小。

一般说来，选择一台起重机来安装柱、屋架、屋面板等全部构件往往是不经济的，但选择不同的起重机对面积不大的厂房也是划不来的。因此可选用同一台起重机而用不同的杆长去安装不同的构件。例如柱子较重，但安装高度不大，可采用较短的起重杆；屋架安装高度较大，但重量较轻，可采用较长的起重杆，也可采用横吊梁（保证所有绳索的水平夹角大于 45°）将起重高度大大降低；安装屋面板时，若起重半径不足，可不增长起重杆，而在起重杆上增加一鸟嘴，用副钩来起吊屋面板。

在各吊装构件所需参数计算中，并非所有构件都要计算，而只计算主要构件中具有代表性的构件。例如柱子，主要控制参数是起重量，因此，只要计算最重柱子的三个参数，然后依此选择设备，所选设备参数只要满足该柱吊装要求，其他柱子一般即可满足（有时可加上对抗风柱的验算）。再如屋架，主要控制参数是起重高度，因此，只要选择跨度最大的屋架进行计算即可。还有屋面板，只要计算所需吊装最高或最远的屋面板即可，一般需要一个人计算，一个人校核。

（3）起重机数量的确定：所需起重机数量，根据工程量、工期及起重机的台班产量定额而定，可用下式计算

$$N = \frac{1}{TCK} \cdot \sum \frac{Q_i}{P_i} \tag{8-6}$$

式中　N——起重机台数；

　　　T——工期（d）；

　　　C——每天工作班数；

　　　K——时间利用系数，取 0.8～0.9；

　　　Q_i——每种构件的吊装工程量（件）；

　　　P_i——起重机相应的台班产量定额（件/台班）。

此外，在决定起重机数量时，还应考虑到构件装卸、拼装和排放的工作量。

当起重机数量已定，也可用（8-6）式来计算所需工期或每天应工作的班数。

8.2.3 吊装前准备工作

构件吊装前必须做好一切准备工作，在修筑构件运输和起重机运行道路，平整场地、准备好供水、供电、电焊机以及吊装常用的各种索具、吊具和材料的同时，还应该做好以下工作：

1. 构件的运输和堆放

在预制厂制作的构件一般采用汽车和平板拖车运输至现场，堆放在适当的地方。为使构件在运输堆放过程中不损坏、不变形、不倾倒，应注意以下问题：

(1) 构件运输时，混凝土强度不应低于设计强度的75%。

(2) 构件运输时，应采取设置工具、支承框架、固定梁、支撑等予以固定，其位置和方法应正确、合理，符合构件受力情况，防止混凝土构件开裂。

(3) 运输道路应平整坚实，行车和装卸要平稳，尽量减小振动和冲击。

(4) 构件进场后应按事先拟定的预制构件布置图进行堆放，避免二次搬运。堆放构件的场地应平整坚实并有排水措施，避免使构件开裂。

(5) 构件根据其刚度和受力情况，确定平放或立放，以保持构件稳定。

(6) 水平分层堆放的构件。层与层之间应以垫木隔开，各层垫木的位置应在一直线上，以免构件折断。立放构件，如薄腹梁、屋架等应从两边撑牢。堆垛高度应按构件强度、堆放场地的承载力、垫木的强度及稳定性而定。

2. 构件的检查与清理

(1) 检查构件的数量是否与设计相符。

(2) 检查构件的外形尺寸，预埋件的位置和尺寸，吊环的位置和规格。

(3) 检查构件表面有无裂缝、变形及其他损坏现象，预埋件有无损伤变形。

(4) 一般规定混凝土强度不低于设计强度的75%，对一些大跨度的构件，如屋架等则应达到100%。

3. 构件弹线与编号

构件经检查合格后，即可在构件表面弹出安装定位线和校正线，并画上红三角，以作为构件安装、对位、校正的依据。对形状复杂的构件，还要标出它的重心和绑扎点的位置。

(1) 柱子：要在柱身三面（两宽面一窄面）弹出安装中心线。矩形截面可按几何中心弹线；工字形截面柱，除在矩形截面弹出中心线外，为便于观察及避免视差，还应在工字形截面的翼缘部位弹出一条与中心线平行的线。所弹中心线的位置应与柱基杯口面上的安装中心线相吻合。此外，在柱顶和牛腿面上还要弹出屋架及吊车梁的安装中心线。

(2) 屋架：屋架上弦顶面应弹出几何中心线，上弦中线应延至屋架两端下部，并从跨度中央向两端分别弹出天窗架、屋面板或檩条的安装定位线。

(3) 梁：在梁的两端及顶面弹出安装中心线。

在对构件弹线的同时，应按图纸将构件编号，号码要写在明显部位。不易辨别上下左右的构件，应在构件上作出记号，以免安装时将方向搞错。

4. 基础准备

(1) 检查杯口尺寸，再根据柱网轴线在基础顶面弹出十字交叉的安装中心线，并画上红三角，以便柱子安装对位。

(2) 为保证柱子吊装标高的正确，柱基施工时，杯底标高一般做得比设计标高低

25~50mm,使柱子长度有误差时便于调整。调整时先用尺测出杯底实际标高（小柱测中间一点，大柱测四个角点），牛腿面设计标高与杯底实际标高的差，就是柱子牛腿面到柱底的应有长度，再与实际量得的长度相比，得到制作误差，再结合柱底面的平整度，用水泥砂浆或细石混凝土将杯底抹平，垫至所需标高，称杯底抄平。

5. 构件的拼装与临时加固

当天窗架、大跨度屋架和组合屋架采取在预制厂预制，再运至工地吊装时，则一般制成块体，运至工地再拼装成整体。

拼装有立拼和平拼两种。对于大跨度屋架采用直接在起吊位置立拼，而小跨度构件如天窗架则多采用平拼。

由于构件吊装时的受力情况与厂房使用时不一样，有时甚至相反，因此，构件设计时应考虑吊点位置。但实际吊装时，由于某些原因，吊点与设计规定不同。因此，吊装前，有时还需另作构件的吊装验算，并采取适当的临时加固措施。其加固方法，一般是按杆件受力情况，用毛竹或木料绑在构件上。例如，钢屋架的侧向刚度较差，在翻身

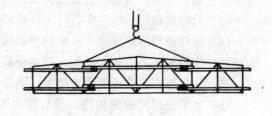

图 8-10　屋架绑扎

扶直与吊装时，如有必要应进行临时加固，如图 8-10 所示。

8.2.4　构件的吊装工艺

1. 柱的吊装

柱的吊装质量除会影响吊车梁、屋架、屋面板等构件的吊装外，还会影响厂房的安全和使用。因此，柱的吊装质量应予特别重视。柱的安装过程包括绑扎、起吊、就位、临时固定、校正和最后固定等工序。

（1）绑扎：一般 13t 以下的中小型柱绑扎一点，细长柱或重型柱应两点绑扎。常用的吊具有吊索、卡环、柱销、横吊梁等。

1）一点绑扎法：绑扎位置一般在牛腿下；工字形截面和双肢柱，绑扎点应选在实心处，否则，应在绑扎位置用方木垫平。常用的绑扎法有：

①斜吊绑扎法：这种方法是将柱置于平卧状态下，不需翻身即可直接绑扎起吊。柱起吊后呈倾斜状态，吊索在柱的宽面上，起重钩可低于柱顶。当柱身长、平放时柱的抗弯强度能满足要求，或起重杆长度不足时，可采用此法进行绑扎。柱的绑扎工具可用两端带环的绳索及卡环绑扎，也可用专用工具柱销绑扎（图 8-11）。

②直吊绑扎法：经验算当柱平放起吊的抗弯强度不足时，需将柱翻身，然后起吊。这种绑扎方法是用吊索绑穿柱身，从柱子宽面两侧分别扎住卡环，再与横吊梁相连，如图8-12所示。它的优点是，柱翻身后刚度大、抗弯能力强，起吊后柱与基础杯底垂直，容易对位。由于吊钩需在柱顶之上，所以需要较大的起吊高度。

2）两点绑扎法：当柱较长、一点绑扎抗弯强度不足时，可采用两点绑扎起吊。在确定绑扎位置时，应使两根吊索的合力作用线高于柱子的重心处，即下吊点到柱重心的距离大于上吊点到柱重心的距离。这样，柱在起吊过程中，柱身可以自行转为直立状态。另外，下吊点还应满足解除吊索的方便要求，所以下吊点位置必须大于柱底部插入杯口的深度。

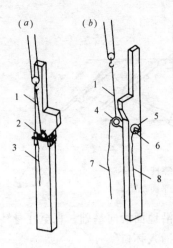
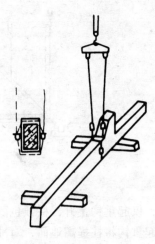

图 8-11　柱的斜吊绑扎法

（a）采用活络卡环；（b）采用柱销

1—吊索；2—活络卡环；3—活络卡环插销拉绳；4—柱销；

5—垫圈；6—插销；7—柱销拉绳；8—插销拉绳

图 8-12　柱的直吊绑扎法

其常用的绑扎方式仍为斜吊绑扎法和直吊绑扎法，如图 8-13 所示。

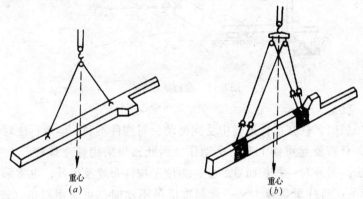

图 8-13　两点绑扎法

（a）斜吊；（b）直吊

（2）起吊：柱的起吊方法应根据柱的重量、长度、起重机的性能和现场情况而定。

1）旋转法：采用旋转法吊装柱时（图 8-14），柱的绑扎点、柱脚中心与柱基中心三者宜位于起重机的同一工作幅度的圆弧上。起吊时，起重臂边升钩边回转，柱顶随起重钩的运动，也边升起边回转，而柱脚的位置在柱的旋转过程中是不移动的。当柱由水平转为直立后，起重机将柱吊离地面，旋转至基础上方，将柱脚插入杯口。用旋转法吊装时，柱在吊装过程中所受振动较小，生产率较高，但对起重机的机动性要求较高。采用自行式起重机吊装时，宜采用此法。

柱的绑扎点、柱脚、柱基中心三者在同一工作幅度圆弧上，称三点共弧。当场地受限制时，也可采取两点共弧，即绑扎点与杯基中心，或柱脚中心点与杯基中心共弧。

2）滑行法：采用滑行法吊装时（图 8-15），柱的绑扎点宜靠近基础。起吊时，起重臂

229

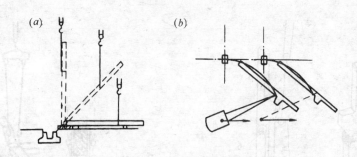

图 8-14 旋转法吊装柱

(a) 柱吊升过程；(b) 柱平面布置

不动，仅起重钩上升，柱顶也随之上升，而柱脚则沿地面滑向基础，直至柱身转为直立状态，起重钩将柱提离地面，对准基础中心，将柱脚插入杯口。

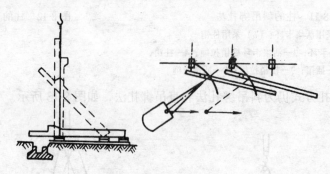

图 8-15 滑行法吊装柱

用滑行法吊装时，柱在滑行过程中受到振动，对构件不利，但滑行法对起重机械的机动性要求较低，只需要起重钩上升一个动作。因此，当采用独立拔杆、人字拔杆吊装柱时，常采用此法。另外对一些长而重的柱，为便于构件布置及吊升，也常采用此法。

3）双机台吊：当柱重量较大，一台起重机吊不动时，可采用双机（或多机）抬吊。这是用小机械吊大柱的一个有效的方法。

（3）对位与临时固定：柱脚插入杯口后，并不立即降至杯底，而是停在离杯底 30～50mm 处进行对位，对位的方法，是用八只木楔或钢楔从柱的四边放入杯口，并用撬棍撬动柱脚，使柱的安装中心线对准杯基口上的安装中心线，并使柱基本保持垂直。

对位后，将八只楔块略打紧，放松吊钩，让柱靠自重沉至杯底，再检查一下安装中心线对准的情况，若已符合要求，即将楔块打紧，将柱临时固定。

当柱较高，杯口深度与柱长之比小于 1/20 时，或柱有较大的牛腿时，除采用八只楔块临时固定外，必要时应增设缆风绳拉锚或用斜撑来加强临时固定。

（4）校正：柱的校正包括三方面的内容：即平面位置、标高及垂直度。柱的标高校正在杯基杯底抄平时已经完成，而柱平面位置的校正则在柱对位时也已完成。因此，在柱临时固定后，仅需对柱进行垂直度的校正。

对柱垂直偏差的检查方法，是用两架经纬仪从柱相邻的两边（视线应基本与柱面垂直）去检查柱吊装准线的垂直度，如图 8-16 所示。在没有经纬仪的情况下，也可用垂球

230

进行检查。如偏差超过规定值，则应对柱的垂直度进行校正。校正除常用的楔子配合钢钎校正法外，还可采用撑杆校正法和螺旋千斤顶校正法，如图8-17和8-18所示。

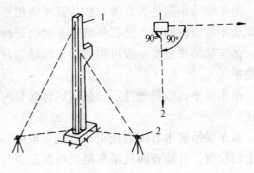

图 8-16　校正柱子时经纬仪的设置
1—柱；2—经纬仪

（5）最后固定：柱校正后，应立即进行最后固定。最后固定的方法，是在柱脚与杯口的空隙中灌筑细石混凝土。所用混凝土的强度等级可比原构件的混凝土强度等级提高一级。

混凝土的灌筑分两次进行。

第一次：灌筑混凝土至楔块下端。

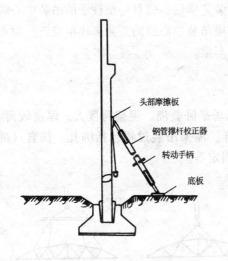

图 8-17　撑杆校正法

头部摩擦板
钢管撑杆校正器
转动手柄
底板

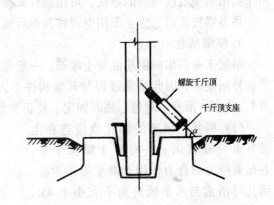

图 8-18　螺旋千斤顶校正法

螺旋千斤顶
千斤顶支座

第二次：当第一次灌筑的混凝土达到设计的强度等级 25% 时，即可拔出楔块，将杯口灌满混凝土。

第一次灌筑后，柱可能出现新偏差，其原因可能是捣混凝土时碰动了楔块，或木楔因受潮变形膨和胀程度不同引起的，故在第二次灌筑前，必须对柱的垂直度进行复查。

2. 梁的吊装

吊车梁的类型有 T 型、鱼腹型和组合型等，长度一般为 6～12m，重量约 3～5t。当杯口内二次浇筑的混凝土强度达要求强度的 75% 时，即可进行吊车梁的安装，其安装内容包括绑扎、起吊、就位、校正和最后固定。与其他构件比较，梁的吊装较简单。

（1）绑扎、起吊和就位：绑扎点可设在离两端约 1/5 梁跨处，绑扎两点对称设置，两根起重索应等长，这样吊车梁起吊后能基本保持水平。对位时不宜用撬杠在纵轴方向撬动吊车梁，因柱在此方向刚度较差。一般吊车梁不需采取临时固定措施。但当梁高宽比大于 4 时，除用铁块垫平外，可用铁丝临时绑在柱上，以防倾倒。

（2）校正和最后固定：吊车梁的校正工作可在屋盖结构吊装前进行，但最好在屋盖吊装后进行，并应考虑屋架、支撑等构件安装时可能引起的柱的变位，而使吊车梁移动。

吊车梁的吊装是否准确，应从其平面位置、垂直度和标高进行检查。吊车梁的标高主要取决牛腿面的标高，这在杯底抄平时已进行调整，如仍有误差，可在安装轨道时进行调整。吊车梁的垂直度一般可用靠尺、线锤进行测量，如偏差超过规定值，可在支座处加铁片垫平。

吊车梁平面位置的校正，包括纵轴线和跨距两项，实际上就是对吊车梁吊装中心线的校正。

吊车梁吊装中心线的校正，首先应根据车间的定位轴线，定出吊车梁吊装中心线在地面上的位置，并检查两列吊车梁的跨距是否与设计相符。其次用经纬仪自车间两端将地面上的吊车梁吊装中心线投影到两端的柱上，据此检查、校正两端吊车梁的吊装偏差。然后再在已校正的两端吊车梁上架设经纬仪或拉通线，逐根校正中间各根吊车梁的吊装中心线的偏差。

吊车梁吊装中心线的校正，也可在厂房结构吊装完毕后，将每一根柱子的吊装中心线投影到吊车梁顶面处的柱身上，按设计规定的吊车梁吊装中心线的距离来逐根校正。纠正吊车梁吊装中心线偏差的办法，可用撬杠来拨动吊车梁。

吊车梁校正后，应立即用电焊将其最后固定。

3. 屋架吊装

单层工业厂房的钢筋混凝土屋架，一般是在现场平卧叠浇。屋架跨度大，厚度较薄，平面外刚度差，因此吊装过程与其他构件不太一样。屋架吊装过程包括绑扎、扶直（翻身）、就位、吊升、对位、临时固定、校正和最后固定等。

（1）绑扎：屋架的绑扎点应选在上弦节点处或其附近，对称于屋架中心，各吊索拉力的合力作用点高于屋架重心，绑扎时吊索与水平线夹角不宜小于 45°，以免屋架承受过大的横向压力。必要时，为减小屋架的起吊高度及所受横向压力，可采用横吊梁。屋架的绑扎方法如图 8-19 所示。另外为防止屋架在空中任意转动，屋架两端应加拉绳。

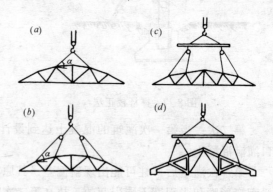

图 8-19 屋架的绑扎
(a)屋架跨度小于或等于 18m 时；(b)屋架跨度大于 18m 时；
(c)屋架跨度大于 30m 时；(d)三角形组合屋架

吊点数目、位置与屋架的跨度和形式有关。一般当屋架跨度小于 18m 时，采用两点绑扎；跨度大于 18m 时，采用四点绑扎；跨度大于 30m 时，应考虑采用横吊梁以减少轴向压力；对刚度较差的组合屋架，因下弦不能承受压力，也宜采用横吊梁四点绑扎。

（2）扶直与就位：屋架一般是在现场平卧叠浇预制，吊装前先要翻身扶直，然后才能吊放至指定地点就位。按起重机与屋架的相对位置不同，扶直屋架有两种方法。

①正向扶直：扶直时起重机位于屋架下弦一边，将吊钩对准上弦中点，钩好吊索，收紧吊钩，再略抬起吊臂，使上下榀屋架分开，接着升钩、起臂、使屋架以下弦为轴慢慢转为直立状态（图 8-20b）。

232

②反向扶直：起重机位于屋架上弦一边，吊钩对准上弦中点，随着升钩、降臂，使屋架绕下弦转动而直立（图8-20c）。

一般工地大多采用正向扶直屋架，因升臂操作比降臂方便、安全。

屋架扶直后即进行排放。排放的位置与起重机的性能和安装方法有关，应尽量少占场地，便于安装，且应考虑屋架的安装顺序、两头朝向等问题。一般靠柱边斜放，或以3～5榀为一组平行于柱边排放，排放范围在布置预制构件平面图时应加以确定。如排放位置与屋架预制位置在起重机开行路线同一侧时，称为同侧排放；而排放位置与屋架预制位置分别在起重机两边时，称为异侧排放。图8-20所示的屋架排放为同侧排放。

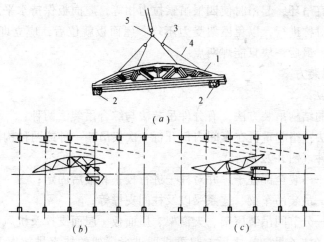

图 8-20　屋架的扶直
(a) 现场布置；(b) 正向扶直；(c) 反向扶直
1—屋架；2—木垛；3—滑轮；4—吊索；5—吊钩

（3）吊升、对位、临时固定：屋架吊起后应基本保持水平。屋架在空中旋转，是由吊装工人在地面上以拉绳控制的。第一榀屋架吊装就位，在支座处焊接后，应用四根缆风绳从两边将屋架拉牢（图8-21），加以临时固定，若有抗风柱，可与抗风柱连接固定。第二榀屋架吊装就位，在支座处焊接后，可用两根工具式支撑与第一榀屋架联系。待屋架校正，最后固定，并安装了屋架间的连接支撑，构成一个稳定的空间体系，才能将支撑取下。

如果屋架较重，一台起重机吊不动，可采用双机抬吊。

（4）校正、最后固定：屋架校正包括检查和校正垂直度偏差。规范规定：屋架上弦对通过两端支座中心的垂直面偏差不得大于 $h/250$（h 为屋架高度），检查时采用线锤或经纬仪，用工具式支撑校正。

采用经纬仪检查时，将仪器安置在被

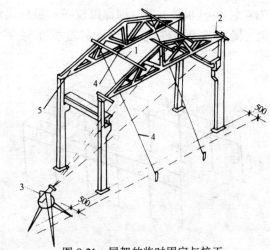

图 8-21　屋架的临时固定与校正
1—工具式支撑(或连接支撑)；2—屋架校正器；3—经纬仪；
4—缆风绳；5—第一榀屋架

检查屋架的跨外，距柱横轴线为 a（$a = 0.5 \sim 1.0m$）处，然后观察屋架两端及中间三个卡尺上的标记是否在一个垂直面上。如偏差值超过规定值，可通过工具式支撑纠正，在屋架端部支撑面垫入薄钢片。最后用电焊焊牢作为最后固定。

4．天窗架的吊装

一般是在屋架和天窗架两侧屋面板吊装后，即吊装天窗架。也可在地面上将屋架和天窗架先拼成整体，然后同时吊装。前者操作简单，要求起重量和起重高度小；后者高空作业少，工效高。

5．屋面板的吊装

屋面板一般埋有吊环，起吊时使四根吊索拉力相等，屋面板保持水平。屋面板吊装最好按屋架跨度左右对称进行，以免屋架受力不均。屋面板就位后，应立即进行电焊固定，每块面板可焊三点，最后一块只能焊两点。

8.2.5　结构吊装方案

1．结构吊装方法

单层工业厂房的结构吊装方法，有分件吊装法与综合吊装法两种：

（1）分件吊装法：指起重机在车间内每开行一次仅吊装一种或两种构件。通常分三次开行吊装完全部构件（图8-22所示）。

第一次开行——吊装全部柱子，并对柱子进行校正和最后固定；

第二次开行——吊装吊车梁、连系梁以及柱间支撑等；

第三次开行——分节间吊装屋架、天窗架、屋面板、屋面支撑及抗风柱等。

在第一次开行（柱子吊装）之后，起重机即进行屋架的扶直排放以及吊车梁、连系梁、屋面板的摆放布置。

分件吊装法由于每次基本安装同类构件，索具不需经常更换。操作程序基本相同，所以安装速度快。构件校正、接头焊接、灌缝、混凝土养护时间充分。构件供应、现场平面布置比较简单。缺点是不能为后续工程及早提供工作面，起重机开行路线长。一般单层厂房多采用分件吊装法。

（2）综合安装法：起重机在车间内的一次开行中，分节间安装完各种类型的构件，即先安装4～6根柱，并立即加以校正和最后固定，接着安装连系梁、吊车梁、屋架、天窗架、屋面板等构件（图8-23）。起重机在每一个停机点上，要求安装尽可能多的构件。因

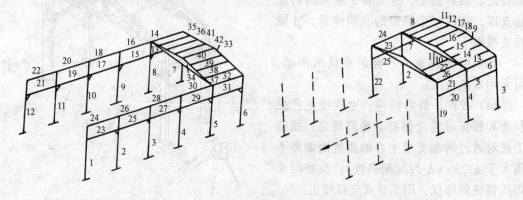

图 8-22　分件安装时的构件安装顺序　　　图 8-23　综合安装时的构件安装顺序

此，综合安装法停机点少，开行路线短；每一节间安装完毕后，即可为后续工作开辟工作面，使各工种能进行交叉平行流水作业，有利于加快施工速度。其缺点是由于要同时安装各种不同类型的构件，影响安装效率的提高；使构件供应和平面布置复杂；构件校正和最后固定时间紧迫。因此，目前很少采用，只有对某些结构（如门架式结构）必须采用综合安装法时，或当采用移动比较困难的桅杆式起重机进行安装时，才采用此法。

由于分件安装法与综合安装法各有优缺点，因此，目前有不少工地采用分件吊装法吊装柱，而用综合吊装法来吊装吊车梁、连系梁、屋架、屋面板等各种构件，起重机分两次开行吊装完各种类型的构件，即混合吊装法。

2. 起重机开行路线及停机位置

起重机的开行路线及停机位置与厂房的平面尺寸及高度、构件的尺寸及重量、起重机的性能、吊装方法等有关。

当吊装屋架、屋面板等屋面构件时，起重机一般在跨内沿跨中开行。吊装吊车梁、连系梁等，起重机一般在跨内沿跨中或跨边开行。在特殊情况下，也可在跨外开行。

设起重机吊装柱子时的回转半径为 R，厂房跨度为 L，柱距为 b，起重机开行路线至跨边的最小距离为 a（图 8-24）。

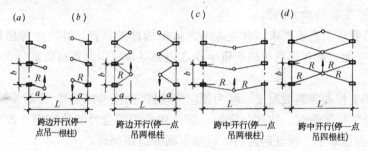

图 8-24　吊装柱时起重机的开行路线及停机位置

当 $R < \dfrac{L}{2}$ 时，起重机需沿跨边开行，每个停机位置吊装一根柱。若 $R \geqslant \sqrt{a^2 + \left(\dfrac{b}{2}\right)^2}$，则每个停机位置吊装两根柱。

当 $R \geqslant \dfrac{L}{2}$ 时，起重机可沿跨中开行，每个停机位置可吊装两根柱。若 $R \geqslant \sqrt{\left(\dfrac{L}{2}\right)^2 + \left(\dfrac{b}{2}\right)^2}$，则每个停机位置可吊四根柱。

当柱布置在跨外时，则起重机一般在跨外沿跨边开行，与上述在跨内沿跨边开行一样，停一点吊一根或两根柱。

在制定起重机开行路线方案时，尽可能使起重机的开行路线最短，在安装各类构件的过程中，互相衔接，不跑空车。同时，开行路线要能多次重复利用，以减少铺设路基、枕木的设施费用。要充分利用附近的永久性道路作为起重机开行路线。

图 8-25 是一个单跨车间，当采用分件吊装法时，起重机的开行路线及停机位置示意图例。该图未按比例绘制，并不表示起重机开行线路的准确位置。

3. 构件的平面布置与运输堆放

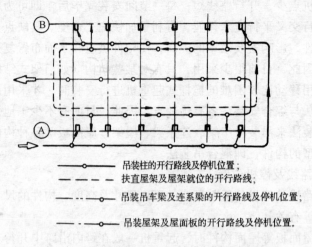

——○——	吊装柱的开行路线及停机位置;
——□——	扶直屋架及屋架就位的开行路线;
——·—○—·——	吊装吊车梁及连系梁的开行路线及停机位置;
——○——	吊装屋架及屋面板的开行路线及停机位置.

图 8-25　起重机的开行路线及停机位置

（1）构件平面布置原则：

1）每跨构件宜布置在本跨内预制，如有些构件布置在本跨内预制确有困难时，也可布置在跨外便于安装的地方预制。

2）应满足安装工艺的要求。首先应考虑重型构件的布置，其次才考虑轻型构件的布置。构件应尽可能布置在起重机的起重半径之内，尽量减少起重机负重行走的距离及起伏起重杆的次数。

3）应便于支模和浇筑混凝土。若为预应力构件，尚应考虑抽管、穿筋等操作所需场地。

4）采用分件吊装法时，构件分阶段布置，如采用综合吊装法则需一次布置，此时构件布置应力求占地最小，保证起重机、运输车辆的道路畅通。

5）所有构件应布置在坚实的地基上。在新填土的地基上布置构件时，必须采取一定的措施（即压实），防止地基下沉，以免影响构件质量。

构件的布置方式也与起重机的性能有关，一般说来，起重机的起重能力大，构件比较轻时，应先考虑便于预制构件的浇筑；起重机的起重能力小，构件比较重时则应优先考虑便于吊装。

（2）预制阶段的构件平面布置：

1）柱的布置：柱的布置方式与场地大小、安装方法有关，一般有三种：即斜向布置、纵向布置及横向布置。斜向布置起吊方便，常常使用。纵向布置中柱的占地面积较小。横向布置中柱的占地面积最大，只在特殊情况下采用。

①斜向布置：预制时柱与厂房纵轴线成一斜角。这种布置方式主要是为了配合旋转起吊法。根据旋转起吊法的工艺要求，柱子最好按图 8-26 的要求进行布置，也就是要使杯形基础中心 M、柱脚 K、绑扎点 S 三点均位于起重机吊装该柱时的同一起重半径 R 的圆弧上，即三点共弧。

A. 确定起重机开行路线到柱基中心线的距离 L。L 与柱起吊半径 R、起重机的最小回转半径 $R_{\min}$ 有关，要求

$$R_{\min} \leqslant L \leqslant R$$

同时，要注意起重机的履带不压在柱基回填土上，以免起重机失稳，且起重机尾部和

236

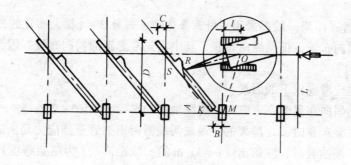

图 8-26　柱子的斜向布置

履带不要碰到预制构件。

B．确定起重机的停机点：吊装柱子时，起重机一般位于所吊柱子的横轴线稍后的范围。以柱基中心 M 为圆心，以吊装柱子时的回转半径 R 为半径画圆弧，交起重机开行路线于 O 点，O 点即为安装该根柱子的停机点。

C．确定柱的预制位置：以停机点 O 为圆心，OM 为半径画弧，在弧上靠近柱基定一点 K，K 即为柱脚中心。K 点尽可能不要位于柱基回填土上，如不能避免要采取一定的技术措施。然后以 K 为圆心、柱脚到吊点的长度为半径画弧，与 R 半径所画的弧相交于 S，连 KS 线得出柱中心线，即可画出柱子的模板位置图。量出柱顶、柱脚中心点到柱列纵横轴线的距离 A、B、C、D 作为支模时的依据。

需注意的是，若柱布置在跨内，则牛腿应面向起重机；若柱布置在跨外，则牛腿应背向起重机。

布置柱时，有时由于场地限制或柱身过长，无法做到三点共弧，也可布置成两点共弧，即杯口、柱脚共弧或杯口、吊点共弧，如图 8-27 所示。

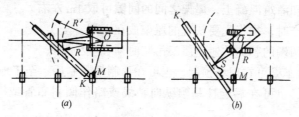

图 8-27　两点共弧布置法

②柱的纵向布置：对于一些较轻的柱，起重机能力有富余，考虑到节约场地、方便构件制作，可顺柱列纵向布置。预制时柱子与厂房纵向轴线平行排列（图 2-28）。纵向布置主要是配合采用滑行法起吊柱子。布置时可考虑起重机停于两柱之间，每停机一次安装两根柱。柱的绑扎点应考虑布置在起重机吊装该柱

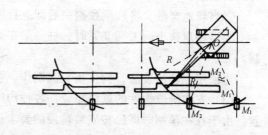

图 8-28　柱的纵向布置

237

时的起重半径上。

2）屋架布置：屋架一般多采用平卧重叠生产，每叠 3～4 榀。布置的方式有：正面斜向布置、正反斜向布置、正反纵向布置，其中优先考虑正面斜向布置。因为它便于屋架的扶直。

屋架布置时应考虑以下的因素。

①屋架正面斜向布置时，下弦与厂房纵轴线的夹角 $\alpha = 10° \sim 20°$。

②预应力屋架布置时，在屋架的一端或两端需留出抽管及预应力筋所需要的位置。若用钢管抽芯，一端抽管时，应留出 $(l + 3)$ m 的一段距离（l 为屋架跨度），若两端抽管，则屋架两端应留出 $\left(\dfrac{l}{2} + 3\right)$ m 一段距离。若用胶皮管抽芯，距离可适当缩短，如图 8-29 所示。

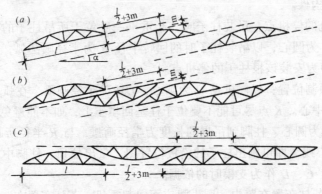

图 8-29 屋架预制时的几种布置方式
（a）斜向布置；（b）正、反斜向布置；（c）正、反纵向布置

③为便于支模和灌筑混凝土，屋架之间的间隙可取 1m 左右。

④平卧重叠生产时，须将先要扶直的屋架放在上层。

⑤要注意屋架两端的朝向，避免屋架吊装时须在空中调头。

3）吊车梁：吊车梁可在现场预制，也可在预制场预制后运至工地。当在现场预制时，可在跨外集中预制，也可在靠近柱基顺纵向轴线或略作倾斜布置或插在柱子的空挡中预制。

4）现场预制构件的施工方案：当采用分件吊装法时

①当场地狭小而工期又允许，构件的制作可分别进行；先预制柱、梁，吊装柱梁后，再预制屋架。

②当场地宽敞，将柱梁预制完后即进行屋架预制。

③当场地狭小而工期又紧时，柱、梁在拟建车间内预制，屋架则同时在拟建车间外预制。

当采用综合吊装法，构件需一次制作。视情况确定构件预制场地。

（3）安装阶段构件的就位布置：各种构件应根据安装工艺要求，在起吊前进行就位布置。由于柱在预制时即已按安装阶段的要求进行布置，故柱在两个阶段的布置要求是一致的。这里所指的就位布置主要是柱子安装完毕后，屋架、屋面板、吊车梁等构件的在现场

238

放置就位，准备安装的就位布置。

1）屋架的就位布置：屋架扶直排放时，应尽可能使屋架的中点与该屋架设计所在位置的中点，同在以起重机停机位置为圆心，以吊装时回转半径为半径的圆弧上（图 8-30）。这样可避免起重机负载行驶。

屋架扶直后可如图 8-30 所示斜向排放，或如图 8-31 所示纵向排放。

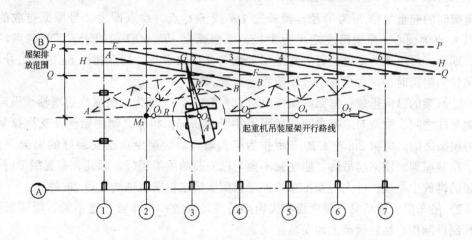

图 8-30　屋架的斜向排放
（虚线表示屋架预制时所处的位置）

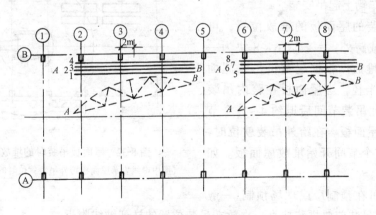

图 8-31　屋架的纵向排放
（虚线表示屋架预制时所处的位置）

① 屋架的斜向排放

A. 开行线路及停机点：一般沿跨中开行，也可根据需要稍偏于跨度的一边开行，在跨中画出平行纵轴的开行线路。以欲安装的某轴线（如 ② 轴线）的屋架中心点 M_2 为圆心，以屋架选择的起重半径 R 为半径画弧，交于开行路线上的 O_2 点，O_2 点即为安装 ② 轴线屋架的停机点，见图 8-30 所示。

B. 排放范围：屋架靠柱边排放，但应离开柱边不小于 200mm，并利用柱作为屋架的

239

临时支撑。据此画出柱排放的外边界线 PP。设起重机尾部至机身回转中心的距离为 A，则在距开行路线为 $(A+0.5)$ m 的范围内不宜布置屋架，以此为界，画出排放范围的内边界线 QQ。PP 与 QQ 之间即为屋架的排放范围。

C．排放位置

各屋架的排放应在上述排放范围内，彼此大致平行。画 PP、QQ 两边界线的中线 HH，屋架排放后，其中点均应在 HH 线上。以②轴屋架为例：以停机点 O_2 为圆心，以安装屋架时的起重半径 R 为半径，画弧交 HH 线于 G 点，G 点即为②号屋架排放的中点。再以 G 点为圆心，屋架跨度之半为半径，画圆弧交 PP、QQ 两线于 E、F 两点，连 EF 线，即为②号屋架的排放位置。其他屋架均与此屋架平行，端点相距 6m，当①号屋架为抗风柱的阻挡时，可适当往②号屋架靠近布置。

②屋架的纵向排放：屋架纵向排放时，一般以 4~5 榀为一组靠柱边顺轴线纵向排放。屋架与柱之间、屋架与屋架之间的净距不小于 200mm，相互之间用铅丝及支撑拉紧撑牢。每组屋架之间，应留 3m 左右的间距作为横向通道。应避免在已安装好的屋架下面去绑扎、吊装屋架。屋架起吊后，应注意不要与已安装的屋架相碰。因此，布置屋架时，每组屋架的排放中心线，可大约安排在该组屋架倒数第二榀安装轴线之后 2m 处。

2）吊车梁、连系梁、屋面板和天窗架的现场堆放：吊车梁、连系梁、屋面板等一般在预制厂制作，然后运至工地安装。

运到现场的吊车梁、连系梁一般应堆放在靠近吊装柱列附近的地方，跨内、跨外均可，有时也可不卸至地面堆放而直接由运输车辆上起吊安装。

准备吊装的屋面板的堆放位置，可布置在跨内或跨外，一般以 6~8 块为一叠，靠柱边堆放。根据起重机吊装屋面板时的回转半径，当屋面板在跨内吊装就位时，应比吊装节间后退约 4~5 个节间开始堆放屋面板。在跨外吊装就位时，应后退 1~2 个节间开始堆放屋面板。如图 8-32 所示。

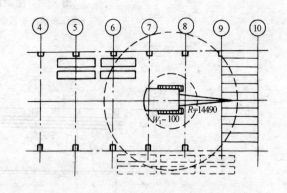

图 8-32　屋面板吊装时的堆放布置
（图中虚线表示屋面板跨外吊装就位时的堆放位置）

天窗架可在预制厂或现场预制（一般设在跨外），吊装前要拼装扶直，立放在吊装位置的柱列轴线附近。

8.3　单层工业厂房施工组织设计实例

8.3.1　设计资料

（1）建筑地点：长沙地区。

（2）气象资料：

温度：最热月平均 28℃，7~9 月。最冷月平均 6.2℃，12~2 月。

相对湿度：年平均 79%。

主导风向：全年为偏北风、夏季为偏南风。

雨雪量：雨季为 3～5 月，年降雨量为 1450mm，最大积雪深度 100mm。

（3）水文地质条件：厂区自然地坪下 0.8m 为填土，填土下层 3.5m 内为中粗砂土中密，再下层为粗砂土。

地下水位为 -4.50m，无腐蚀性。

（4）工程概况：某装配车间为某厂的新建工程，为等高等跨的单层两跨厂房，*AB* 跨和 *BC* 跨均为 24m，厂房总长为 96m，宽 48m，设两台 20/5t 桥式吊车，均为中级工作制。其平、剖面如图 8-33、图 8-34 所示。

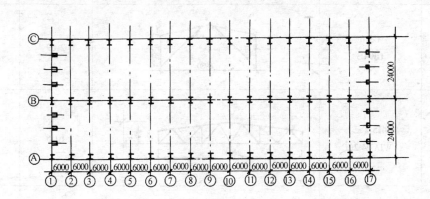

图 8-33 厂房平面图

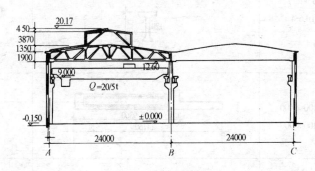

图 8-34 厂房剖面图

根据建筑材料供应情况及施工能力，车间的主要承重构件采用装配式钢筋混凝土结构，除基础和柱外，其他为标准构件。

（5）结构设计方案和主要承重构件：根据厂房跨度、柱顶高度及吊车起重量大小，本车间采用钢筋混凝土排架结构。

为保证屋盖的整体性及空间刚度，采用无檩体系，根据厂房具体条件（长 96m < 100m），在厂房中部设置柱间支撑，端部设有抗风柱。厂房的主要承重构件选用如表 8-6。

8.3.2　施工条件

（1）主要构件：柱，24m 预应力混凝土屋架为现场预制。距厂址 3km 处有预制构件厂，其他构件如吊车梁、基础梁、柱间支撑、天窗架、预应力大型屋面板均在预制构件厂预制、用汽车运入工地堆放备用。柱下杯形基础为现浇构件。其他材料均能在当地购置到。

表 8-6

构件名称	型号（图集）、尺寸	形状	重量(t)	数量
屋面板	G410（一） YWB-1Ⅱ	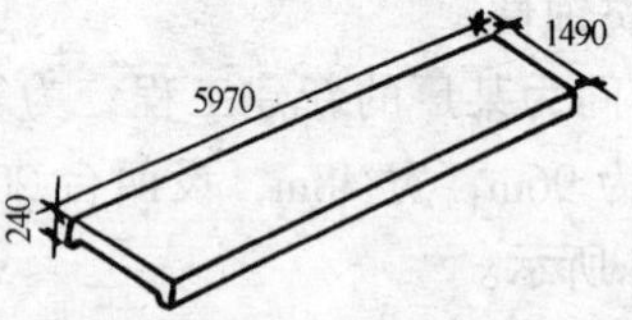 1490 / 5970 / 240	1.17	512 块
天窗架	G316 GJ9-03	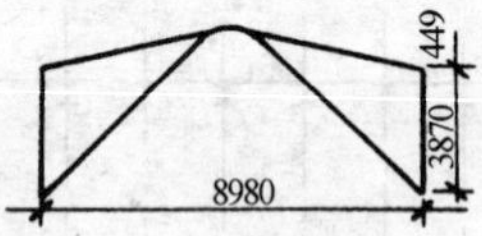 449 / 3870 / 8980	2.69	17 榀
屋架	G415（三） YWJA-24-2CC	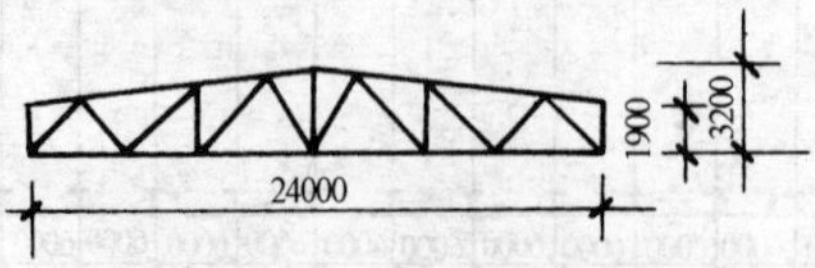 3200 / 1900 / 24000	10.6	34 榀
吊车梁	G426（二） YWDL6-4	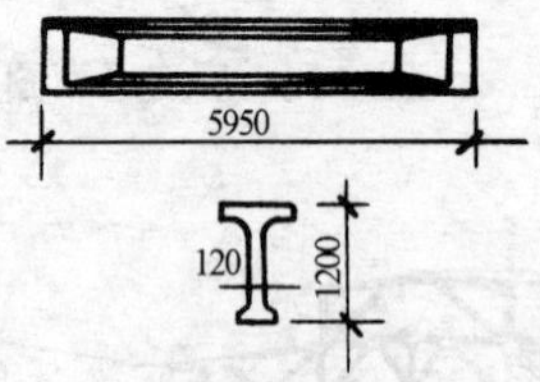 5950 / 1200 / 120	45.5	48 根
边柱（mm）	上柱 400×400 下柱 400×900	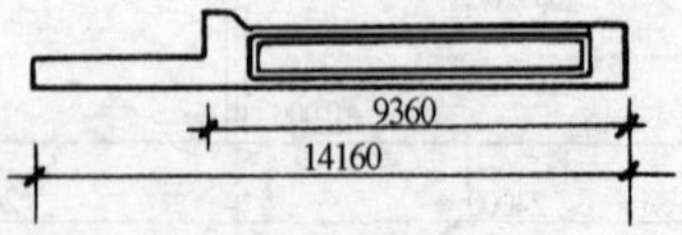 9360 / 14160	6.0	34 根
中柱（mm）	上柱 400×600 下柱 400×1000	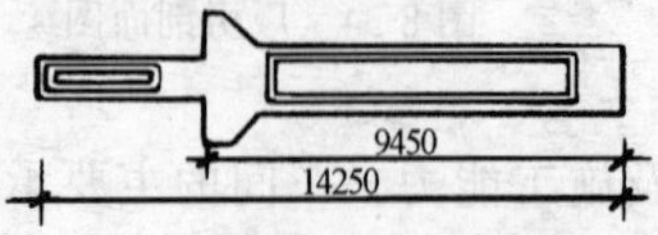 9450 / 14250	7.1	17 根

（2）当地机械化施工公司的起重运输机械设备，可满足各种构件的运输和安装，其主要起重机械为履带式起重机，型号齐全，其租赁台班费用较高，机械性能指标可参阅8.2.2节。

（3）开工日期：×年的3月1日。

8.3.3 施工方案

（1）施工段的划分、施工起点及流向：单层厂房仅有两跨、且两跨为平行纵跨，因此

242

不分段（基础除外）。施工起点和流向无要求。

（2）施工程序和施工顺序：经结构计算，基础采用现浇柱下独立杯基，埋深约 2m。因厂房设备基础无要求，即采取封闭式施工，即厂房柱基础先施工，设备基础后施工（先土建、后设备）。

厂房施工程序是：基础工程→预制工程→安装工程→围护工程→装饰工程。

1）基础工程：由于基础施工正值雨季，要考虑排除地面水。基础埋深约 2m，因此无地下水。综合考虑采取集水井排水法（明排水法）。

根据土质及基坑深度，选择放坡开挖。坡度为 1:1。

选择边柱，基坑开挖截面，如图 8-35 所示。

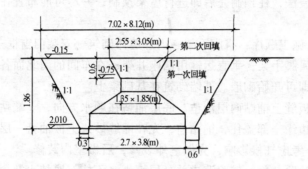

图 8-35　基坑开挖截面图

因基坑上口宽为 7.02m > 柱距，故柱基础基坑沿Ⓐ、Ⓑ、Ⓒ轴连通挖成基槽较经济合理。采用机械开挖，因土方挖掘量约 3200m³，故选择反铲挖土机 W_1-100 约工作 6 天，开行路线如图 8-36 所示。

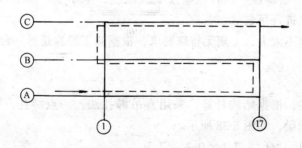

图 8-36　挖土机开行路线

基础施工与普通民用建筑施工相同，可按Ⓐ、Ⓑ、Ⓒ三个轴划分为三段，各施工过程在三段上组织流水施工，因Ⓑ轴工程量略大于Ⓐ、Ⓒ轴，故将抗风柱基础工程量均匀平分到Ⓐ、Ⓒ轴，同时还应注意：

①挖土与垫层施工要紧凑，时间间隔不要太长，以防下雨至使基坑积水，影响地基承载力。或基坑开挖不要一次挖至基底设计标高，而留约 200mm 土，在垫层施工当日早上

243

挖去。

②垫层、杯基混凝土施工后须留技术间隙时间（即养护），待其具有一定强度（$1.2N/mm^2$）后，再进行下道工序。

③回填土分两次夯填，第一次在基础完工后回填至基顶，第二次为柱吊装后回填至自然地面标高。如图 8-35 所示，因此柱的准备吊装布置不得在杯基中心为 2m 的范围内。

2）安装工程：结构吊装采取分件吊装法，施工顺序为：柱→梁（基础梁、吊车梁、柱间支撑）→屋架、天窗架、屋面板，分三次开行吊完全部构件。

3）预制工程：采用加工厂预制和现场预制相结合的方法，柱、预应力混凝土屋架现场预制，其他构件预制厂预制，然后运至工地。

因采取分件吊装法，柱预制完后即进行屋架预制，并尽可能布置在跨内预制（除柱子外）。

4）围护工程：施工顺序：搭脚手架→内外墙体砌筑→安装门窗框→屋面工程。

砌墙工程用金属脚手架；垂直运输用四座井架；在车间的南北面各设斜道一座。当全部物件安装结束后即可开始砌墙。外墙砌筑在基础梁上。

屋面工程即在板缝上铺贴两层油毡，底层油毡在顺水方向，上端贴牢，下端干铺。上层油毡将底层油毡边缘全部盖住，铺贴前，先在灌缝砂浆上嵌油膏一层。

5）装饰工程：考虑气候影响，先做室外装修，后做室内装修。

地坪施工前先清除杂物，铲除草皮并分层填土（不能有腐植土及含有杂物、杂草、树根等混合土），用压路机压实。地坪采用干硬性混凝土，按 $6m \times 6m$ 分块，应分区间隔灌筑。

混凝土灌筑完毕待混凝土收水后碾压密实，随即抹平，先用木抹子抹平，初凝后再用铁抹子原浆压光抹平。地坪粉光后隔一天即洒水养护，养护期保持 5~7 天。

（3）起重机选择

1）类型选择：根据跨度、构件重量及安装高度，本单层厂房工程属中型工业厂房，故选择履带式起重机进行吊装。

由于吊装工程量不太大，工期无特殊要求，根据施工经验选择一台起重机即能满足使用要求。

2）型号选择：

①柱：选择中柱，根据结构计算，采用直吊绑扎法，一点绑扎，绑扎点设在牛腿下 200mm 处，采用横吊梁，如图 8-38 所示。

起重量：$Q = Q_1 + Q_2 = 7.1 + 0.2 = 7.3t$

因横吊梁不太大，故取 $Q_2 = 0.2t$

起重高度：$H = h_1 + h_2 + h_3 + h_4$

$$= 0 + 0.3 + 8.2 + 6.55 = 15.05m$$

因横吊梁要超过柱顶，故取 $h_4 = 6.55m$，如图 8-37 所示。

②屋架：因屋架跨度 $L > 18m$，故采取 4 点绑扎。如图 8-39 所示。

起重量：$Q = Q_1 + Q_2 = 10.6 + 0.2 = 10.8t$

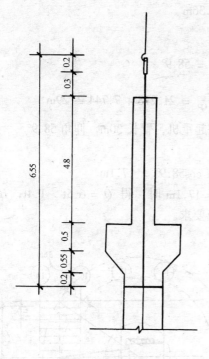

图 8-37

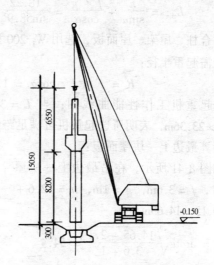

图 8-38　柱 Z_2 起重高度计算简图

起重高度：$H = h_1 + h_2 + h_3 + h_4$

$= 12.75 + 0.3 + 2.0 + 9.0 = 24.05\text{m}$

③屋面板：选择有天窗架的一跨，最高一块屋面板，如图 8-40 所示。

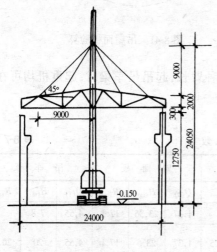

图 8-39　屋架起重度高计算简图

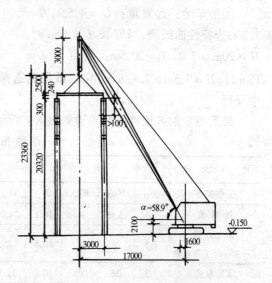

图 8-40　吊装屋面板示意图

起重量：$Q = Q_1 + Q_2 = 1.17 + 0.2 = 1.37\text{t}$

起重高度：$H = h_1 + h_2 + h_3 + h_4$

$$= 20.32 + 0.3 + 0.24 + 2.5 = 23.36\text{m}$$

计算所需最小臂长：

$$\alpha = \text{arctg}\sqrt[3]{\frac{h}{f+g}} = \text{arctg}\sqrt[3]{\frac{20.32 - 2.1}{3+1}} = 58.9^\circ$$

$$L_{\min} = \frac{h}{\sin\alpha} + \frac{f+g}{\cos\alpha} = \frac{18.22}{\sin 58.9^\circ} + \frac{4}{\cos 58.9^\circ} = 21.278 + 7.744 \doteq 29\text{m}$$

综合柱、屋架、屋面板，选用 W_1-200 型履带式起重机，臂长 30m，仰角 58.9°。

所需起重半径：

$$R = F + L\cdot\cos\alpha = 1.6 + 30 \times \cos 58.9^\circ = 17.1\text{m}$$

查起重机工作性能曲线图：当 $L = 30\text{m}$，$R = 17.1\text{m}$ 时，得 $Q = 6.5\text{t} > 1.4\text{t}$，$H = 23.5\text{m} > 23.36\text{m}$，表明所选起重机可满足跨中屋面板要求。

验算最边上一块屋面板：

如图 8-41 所示，在吊最边上一块屋面板时，$f = 3.6\text{m}$，$g = 1\text{m}$，$h = 12.6 + 1.9 + 0.15 = 14.65\text{m}$

$$\alpha = \text{arctg}\sqrt[3]{\frac{14.65 - 2.1}{3.6 + 1}} = 54.4^\circ$$

$$L_{\min} = \frac{12.55}{\sin 54.4^\circ} + \frac{4.6}{\cos 54.5^\circ}$$

$$= 15.43 + 7.9 = 23.3\text{m}。$$

因 $L = 30\text{m} > 23.3\text{m}$，故所选起重机满足跨边屋面板的要求。

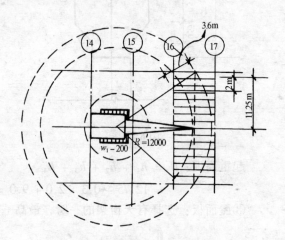

图 8-41 吊屋面板验算

④吊车梁：起重量：$Q = 4.55\text{t}$，$H = 7.8\text{m}$，查特性曲线表，当臂长 $L = 30\text{m}$ 时，$H = 20\text{m} > 7.8$，$R = 20.5\text{m}$。当臂长 $L = 15\text{m}$ 时，$H = 9.5\text{m} > 7.8$，$R = 14\text{m}$。故无论选择哪一种臂长，起吊吊车梁时，起重机均可在跨中开行。

最后确定的各构件吊装参数如表 8-7 所示。

各种吊装参数   表 8-7

构件名称	中 柱			屋 架			屋 面 板			吊 车 梁		
工作参数	$Q_{(T)}$	$H_{(m)}$	$R_{(m)}$	$Q_{(T)}$	$H_{(m)}$	$R_{(m)}$	$Q_{(T)}$	$H_{(m)}$	$R_{(m)}$	$Q_{(T)}$	$H_{(m)}$	$R_{(m)}$
计算值	7.3	15.05		10.8	24.05		1.37	23.36	17.1	4.55	7.8	
W_1-200 型 $L = 30\text{m}$ 时工作参数	7.3	23	16.5	10.8	25	12.5	1.37	23.5	17.1	4.55	20	20.5
实际取值	7.3	26	10	10.8	25.5	12	1.37	23.5	17.1	4.55	20	20.5

8.3.4 施工总平面图设计

应考虑现场预制构件现场预制的位置、吊装前的堆放位置及起重机的开行线路。

构件采用分件吊装法。考虑到要同时将柱和屋架都布置在跨内很困难。因此将Ⓐ轴柱布置在Ⓐ轴外侧的空地上，其他柱和屋架布置在跨内。

（1）柱的预制位置：根据结构计算、边柱和中柱均需翻身起吊，因此采用直吊绑扎法，旋转法吊升，每一点吊一根柱。

考虑到屋架预制、堆放场地拥挤，同时考虑起重机尽量不要在回填土（柱基）上开行。因此起重机开行路线到柱的轴线距离为7m即在跨边开行，起重机尾部回转半径再加安全距离（0.5m），保证起重机在吊装柱子时不会碰撞到预制屋架。

W_1-200型起重机，起重臂30m长要求的最小起重半径为8m，吊装柱时的工作幅度为16.5m，所以起吊柱的工作幅度R应该是$8m \leqslant R \leqslant 16.5m$ 考虑到场地拥挤，取$R=10m$。同时，三点共弧非常困难，因此采取两点共弧，即吊点与杯基中心共弧。柱脚必须布置在二次回填半径（约2m）以外，且第一次回填须经回填压实。

（2）屋架的预制位置：屋架由于每跨有17榀，因此分4榀为一叠的3叠，还有一叠是5榀屋架。屋架的预制和排放范围不得越过跨中分界线，考虑屋架预制位置紧张，因此将屋架排放位置后退1m。为保证屋架两端留有预应力抽管及穿筋所需场地，屋架排放布置只得伸出跨外。屋架排放时的两端朝向、编号、上下次序，详见构件排放平面布置图。

（3）起重机开行路线及构件吊装次序：起重机由Ⓐ轴线跨外进场，接30m起重臂，从①至⑰轴线吊柱，跨边开行，然后转入ⒶⒷ跨内吊装Ⓑ轴柱⑰至①，再转入ⒷⒸ跨中从①至⑰吊Ⓒ轴柱，然后退场，这是第一次开行。

起重机第二次开行从ⒶⒷ跨的右端进场，跨边开行，沿吊柱的开行路线行驶，同时吊ⒶⒷ轴的基础梁、吊车梁、柱间支撑等，然后转入ⒷⒸ跨内，同样沿柱开行路线吊ⒷⒸ轴的基础梁、吊车梁、柱间支撑等，此时要注意的是：二边起吊半径不同，为满足两者，依然选择起重机臂长为30m。

第三次开行，起重机仍然从ⒶⒷ跨右端进入跨内，沿跨中开行将屋架扶直与排放，然后从左端出，转入ⒷⒸ跨中将屋架扶直与排放，在ⒷⒸ跨右端跨内吊该跨⑰轴抗风柱。

第四次起重机在ⒷⒸ跨中从右向左倒退着吊屋架、屋面板等屋面构件，从ⒷⒸ跨左端退出，吊ⒷⒸ跨①轴抗风柱。然后转入ⒶⒷ跨，从左端进入跨内，先吊ⒶⒷ跨①轴抗风柱，接着从左至右倒退着吊屋盖系统。最后从ⒶⒷ跨右端退场。吊装工程结束。

以上简述请见图8-42和图8-43。

图8-42　起重机四次开行路线

最后还需说明的是抗风柱的布置，抗风柱3榀为一叠，共4叠均布置在其轴线附近且是跨外，起重机吊装抗风柱的半径范围内（起重机不必负载行驶），一般平行横轴线布置，较不占场地，但不得影响起重机的行驶。

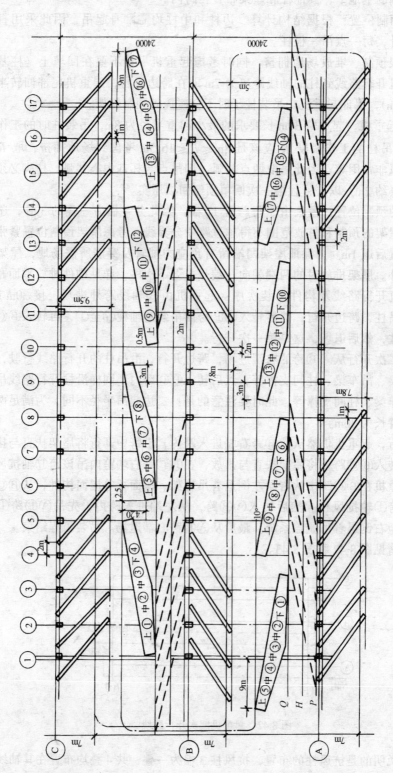

图8-43 构件排放平面布置图

8.4 思 考 题

1. 常用的起重机有哪些？各有何特点？如何选择？

2. 常用的自行杆式起重机有哪些？表示起重机起重性能的三个参数是什么？相互之间有什么制约？

3. 当起重机的起重量或起重高度不能满足时，可采取什么措施？

4. 当起重机起重半径不能满足要求时，可采取什么措施？

5. 屋面板安装时，怎样选择起重机的起重臂长度（图解法)？

6. 单层工业厂房结构吊装前需做好哪些准备工作？

7. 构件在安装前为什么要弹线？柱子、屋架、吊车梁等在安装前应弹出哪些线？

8. 柱子吊装前，基础要作哪些准备工作？

9. 柱子在绑扎时应注意哪些事项？为什么要注意这些事项？

10. 柱子的起吊方法有哪些？各有什么特点？适用于什么情况？安装中对柱子排放的平面布置有什么要求？

11. 怎样对柱子进行校正和固定？

12. 试用作图法表示柱按三点共弧（或两点共弧）进行斜向布置的预制位置。

13. 怎样校正吊车梁的安装位置？

14. 屋架的扶直、排放有哪些方法？要注意哪些问题？

15. 屋架吊升时，屋架绑扎有哪些要求？吊点如何选择？当吊装高度过高时，如何降低吊装高度？

16. 试述屋架吊升、校正和固定的方法。为什么屋架固定时,两端要同时采用对角施焊？

17. 屋面板就位和吊装顺序有何要求？能否做到屋面板四个角都能点焊？最后一块屋面板呢？

18. 起重机的三个参数分别主要由哪个构件控制。

19. 试比较分件吊装和综合吊装的优缺点。

20. 构件排放的平面布置，应遵守哪些原则？

21. 构件预制的平面布置和安装阶段的平面布置有何关系？

22. 预制阶段柱的布置方式有几种？各有什么特点？

23. 屋架在预制阶段布置的方式有几种？

24. 如何确定屋架的排放范围和排放位置？

25. 试述屋架、屋面板、吊车梁的就位方法及要求。

8.5 参 考 文 献

1. 全国职高编写组. 建筑施工技术. 北京：高等教育出版社，1992

2. 方温中，夏心安. 建筑施工. 北京：中国建筑工业出版社，1987

3. 卢循主编. 建筑施工技术 上册. 北京：中国建筑工业出版社，1991

4. 同济大学. 单层厂房设计与施工 上、下册. 修订版. 上海：上海科学技术出版社，1978

5. 罗福午. 单层工业厂房结构设计. 北京：清华大学出版社，1986

9. 钢屋架课程设计

普通钢屋架广泛应用于工业与民用建筑中，它的设计是依据《钢结构设计规范(GBJ17)》进行的。

9.1 普通钢屋架设计基本知识

9.1.1 屋盖结构布置及钢屋架选型

1. 屋盖结构布置

钢屋架结构布置分为无檩方案和有檩方案。

将屋面围护结构直接设置于钢屋架之上，就形成无檩结构布置方案，因此，无檩方案要求屋面围护结构具有足够的强度和刚度，以跨越钢屋架之间的空间。大型钢筋混凝土屋面板与屋架组成的屋盖布置就是常见的无檩方案。这种结构布置具有屋面刚度大、抗腐蚀能力强以及施工速度快等优点。但往往由于屋面围护结构质量大造成屋架及其下层结构的负荷过大。减小屋面围护结构重量，不仅减少屋面结构的造价，而且也可有效地减小屋架及下部的造价，这是无檩方案设计中应该特别关注的。有用金属大板（甚至采用铝制金属大板）来构成无檩方案的尝试，但由于加工工艺、经济条件等的诸多因素，并没有广泛应用。

在屋架上设置檩条，将屋架之间的空间分割成更小的檩距空间，使得用轻质屋面结构成为可能，这样构造的屋面布置就称为有檩方案。檩条用型钢或型钢与圆钢组成的轻型桁架构成。屋面材料常采用石棉瓦，瓦楞铁，钢丝网槽瓦以及压型钢板等。前三种材料主要用于简易或临时性建筑物；压型钢板自重轻，外观好，寿命长，施工快，使用越来越广泛。

屋架结构布置方案，原则上应依据生产工艺及建筑设计要求，在综合考虑材料供应、天窗设置、施工及维修条件诸因素的基础上，以获取最佳的经济效益为目的来决定。一般而言，应优先考虑采用纵向天窗。横向天窗和井式天窗构造复杂，耗钢量大，只有在通风要求很高时才考虑采用。对于无檩体系，屋架间距一般采用 6m，最大不超过 12m。对于有檩体系，采用石棉瓦、瓦楞铁、钢丝网槽瓦等时，屋架间距不宜超过 6m；采用压型钢板时，屋架间距在 10～20m 之间为宜。

无论是有檩方案或无檩方案，在结构布置中都力求屋架节点受力。尽量避免或减少出现节间荷载。

2. 屋面支撑设置

无论是有檩方案或无檩方案，在任一个温度区段或分期建设的单元都必须设置独立完整的支撑体系，才能保证屋盖结构（包括施工期间在内）的空间刚度、空间整体性和空间几何稳定性。支撑设置的一般原则如下：

（1）上弦横向水平支撑：通常设置于建筑物两端或温度区段两端的第一个柱间或第二个柱间，其间距一般控制不超过60m（建筑物长度或温度区段的长度超过60m时，应增设）。当采用无檩方案，屋面围护结构在上弦平面内刚度很大且与屋架有可靠连接时（例如，每块大型钢筋混凝土屋面板与屋架至少有三个焊点的焊接质量有保证时），可不设置上弦横向水平支撑。

（2）下弦横向水平支撑：一般与上弦横向水平支撑设置于同一柱间，以形成空间稳定体。在屋架跨度较小（≤18m）且无悬挂吊车或悬挂吊车吨位不大，亦无较大振动设备时，可不设置下弦横向水平支撑。

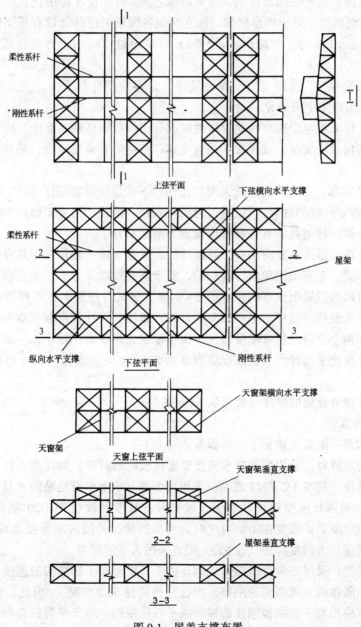

图9-1 屋盖支撑布置

251

（3）纵向水平支撑：有下列情形之一者，一般要求设置纵向水平支撑：

1）建筑物设有托架；

2）建筑物设有吨位较大的中、重级工作制桥式吊车；

3）建筑物设有壁行吊车或双层吊车；

4）建筑物设有 5t 以上的锻压设备或其他大型振动设备；

5）屋架跨度 ≥30m，轨顶标高 ≥15m 并设有吨位较大的（轻、中级工作制，≥30t；重级工作制，≥10t）桥式吊车。

纵向水平支撑设置于屋架下弦（对于三角形屋架，亦可设置于屋架上弦）端节间。

（4）垂直支撑：对于三角形屋架，屋架跨度 ≤24m 时，仅在跨中设置一道，否则宜在跨度 1/3 附近设置两道。对于梯形屋架，除在两端各设置一道外（设有托架时，可由托架代替），屋架跨度 ≤30m 时，在跨中增设一道；跨度超过 30m 时，亦应在跨度 1/3 附近增设两道。

屋架上设天窗架时，宜将垂直支撑设置于天窗架两侧柱的下面，当天窗架宽度大于 12m 时，还应在天窗架中央增设一道。

（5）系杆：将未参与组成空间稳定体的屋架与空间稳定体联系起来，因此系杆的一端最终或连接于横向水平支撑，或连接于垂直支撑。根据能否承受压力，系杆分为刚性系杆和柔性系杆。

屋架的屋脊节点、支座节点以及天窗架侧柱的下端均应设置刚性系杆，下弦与垂直支撑的交点处，弯折下弦屋架的弯折处应设置柔性系杆。但是，当屋架横向水平支撑设在端部第二柱间时，第一柱间的所有系杆都应设置为刚性系杆。

（6）屋盖支撑的形式及截面选择：除系杆外，屋盖支撑一般均采用具有交叉腹杆的平行弦桁架结构形式，亦有采用单斜杆腹杆的，其节间宜构成正方形。上弦横向水平支撑节点间的距离常可取为屋架上弦节间长度的 2 ~ 4 倍。交叉斜杆和柔性系杆按拉杆设计，选用单角钢；非交叉斜杆、弦杆、竖杆以及刚性系杆按压杆设计，常取双角钢组成的十字形截面形式，以利两个方向的抗弯刚度接近。由于屋盖支撑受力比较小，一般不进行内力计算，而按容许长细比来选择。当抗震设防烈度为 8 ~ 9 度时，支撑的设计还应考虑抗震的要求。

（7）屋盖支撑节点板的厚度一般可取 6mm 或 8mm。

3．钢屋架选型

钢屋架的选型一般要考虑如下一些因素：

（1）屋面防水材料：采用屋面排水坡度要求比较陡的材料，如瓦类、瓦楞铁皮、钢丝水泥槽板等，坡度一般在 1/2 ~ 1/3 之间；采用大型屋石板上敷设油毡防水材料时，坡度一般取 1/8 ~ 1/12；采用长压型钢板顺坡铺设屋面时，坡度可放缓到 1/20 左右。坡度 ≥1/3 时，宜采用三角形屋架；坡度在 1/4 ~ 1/7 时，可根据情况采用人字形屋架或多边形屋架，亦可采用梯形屋架；大跨度厂房（≥30m）则宜采用人字形屋架。

（2）整体刚度：采用三角形屋架形式时，由于其屋架与下部结构的连接一般是铰接形式（亦可采用加隅撑的方式来实现刚接，但往往挤用建筑净空间），因此，如果对整体刚度要求较高，宜采用与下部结构刚接的梯形或平行弦屋架。对于平行弦双坡屋架，在水平变形较大时，可将其下弦的中间部分改成水平段，以改善其水平刚度，同时也使弦件内力较均匀。

（3）杆件内力：屋架的几何形状直接影响杆件的内力。应该使各弦杆的内力相差不大，且长腹杆受拉，短腹杆受压。铰接梯形屋架各弦杆的内力相差较小，而三角形和平行弦屋架则大些。芬克式屋架一般为长杆受拉、短杆受压。在梯形和平行弦屋架中，如果采用单向斜腹杆，通常可使很长腹杆受拉，短腹杆受压。单向斜腹杆的三角形屋架，一般表现为长杆受压、短杆受拉。必要时，可将三角形屋架做成下沉式，以改变其端节间弦杆内力大和交角小的状态。

（4）制造、运输和安装：原则上应使杆件和节点的类型及数量尽可能少些。人字式腹杆体系一般比单向斜腹杆体系的杆件和节点要少些。芬克式屋架腹杆数量较多，但便于拆成三部分，利于运输和安装。

屋架的跨度一般是由使用和工艺方面的要求决定的。而屋架的高度 H（包括梯形屋架的端部高度 H_0）则要综合考虑经济因素、刚度要求（最大挠度 $\leqslant L/500$）、运输界限（铁路限高为 3.85m）以及屋面坡度等来决定。屋架高度的常用范围为：三角形屋架：$H = (1/4 \sim 1/6)L$；人字形屋架：$H = (1/10 \sim 1/18)L$；梯形屋架：$H = (1/6 \sim 1/10)$，$H_0 = (1/10 \sim 1/16)L$。

屋架节间的确定，一般应以屋面荷载和悬挂荷载作用在节点上为原则，必要时可设置分布梁，以达到荷载作用到节点上的目的。跨度大于 15m（包括 15m）的简支三角形屋架以及跨度大于 30m（包括 30m）的梯形屋架和平行弦屋架，下弦无曲折时，宜起拱，拱度为跨度的 $1/500$。

9.1.2 荷载及内力分析

1. 屋架荷载计算

屋架承受的荷载包括永久荷载、可变荷载和施工荷载，施工荷载应尽量采取临时性措施解决。本章中，除明确指出的集中荷载外，荷载均以水平投影面上的均布形式给出，不再声明。

（1）永久荷载中，除了屋面防水材料、保温材料、托架、天窗架、檩条、屋架及支撑等的重量外，还包括某些可能的固定集中荷载（譬如固定装置）。

材料和檩条的自重标准值可以参照《建筑结构荷载规范》附录一的相关内容确定。

屋盖结构重量的标准值可参考如表 9-1(赵熙元主编．建筑钢结构设计手册．冶金工业出版社出版)等的一些设计资料来确定。表 9-1 中的轻屋盖是指屋面永久荷载(不包括屋架

屋盖结构构件重量 表 9-1

屋盖结构构件	构 件 重 量		
	轻 屋 盖	中 屋 盖	重 屋 盖
屋　　架	$0.16 \sim 0.25$	$0.18 \sim 0.30$	$0.20 \sim 0.40$
托　　架	$\leqslant 0.06$	$0.04 \sim 0.07$	$0.08 \sim 0.20$
支　　撑	$0.03 \sim 0.04$	$0.03 \sim 0.05$	$0.08 \sim 0.15$
檩　　条	$0.10 \sim 0.12$	$0.12 \sim 0.18$	$0.12 \sim 0.18$
天 窗 架	$\leqslant 0.10$	$0.08 \sim 0.12$	$0.08 \sim 0.12$

及支撑的重量）不超过 1kN/m² 的屋盖，屋面永久荷载为 1~2.5kN/m² 时称中屋盖，2.5kN/m² 以上者为重屋盖。对于屋架及支撑的重量可直接引用《建筑结构荷载规范》附录一的公式计算

$$q = 0.12 + 0.11L(\text{kN/m}^2)$$

式中　L——屋架跨度（m）。

天窗窗扇的重量可取 0.4~0.5（kN/m²）。固定集中荷载按实际重量计算。

（2）可变荷载包括屋面均布活荷载、雪荷载、风荷载、积灰荷载及悬挂吊车荷载。

对于不上人的平屋面，屋面均布活荷载可取 0.5kN/m²，坡度超过 1/3 时，可取 0.3kN/m²。如果施工荷载较大时，要按实际情况采用。

对于一般的上人屋面，屋面均布活荷载可取 1.5kN/m²，如果兼作其他用途，应按相应楼面均布活荷载采用。

不考虑雪荷载的积雪分布系数，而分别按积雪全跨和半跨均匀分布情况考虑。

风荷载是垂直作用于建筑物表面上的，而非水平投影面上的均布荷载。计算风荷载要考虑建筑物的体型系数，当檐口不是太高时，可偏于安全地取屋脊标高来计算风压高度变化系数。

当屋面坡度超过 45°时可不考虑屋面积灰荷载；考虑积灰荷载时，要注意根据屋面坡度对《建筑结构荷载规范》提供的标准值进行插值。

不考虑悬挂吊车的水平荷载。

（3）结构布置方案决定了所有均布荷载最终都是以集中力的形式作用于屋架节点上的（对于在结构布置中无法避免的节间荷载，内力分析中将给出常见处理方法）。任何一种均布荷载 p_0 是通过如图 9-2 所示的计算单元转换为节点力 P 的：

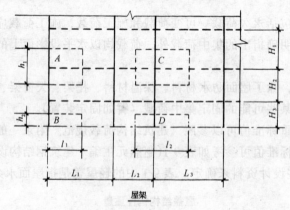

图 9-2　屋架节点力计算单元

边屋架的中间节点 A：　　$P = h_1 l_1 p_0 = 0.25 (H_1 + H_2) L_1 p_0$

边屋架的边节点 B：　　　$P = h_2 l_1 p_0 = 0.25 H_3 L_1 p_0$

中间屋架的中间节点 C：　$P = h_1 l_2 p_0 = 0.25 (H_1 + H_2)(L_2 + L_3) p_0$

中间屋架的边节点 D：　　$P = h_2 l_2 p_0 = 0.25 H_3 (L_2 + L_3) p_0$

式中　H_i——屋架上弦节点的间距；

L_i——屋架的间距。

上弦节点通常设计成等间距 H，屋架一般也是以等间距 L 布置的，这时各典型节点的节点力 P 为：

边屋架的中间节点 A：　　$P = h_1 l_1 p_0 = 0.5HLp_0$

边屋架的边节点 B：　　　$P = h_2 l_1 p_0 = 0.25HLp_0$

中间屋架的中间节点 C：　$P = h_1 l_2 p_0 = HLp_0$

中间屋架的边节点 D：　　$P = h_2 l_2 p_0 = 0.5H_3 Lp_0$

（4）对于风荷载 P_w 要投影到水平面上。为此，考虑垂直于屋架跨度方向长 l，沿屋架跨度方向长 h（如图 9-3 所示）范围内的风荷载。显然，所考虑范围内的风荷载合力为

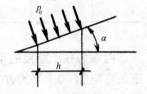

$$N = lhP_w/\cos\alpha,$$

因此，所考虑范围内的风荷载投影到水平面上的值 p_0 为

$$p_0 = N/(lh) = P_w/\cos\alpha$$

图 9-3　风荷载 p_0 投影

2. 内力分析与组合：

屋架杆件的交点一般当作铰接处理，只有杆件在平面内的刚度较大时（譬如，当弦杆截面高度或直径与长度之比大于 1/10，或腹杆的相应尺度之比大于 1/5 时），才考虑节点次应力的影响。不考虑屋架存在的平面内外的几何偏差的影响。对于非节点荷载，以静力等效的原则将其加到节点上。因此，最后得到的力学计算模型是平面桁架。可以用结构力学中的图解法、节点法、截面法等进行分析。

根据《建筑结构荷载规范》的荷载组合原则，两端与柱子铰接的钢屋架通常考虑如下荷载组合（悬挂吊车荷载不考虑动力系数）：

（1）全跨荷载组合：

　　永久荷载＋屋面活荷载或雪荷载（择其大者）＋积灰荷载＋悬挂吊车荷载

（2）半跨荷载组合：

全跨永久荷载＋悬挂吊车荷载＋半跨屋面活荷载或雪荷载（择其大者）＋半跨积灰荷载

屋面材料为大型屋面板时，尚应考虑施工时的半跨荷载：

　　　　天窗架、屋架和支撑自重＋半跨大型屋面板重＋半跨屋面活荷载

当然，设有天窗架时，须分别就天窗中部屋架和端部屋架进行上述分析。

对于设有大型振动装置的建筑物，内力可增加 10%～20% 予以考虑。

端节间有荷载的杆件，实际设计中常取 $0.8M_0$ 作为杆件的弯矩，而对于非端节间有荷载的杆件，常取 $0.6M_0$ 作为杆件的弯矩，其中 M_0 指杆件两端简支而承受该非节点荷载时的跨中弯矩。因而，有非节点荷载的杆件一般按压（拉）弯构件设计。

通常情况下，风荷载对屋架的作用表现为卸载，因此在上述组合中未出现。但是，在采用轻型屋面材料（石棉瓦、瓦楞铁、钢铁网槽瓦以及压型钢板等）或风荷载较大时必须考虑。否则，可能疏漏在风荷载作用下，拉杆转变为压杆的情况。

考虑到线性叠加原理，可先计算屋架在半跨单位节点力作用下的内力（称为内力系数），然后进行组合。当然存在悬挂吊车时，还须计算只有悬挂吊车荷载时屋架的内力。组合一般在表 9-2 所示的表格内进行。

杆件	内力系数		单项荷载内力				组合内力	
	均布荷载	悬挂吊车	永久荷载	活或雪载	积灰荷载	悬挂吊车	全 跨	半 跨
上弦								
下弦								
腹杆								

两端与柱子刚接的钢屋架，除了进行上述内力分析外，还须考虑计算柱子作用在其端部的弯矩 M 和水平力 H（在建筑物的横向框架分析中得出）的影响。一般可将端弯矩 M 化为作用于端部上下节点的水平力 H_0 计算：$H_0 = M/h$。

用计算机进行内力分析时，一般可按如下原则初选杆件截面：对于受压弦杆设长细比为 $40 \sim 100$；对于受压腹杆设长细比为 $80 \sim 120$；对于受拉杆设长细比为 $180 \sim 200$。

9.1.3 杆件及节点设计

1. 一般原则

在满足局部稳定性要求的前提下，尽量选取宽而薄的截面形式。但厚度不宜小于 4mm，肢宽不得小于 50mm。

调整截面尺寸，使得平面内外的长细比接近相等。

为施工方便，用于组成屋架杆件截面的型材规格宜控制在 $5 \sim 6$ 种范围内。两种肢宽相同的型材规格，其厚度差不得小于 2mm，以避免材料混淆。

屋架跨度较大时，可采取变截面的弦杆，但在半跨内只宜改变一次。且宜保持厚度而只改变肢宽。

节点板厚度不宜小于 5mm，且整个屋架应采用同一厚度节点板。对于 Q235 钢可参照表9-3选用，采用低合金结构钢时，表9-3数据可减小 5mm。

节 点 板 厚 度 （Q235） 表9-3

三角形屋架端间弦杆内力，其他屋架腹杆最大内力（kN）	≤200	201~320	321~520	521~780	781~117
节点板厚度（mm）	8	10	12	14	16

杆件及连接的设计强度在下列情况下应乘以如下折减系数：

（1）高空安装焊缝和铆钉连接　0.90

（2）单面连接的单角钢按轴心受力构件计算强度和连接时　0.85

（3）单面连接的单角钢按轴心受力构件计算稳定性时，

等边角钢　　　　　　　　　$0.6 + 0.0015\lambda$，但不大于 1.0

短边相连的不等边角钢　　　$0.5 + 0.0025\lambda$，但不大于 1.0

长边相连的不等边角钢　　　0.70

当数种情况并存时，折减系数要连乘。

保证肢件共同工作的缀（填）板的间距，对于压杆不应超过 $40i$，对于拉杆不应超过 $80i$，其中 i 为单肢截面的最小回转半径。缀（填）板的宽度一般取 $50 \sim 80$mm，高度伸出角钢 $10 \sim 15$mm，十字形截面缩进 $10 \sim 15$mm。

弦杆和单系腹杆的计算长度按表 9-4 采用：

弦杆和单系腹杆的计算长度　　　　表 9-4

弯曲平面	弦杆	腹杆	
		支座斜杆和支座竖杆	其他腹杆
屋架平面内	l	l	$0.8l$
屋架平面外	l_1	l	l
斜平面	—	l	$0.9l$

注：1. l 为构件的几何长度（节点中心间距离），l_1 为屋架弦杆侧向支撑点之间的距离。

　　2. 斜平面指与屋架平面斜交的平面，适用于构件截面两主轴均不在屋架平面内的单角钢腹杆和双角钢十字形截面腹杆。

　　3. 无节点板的腹杆计算长度在任意平面内均取其几何长度。

交叉腹杆的计算长度按表 9-5 采用：

交叉腹杆的计算长度　　　　表 9-5

压杆	另一杆受拉，且在交叉点均不中断时的平面外计算长度	$0.5l$
	另一杆受拉，且在交叉点一杆中断而用节点板连接时的平面外计算长度	$0.7l$
	平面内计算长度，除上两项外，其他情况平面外计算长度	l
拉杆平面内外计算长度		l

注：1. l 为杆件的几何长度（节点中心间距离）。

　　2. 两交叉杆件均受压时，不宜有一杆中断。

　　3. 单角钢交叉腹杆斜平面内的计算长度取节点中心至交叉点的几何长度。

弦杆的侧向支撑点跨越两个节间时，考虑两节间弦杆轴力变化的影响，弦杆平面外计算长度按下式计算

$$l_0 = l_1 \left(0.75 + 0.25 \frac{N_2}{N_1} \right) \qquad 且不小于 0.5l_1$$

式中　l_1——弦杆侧向支撑点之间的距离；

　　　N_1——较大的压力，计算时取正值；

　　　N_2——较小的压力或拉力，计算时压力取正值，拉力取负值。

屋架再分式腹杆体系的受压主斜杆及 K 型腹杆体系的竖杆等，亦应按上式计算平面外计算长度；而在平面内的计算长度则取节点中心间距离。

2. 杆件设计

屋架杆件一般采用角钢组成的 T 形截面、十字形截面，轧制 T 型钢，宽翼缘 H 型钢，轧制或焊接圆管，角钢组成的槽形截面，双槽钢截面以及方管截面等。这里只限于讨论角

钢组成的 T 形截面、十字形截面的杆件。

杆件一般取两个等肢或不等肢角钢组成的 T 形截面，在不等肢情形，通常采用长肢伸出方案。连接垂直支撑的杆件，宜用等肢角钢组成的十字形截面。内力很小的拉杆以及内力和长度均很小的压杆（如再分式腹杆等）可采用单角钢。但是，如果存在悬挂吊车、重级工作制桥式吊车或屋架与柱子刚接时，不宜采用单角钢截面杆件。

（1）轴心受力杆件设计

无论压杆或拉杆，都要进行如下的强度和长细比校核。

1）强度校核

$$N/A_n \leq f$$

采用摩擦型高强度螺栓连接时，要进行毛截面和净截面强度校核，并要考虑孔前传力，

$$N/A \leq f$$

$$N'/A_n \leq f, \quad N' = N(1 - 0.5n_1/n)$$

2）长细比校核

对于双角钢 T 形截面杆件

$$l_{0x}/i_x \leq [\lambda], \quad l_{0y}/i_y \leq [\lambda]$$

对于单角钢或双角钢十字形截面杆件

$$l_0/i_{min} \leq [\lambda]$$

压杆还要进行如下的稳定性校核。

3）稳定性校核

$$N/(\varphi A) \leq f$$

式中　　N——轴心力；

　　A、A_n——杆件毛截面和净截面面积；

　　　　f——考虑折减后的钢材设计强度；

l_{0x}、l_{0y} 及 l_0——杆件平面内、外及斜平面的计算长度；

i_x、i_y、i_{min}——杆件平面内、外变曲的回转半径，最小回转半径；

　　$[\lambda]$——杆件容许长细长，按表 9-6 选用；

　　　φ——轴心压杆稳定系数；

　n、n_1——连接一侧的螺栓总数量，计算截面上的螺栓数量。

杆 件 容 许 长 细 比　　　　　　　　　　　表 9-6

压　　杆	弦杆和腹杆（下项除外的压杆）		150
	用以减少压杆长细比的杆		200
拉　　杆	承受静力荷载或间接承受动力荷载		直接承受动力荷载
	无吊车或有轻、中级工作制吊车	有重级工作制吊车	
	350	250	250

注：压杆的内力不大于承载力的 50% 时，杆件容许长细比可取为 200。

整个校核过程一般在类似表 9-7 的表格中进行。

杆 件		内力	几何	计算长度		截面	截面面	回转半径		长细长		容许长	稳定系	校核结果		
名称	编号	N	长度	l_{0x}	l_{0y}	规格	积 A	i_x	i_y	λ_x	λ_y	细比	数 φ	N/A	N/A_n	$N/(\varphi A)$
上弦杆																
下弦杆																
腹杆																

（2）承受弯矩的杆件设计：除了节间荷载产生的弯矩须在屋架设计中考虑外，由于不同规格角钢的拼接而导致的偏心弯矩较大时亦应考虑。一般偏心距 e 大于较大杆件截面高度的 5% 时，可将轴力较大（图 9-4 中的 N_2）杆件的轴线作为屋架的轴线，而将较小轴力 N_1 引起的偏心弯矩 $N_1 e$ 按交汇于该节点的诸杆件的线刚度分配于诸杆件：

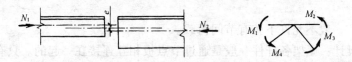

图 9-4　拼接杆件的偏心距

$$M_i = N_1 e K_i / \sum_j K_j$$

式中　K_i——杆的线刚度：$K_i = I_i / l_i$。

由于弯矩的存在，除了局部稳定性外，对上弦要进行压弯构件的全部校核。

1）分别对正负弯矩区段进行强度校核

$$\frac{N}{A} + \frac{M}{\gamma_x W_{nx}} \leq f$$

2）分别对正负弯矩区段进行平面内稳定性校核

$$\frac{N}{\varphi_x A} + \frac{\beta_{mx} M}{\gamma_x W_{1x}(1 - 0.8N/N_{Ex})} \leq f$$

$$\left| \frac{N}{A} - \frac{\beta_{mx} M}{\gamma_x W_{2x}(1 - 1.25N/N_{Ex})} \right| \leq f$$

3）平面外稳定性校核

$$\frac{N}{\varphi_y A} + \frac{\beta_{tx} M}{\varphi_b W_{1x}} \leq f$$

式中　γ_x——塑性发展系数依校核内容取 1.05 或 1.2；直接承受动力荷载（如悬挂吊车）取 $\gamma_x = 1$；

　　　β_{mx}——由于既有端弯矩又有横向荷载，且曲率异号，故等效弯矩系数 $\beta_{mx} = 0.85$；

W_{nx}——弯矩作用平面内的净截面抵抗矩；

W_{1x}——弯矩作用平面内较大受压纤维的毛截面抵抗矩；

W_{2x}——弯矩作用平面内对较小翼缘的毛截面抵抗矩；

N_{Ex}——欧拉临界力，$N_{Ex} = \pi^2 EA/\lambda_x^2$；

β_{tx}——可偏于安全地取为0.85；

φ_y——弯矩作用平面外的轴心压杆稳定系数；

φ_b——均匀弯曲的受弯构件整体稳定系数，可取 $\varphi_b = 1 - 0.0017\lambda_y \sqrt{f_y/235}$；

其余同前。

上弦角钢的厚度小于表9-8所列相应值，且直接承受大型屋面板之类的重型构件时，其水平翼缘要加强。加强可采用加劲肋或加水平盖板的方式。

不需加强的弦杆角钢厚度　　　　　　　　　　表9-8

集中力设计值（kN）		25	40	55	75	100
角钢厚度 （mm）	低炭碳钢	8	10	12	14	16
	低合金钢	7	8	10	12	14

尤须注意，一般不允许下弦有节间荷载。

（3）节点设计：屋架各杆件一般是通过节点板相互连接在一起的。只有在采用圆管截面杆件等时才直接将腹杆焊接于弦杆上。节点设计的安全储备一般要大于杆件的安全储备。

1）与节点板相关的构造要点：节点板的几何外形力求简单，不允许有凹角，常用截面形式为矩形或梯形。

节点板一般应伸出弦杆10~15mm，以便焊接。

同一节点板上的杆件边缘之间的端距不宜小于20mm，直接承受动力或在寒冷低温（计算温度小于或等于 -30℃）地区工作的屋架，不宜小于50mm，且不宜大于6t（t为节点板厚度）或80mm。采用螺栓或铆钉连接时，杆件边缘之间的端距宜取5~10mm。

用于杆件定位的尺寸 β（图9-5）一般以5mm整倍数标示。

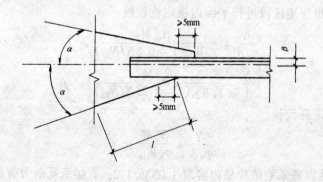

图9-5 节点板构造

同一节点板上的各焊缝之间的净距不宜小于 10mm。直接承受动力或在寒冷低温（计算温度小于或等于 - 30℃）地区工作的屋架，所有焊缝不宜延伸到节点板边缘，要从节点板边缘缩进不小于 5mm 的距离（图 9-5）。

腹杆轴线与节点板斜边的夹角 α 不宜小于 15°～20°，直接承受动力时不宜小于 30°。节点板自由边 l（图 9-5）与板厚 t 的比一般作如下限制

$$l/t \leq 60\sqrt{235/f_y}$$

腹杆与节点板的连接焊缝可以是两侧焊、三面围焊或（在角背和端部的）L 形围焊。一般采用两侧焊，在直接承受动力荷载的情形，尤其不宜采用三面围焊或 L 形围焊。

2）一般下弦节点设计：对于下弦节点，在既无集中荷载又非支座节点时，非拼接弦杆与节点板的连接焊缝只须传递两弦杆内力差 $\Delta N = N_2 - N_1$，但应注意 ΔN 在肢背和肢尖焊缝的分配。由此得出的焊缝尺寸往往较小，宜控制焊缝连接强度不小于较大弦杆内力的 15%。

3）一般上弦节点设计：上弦节点由于结构布置的需要，一般将节点板缩进上弦角钢背，缩进距离不宜小于 $0.5t + 2$（mm），亦不宜大于节点板厚度 t。由于塞焊缝不易控制质量，习惯性作法是：

设上弦角钢背凹槽内的塞焊缝只承受作用于该节点的集中力在垂直于上弦杆方向的分力，即

$$\frac{F}{2 \times 0.7h_{f1}l_w} \leq 0.8\beta_f f_f^w$$

式中　　F——集中力在垂直于上弦杆方向的分力；

　　　　h_{f1}——塞焊缝焊脚尺寸，取 $h_{f1} = t/2$；

　　　　l_w——塞焊缝计算长度。

而两弦杆内力差 ΔN 则由上弦角钢肢尖与节点板的焊缝承担。由于该焊缝对上弦轴线有偏心矩，故

$$\tau = \frac{\Delta N}{2 \times 0.7h_{f2}l_w} \qquad \sigma = \frac{6M}{2 \times 0.7h_{f1}l_w^2} \qquad \sqrt{\left(\frac{\sigma}{\beta_f}\right)^2 + \tau^2} \leq f_f^w$$

式中　　h_{f2}——上弦角钢肢尖与节点板的焊脚尺寸；

　　　　l_w——上弦角钢肢尖与节点板的焊缝计算长度；

　　　　M——该焊缝对上弦轴线有偏心矩，$M = \Delta Ne$；

　　　　e——上弦角钢肢尖到上弦轴线距离。

如果由于 ΔN 较大，上述校核无法满足时可采取将部分节点板伸出的方案，分别校核上弦角钢肢背和肢尖焊缝：

上弦角钢肢背焊缝

$$\frac{\sqrt{(\alpha_1 \Delta N)^2 + (0.5F)^2}}{2 \times 0.7h_{f1}l_{w1}} \leq f_f^w$$

上弦角钢肢尖焊缝

$$\frac{\sqrt{(\alpha_2 DN)^2 + (0.5F)^2}}{2 \times 0.7h_{f2}l_{w2}} \leq f_f^w$$

式中　h_{f1}、h_{f2}——上弦角钢肢背和肢尖焊缝的焊脚高度；

　　　　l_{w1}、l_{w2}——上弦角钢肢背和肢尖焊缝的计算长度；

　　　　$α_1$、$α_2$——上弦角钢肢背和肢尖的分配系数。

　　4）杆件的拼接节点设计：杆件的拼接可以是工厂拼接（通常由于型钢长度不够或变截面要求）或工地拼接（通常由于运输要求而需分为运送单元），后者一般在节点处拼接。拼接常以等强原则设计。

　　双角钢杆件宜用与杆件相同的短角钢拼接，短角钢应切肢和切棱，并塞以填板，如图9-6。

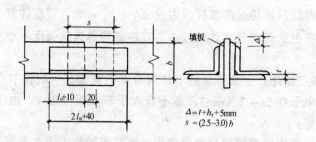

图9-6　双角钢杆件拼接

　　拼接角钢的焊缝长度 l_w 由下式决定

$$l_w \geq \frac{N}{4 \times 0.7h_f f_f^w}$$

如果采用高强度螺栓，要进行杆件的净截面强度验算。拼接板一侧高强度螺栓数目 n 由下式决定

$$n \geq \frac{N}{0.9 n_f \mu P}$$

式中　N——拼接传递的内力；

　　　　n_f——传力摩擦面数目；

　　　　$μ$——摩擦面的抗滑移系数；

　　　　P——高强度螺栓的预拉力。

　　如果杆件在节点板处拼接，N 取为拼接两杆件中的较大内力，仍按上述处理。

　　坡度不大或拼接角钢较小时，屋脊节点处的拼接角钢采用热弯成形；否则，需将角钢按坡度作切口，弯折后焊接。

　　5）屋架的支座节点设计：如非必要，屋架的支座常设计为铰接。屋架在支座处的合力一定要作用于底板中心，（垂直于底板的）肋板的厚度中线必须与相应杆件合力线重合。底板和肋板要有足够的刚度。

　　当屋架与柱刚接时，由荷载组合得到屋架端部的最大正弯矩 M_{max} 和最大负弯矩 M_{min} 后，可依照内力分析与组合的方法得到上下弦处支座节点承受的两组水平力：

$$H_1 = M_{max}/h_0, \quad H_2 = M_{min}/h_0$$

上下弦处的支座节点将按照上列两组水平力与支座的竖向反力并区别上承或下承式屋架进行设计（图9-7）。

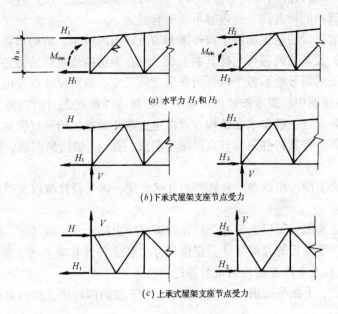

(a) 水平力 H_1 和 H_2

(b) 下承式屋架支座节点受力

(c) 上承式屋架支座节点受力

图9-7　刚接屋架支座受力

6）具有集中荷载的下弦节点设计：典型的节点构造如图9-8所示。当采用节点板缩进方案时，按有集中力的上弦节点的相应公式计算。加劲肋只有在超过表9-8的值时才设置。

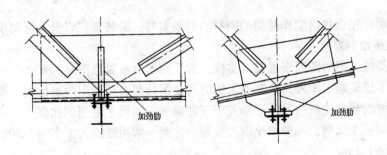

图9-8　具有集中荷载的下弦节点

9.1.4　施工图绘制说明

大多数工程设计的最后表达形式是图纸。设计者的主旨、意图都是通过图纸体现出来的。尽管计算机绘图已经相当流行，但是，作为一种基本训练环节，在课程设计中要求学生手工完成施工图绘制。制图依据的主要国家标准是《房屋建筑制图统一标准（GBJ—1）》和《建筑结构制图标准（GBJ—105）》。

1. 施工图内容

一套完整的钢结构施工图，一般包括：1) 图纸目录；2) 设计总说明（首页图）；3) (基础) 柱脚锚栓布置图；4) 纵、横、立（剖）面图；5) 结构布置图；6) 纵、横、立（剖）面布置图；7) 构件图；8) 节点详图；9) 高强度螺栓表；10) 钢材订货表。在某些情况下，根据建筑物的特点，上述内容可压缩合并。

课程设计要求完成的施工图限于构件图和节点详图的绘制。结构布置图、高强度螺栓表（如果有的话）及其他内容可在计算书上表示。在钢结构施工图的构件图中，原则上要求根据结构布置图的编号绘示各个构件的外形几何尺寸、截面尺寸以及内力设计值（截面控制值）。在节点详图中，要求按详图的索引号绘制构件相互之间的空间几何关系和连接关系。钢屋架课程设计一般要求在结构布置图中选取几种相关编号（譬如，相互几何对称或反对称）的屋架，将其构件图和节点详图绘制成一张 A1 幅面的图纸，除标题栏外，其主要内容如下：

(1) 屋架的索引图：用以表示各杆件的几何长度、内力设计值以及拱度（如果需要起拱的话）；

(2) 屋架的正面图：用以表示各个杆件的编号、定位尺寸、缀（塞）板的布置、各个节点的详图（包括节点板的几何尺寸、定位尺寸、各个杆件在节点板上的相互几何关系、焊缝几何尺寸），以及支撑连接件的位置等；

(3) 屋架的上、下弦平面图：分别对应于上、下弦的俯视图，用以表示上、下弦的支撑连接件的位置；

(4) 屋架的侧面图：一般绘制屋架的端侧面图和中竖杆的侧面图等；

(5) 屋架的剖面图：一般绘制屋架支座节点的水平剖面图、屋架垂直支撑所在的竖直剖面图等；

(6) 大样图：用以表示某些特殊零件的几何尺寸；

(7) 材料表：罗列所有杆件、节点板以及连接件的编号、截面形式、长度、数量和质量等；

(8) 说明：用以指出制作屋架的钢材、焊条型号、涂装方式以及未标明事项。

2. 施工图绘制要点

(1) 屋架施工图的图面布置灵活多样，常见的图面布置如图 9-9 所示；

(2) 除了屋架索引图外，绘制施工图的其余部分都必须采用两种比例，即：用于杆件轴线方向尺寸绘制的比例一和用于垂直于杆件轴线方向尺寸绘制的比例二。而节点板在两个方向采用同一个比例，一般用比例二绘制。比例一常用范围为 1:20~1:50；比例二常用范围为 1:10~1:15。

(3) 屋架的编号一般以大写的汉语拼音字母加数字组成，首字母避用 O 和 I。

(4) 屋架杆件的编号依一定秩序进行，以利阅览。一般可按主次顺序，由上到下，由左到右的方式编号。要注意同一榀屋架各杆件的编号尽量连续。不要遗漏缀(塞)板的编号（通常只在每根杆件的一块缀板上标示）。

(5) 屋架索引图中的杆件几何长度和内力可分别标于杆件的两侧。如果屋架几何对称，可分别将几何长度和内力标于左半跨屋架和右半跨屋架。三角形屋架和梯形屋架的跨度 L 分别不小于 15m 和 24m 时，要求起拱。一般只在下弦拼接节点处起拱，拱度采用 $L/500$。在屋架索引图中绘出起拱。

264

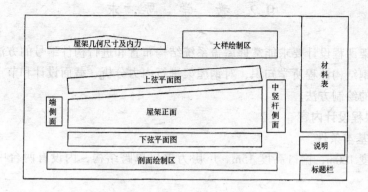

图 9-9　施工图的图面布置

（6）在屋架正面图绘制中，先画出屋架各杆件的轴线，然后以此轴线为各杆件的截面形心轴来定位各杆件，最后标明杆件截面形心轴与杆件外缘的距离（通常是杆件截面形心轴与肢背的距离），完成各杆件的定位。由于杆件截面形心轴与杆件外缘的距离以 mm 计时并非总为整数，一般靠近取整为 5mm 的倍数标注之。

（7）各杆件端部与杆件交汇中心之间的距离应在屋架正面图中标明。

（8）节点板设计的通常步骤是：

1）沿杆件轴线标出该杆件所需的焊缝长度（注意各杆端之间的净距要求）。

2）以尽量简单的几何图形（譬如矩形，梯形）包络所有焊缝。

3）由图上量出该包络图形的大致尺寸。

4）将这些大致尺寸调整并取整作为节点板的几何尺寸。

5）分别标明节点板各边缘与杆件交汇中心之间的距离。

6）将短焊缝拉长满焊，把焊缝标注清楚。

①在屋架正面图中，由于节点处的标记符号密集，为图面表达清晰起见，可只在相应的节点板处画出屋架垂直支撑连接件的几何尺寸，而将编号及焊缝形式标记于屋架的相应上（下）弦平面图、尺寸在大样图（如果存在的话）和材料表中说明。

②在屋架正面图中，必须标明屋架剖面图的剖切位置。

③如果屋架对称，屋架正面图及上、下弦平面图均可只画半跨，同时在对称轴上标注对称符号。

④如果弦杆有拼接，在屋架正面图上要画出拼接件，并标明连接螺栓孔的位置（包括孔洞与弦杆轴线的距离、孔洞与最近节点板上杆件交汇中心之间的距离、孔洞之间的距离），但其编号可在屋架的上、下弦平面图中标示。

⑤在屋架的上、下弦平面图中，要标明屋架水平支撑连接的螺栓孔位置（包括孔洞与弦杆轴线的距离、孔洞与最近节点板上杆件交汇中心之间的距离、孔洞之间的距离）及其所对应的屋架编号；同时标明屋架垂直支撑连接件的编号、焊缝形式及其所对应的屋架编号。

⑥在屋架的侧面图和屋架的竖直剖面图中，除要标明杆件与节点板之间的几何投影关系外，还要标明垂直支撑连接件的螺栓孔位置及切角斜度。

265

9.2 教 学 要 求

通过钢屋架课程设计要求能掌握屋盖系统结构布置和进行构件编号的方法；能综合运用有关力学和钢结构课程所学知识，对钢屋架进行内力分析、截面设计和节点设计；掌握钢屋架施工图的绘制方法。

9.2.1 课程设计内容

1. 建筑物基本条件

厂房总长度120m，檐口高度15m。厂房为单层单跨结构，内设有两台中级工作制桥式吊车。

拟设计钢屋架，简支于钢筋混凝土柱上，柱的混凝土强度等级为C20。柱顶截面尺寸为400mm×400mm。钢屋架设计可不考虑抗震设防。

厂房柱距选择：（1）6m；（2）12m。

2. 设计题目

（1）三角形钢屋架 [（A）、（B）]

1) 属有檩体系：檩条采用槽钢 $\sqsubset$ 10，跨度为6m，跨中设有一根拉条 ϕ10。

2) 屋架屋面做法及荷载取值（标准荷载值）：

永久荷载：波形石棉瓦自重　　　　0.20kN/m²

檩条及拉条自重　　　　0.20kN/m²

保温木丝板重　　　　　0.25kN/m²

钢屋架及支撑重　　　　（0.12+0.011×跨度）kN/m²

可变荷载：雪荷载（3组）$\begin{cases} a) & 0.30\text{kN/m}^2 \\ b) & 0.40\text{kN/m}^2 \\ c) & 0.55\text{kN/m}^2 \end{cases}$

屋面活荷载　　　　　0.30kN/m²

积灰荷载　　　　　　0.30kN/m²

注：1. 以上数值均为水平投影值；2.（A）、（B）屋架的形式与尺寸见图9-10。

（2）梯形钢屋架 [（C）、（D）、（E）、（F）]

1) 属无檩体系：采用1.5m×6m的预应力混凝土大型屋面板，屋面板与钢屋架采用三点焊接。

2) 屋架屋面做法及荷载取值（标准荷载值）：

永久荷载：防水屋（三毡四油上铺小石子）　　　　　0.35kN/m²

找平层（20mm厚水泥砂浆）　　0.02×20=0.40kN/m²

保温层（泡沫混凝土）：$\begin{cases} d) & 厚40\text{mm} & 0.25\text{kN/m}^2 \\ e) & 厚80\text{mm} & 0.50\text{kN/m}^2 \\ f) & 厚120\text{mm} & 0.70\text{kN/m}^2 \end{cases}$

钢屋架及支撑重　　　　（0.12+0.011×跨度）kN/m²

可变荷载：雪荷载（3组） $\begin{cases} g） & 0.40 \text{kN/m}^2 \\ h） & 0.50 \text{kN/m}^2 \\ m） & 0.60 \text{kN/m}^2 \end{cases}$

屋面活荷载　　　0.70kN/m²

积灰荷载　　　　0.50kN/m²

注：1. 以上数值均为水平投影值；2. （C）、（D）、（E）、（F）形式及尺寸，见图9-10。

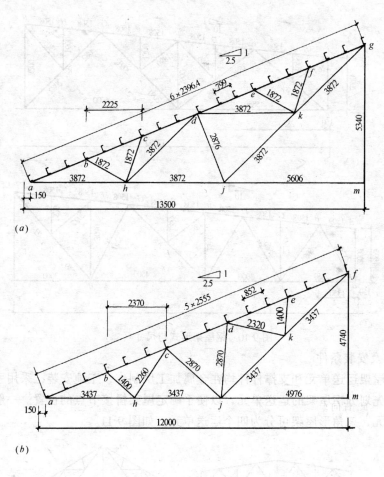

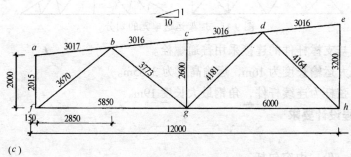

图 9-10　钢屋架形式与尺寸（一）

267

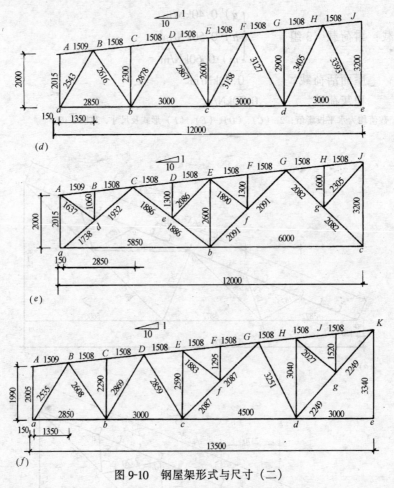

图 9-10 钢屋架形式与尺寸（二）

3. 制作及安装条件

（1）钢屋架运送单元和支撑杆件均在金属加工厂制作，工地安装，采用手工焊接。

（2）预先划分钢屋架的运送单元，以便于确定屋架拼接节点的位置。一般梯形屋架为两个运送单元，三角形屋架可分为四个运送单元。如图 9-11。

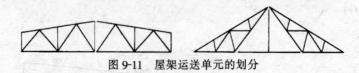

图 9-11 屋架运送单元的划分

（3）钢屋架与支撑杆件的连接采用普通螺栓。

（4）构件最大运输长度为 16m，运输高度为 3.85m。

（5）上、下弦杆为连续杆件，角钢最大长度 19m。

9.2.2 课程设计要求

1. 计算书

完成计算书一份，内容包括：

（1）选题：柱距（6m，12m）

　　　　屋架形式〔（A）～（F）〕

荷载取值（恒荷载，活荷载）。

(2) 选择钢材。

(3) 选择焊接方法及焊条型号。

(4) 绘制屋盖体系支撑布置图。

(5) 荷载计算及各杆件内力组合

(6) 杆件截面设计 　　　　　　　 } （由教师具体指定计算要求）

(7) 屋架节点设计

2. 施工图

(1) 绘制与屋盖支撑相关联的钢屋架施工图一张。

(2) 图纸规格：1 号图纸（594mm×841mm）。

(3) 图面内容：

1) 屋架索引图（习惯画在图面的左上角）比例尺取 1:150～1:150。

2) 屋架正面图（画对称的半榀） } 轴线比例尺：1:20 或 1:30。

3) 上、下弦杆俯视图 　　　　　 杆件比例尺：1:10 或 1:15。

4) 必要的剖面图（端竖杆、中竖杆、托架及垂直支撑连接处）。

5) 屋架支座详图及零件详图。

6) 施工图说明。

7) 材料表（可附在计算书中）。

8) 标题栏（写明：题目、指导教师、姓名、班级、日期）。

(4) 作图要求：采用铅笔绘图；图面布置合理；文字规范；线条清楚，符合制图标准；达到施工图要求。

(5) 设计完成后，图纸应叠成计算书一般大小，与计算书装订一起后上交。

3. 设计时间

在钢结构课程中讲解钢屋架一章时即可开始选题，决定钢屋架的形式及尺寸、支撑布置、内力计算及荷载组合。集中设计时间为一周半：

　　　　截面及节点设计　　　　　　　3 天

　　　　绘制施工图　　　　　　　　　4 天

　　　　计算书整理与施工图修正　　　1 天

9.3 设计方法、步骤

9.3.1 选材及结构布置

(1) 选择材料（提出使用钢材牌号及要求）、构件型式、连接方式及连接材料（焊条及螺栓型号）。

(2) 屋盖支撑布置：自选比例尺在计算书内绘出屋盖支撑布置图，包括屋盖上弦横向水平支撑、下弦横向水平支撑及下弦纵向水平支撑布置图、垂直支撑（布置图中用虚线表明其位置，并作剖面图，示意其结构形式）、系杆（刚性及柔性）。布置图中以编号的方式说明各构件的名称。

例：　钢屋架　　　GWJ—××　　　　垂直支撑　　　CC—××

上弦支撑	SC—××	刚性系杆	GG—××
下弦支撑	XC—××	柔性系杆	LG—××

9.3.2 荷载计算与内力分析

1. 荷载计算

(1) 按屋面做法、各层材料的标准荷载值，求出恒荷载的设计值。

(2) 按雪荷载与屋面施工活荷载取其中最不利值的原则，求出活荷载的设计值。

(3) 划分适当计算单元，求出屋架节点荷载和节间荷载设计值。

2. 内力计算

(1) 确定杆件内轴力

1) 计算半跨（或全跨）单位节点力作用下各杆件内轴向力——轴力系数求解方法自选，可用数解法（截面法、节点法）、图解法、利用建筑结构静力计算手册查出内力系数或使用计算机程序计算等。

2) 杆件轴力 = 节点荷载 × 轴力系数。将轴力值填写在屋架简图上。

(2) 确定弦杆内弯矩

当屋架弦杆有节间荷载（上弦两相邻节点的间距大于一块屋面板宽度、有檩体系、下弦节间有悬吊物等）存在时，弦杆内除有轴向力外，还有弯矩。为了简化，可近似地按简支梁计算出弯矩 M_0，然后再乘以调整系数。上弦杆端节间弯矩取为 $0.8M_0$；上弦杆其余节点、节间弯矩取为 $\pm 0.6M_0$。M_0 可按图 9-12 所示方法求出。

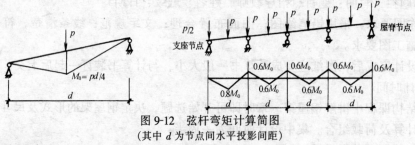

图 9-12　弦杆弯矩计算简图
（其中 d 为节点间水平投影间距）

3. 内力组合

设计屋架时，应考虑以下三种组合：

使用阶段组合一　全跨永久荷载 + 全跨可变荷载；

　　　　组合二　全跨永久荷载 + 半跨可变荷载；

施工阶段组合三　全跨屋架及支撑自重 + 半跨大型屋面板重 + 半跨屋面活荷载。

注：如果在安装过程中，在屋架两侧对称均匀铺设屋面板，则可以不考虑组合三。

9.3.3 杆件截面设计

(1) 确定钢屋架各杆件计算长度（杆件几何长度参见图 9-10），将结果填入表 9-7。

(2) 确定屋架节点板厚度（≥5mm）：根据杆件内力大小，参考表 9-3 规定选取。中间节点板受力小，板厚可比支座处节点板减小 2mm。

(3) 合理选择杆件截面形式：

1) 轴力杆件尽可能按等稳定性设计。优先选用等肢且肢宽壁薄的角钢，以增加截面的回转半径。

2) 上、下弦杆截面选择要考虑其受力及其与支撑等构件的连接要求。有螺栓孔时，角钢肢宽应满足构造要求。放置屋面板时，上弦角钢水平肢宽应满足搁置要求。

3）连接垂直支撑的竖杆，常用两个等肢角钢组成的十字型截面，使垂直支撑在传力时竖杆不致产生偏心；并且吊装时屋架两端可以任意调动位置而竖杆伸出肢不变。

4）钢屋架杆件截面规格总计不应超过 5~6 种，最小角钢规格为 $\llcorner 45 \times 4$ 或 $\llcorner 56 \times 36 \times 4$，轻钢结构不受此限。避免使用肢宽相同而厚度相差不大的角钢规格。

5）跨度大于 24m 的屋架，弦杆可根据内力变化从适当节点处改变截面，但半跨内一般只改变一次，且只改变肢宽而不改变厚度，以方便拼接的构造处理。

（4）轴心受压杆截面设计

1）选择截面

方法一：假定长细比 $\lambda < [\lambda]$，由整体稳定求出所需角钢截面积 $A^* \geq \dfrac{N}{\varphi \cdot f}$，然后由型钢表初选角钢型号，确定角钢截面面积 A。

方法二：由经验或资料初选角钢型号，确定角钢截面面积 A。

2）截面校核

    强度： $N/A_n \leq f$

    稳定： $N/(\varphi A) \leq f$

    刚度： $\lambda \leq [\lambda]$

3）调整截面

根据校核结果，调整型号使杆件截面设计达到安全可靠且经济合理。

（5）轴心受拉杆截面设计

1）选择截面：假定长细比 $\lambda < [\lambda]$，由强度条件求出所需截面积 $A^* \geq \dfrac{N}{f}$，然后由型钢表初选角钢型号，确定角钢面积 A。

2）截面校核：强度：$N/A_n \leq f$

              刚度：$\lambda \leq [\lambda]$

3）调整截面（同压杆）

（6）压弯杆件截面设计

1）选择截面：由经验或资料初选角钢型号，确定角钢面积 A。

2）截面校核

①刚度条件：$\lambda_x \leq [\lambda]$；$\lambda_y \leq [\lambda]$

②强度验算：$\dfrac{N}{A_n} \pm \dfrac{M_x}{\gamma_x W_{nx}} \leq f$

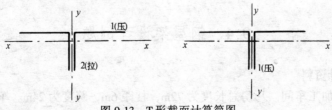

图 9-13　T 形截面计算简图

③弯矩作用平面内杆件的稳定性：

$$\frac{N}{\varphi_x A} + \frac{\beta_{mx} M_x}{\gamma_{1x} W_{1x} \left(1 - 0.8 \dfrac{N}{N_{Ex}}\right)} \leq f$$

$$\left| \frac{N}{A} - \frac{\beta_{mx} M_x}{\gamma_{2x} W_{2x} \left(1 - 1.25 \dfrac{N}{N_{Ex}}\right)} \right| \leq f$$

④弯矩作用平面外杆件的稳定性

$$\frac{N}{\varphi_y A} + \frac{\beta_{tx} M_x}{\varphi_b W_{1x}} \leq f$$

3）调整截面（同压杆）

9.3.4 节点设计

（1）计算连接焊缝。画出节点计算简图，根据钢屋架各杆件内力，计算各节点处杆件肢尖、肢背与节点板连接所需的焊缝厚度及长度。具体计算可参见教材或以下设计例题。

（2）确定节点板形状和尺寸，此项可在施工图中完成。

1）节点处各杆件形心线应交于一点，尽可能避免产生偏心受力而引起附加弯矩。为制造方便，角钢肢背到其形心轴线的距离常取 5mm 的倍数。例如：24.4mm 取为 25mm；21.4mm 取为 20mm。

2）节点上各杆件之间应留一定的间隙（≥20mm），以便于施焊和避免焊缝过于集中而导致钢材变脆。

3）可根据要求的各焊缝长度按比例所作的图中确定节点板尺寸。节点板的形状应简单、规整，至少有两边平行，如：矩形、直角梯形、平行四边形等。节点板不应有凹角，以免产生严重的应力集中。节点板边缘于杆件轴线的夹角不小于 15°。节点板尺寸应尽量使焊缝中心受力。

9.3.5 施工图绘制

（1）定位尺寸　为便于制作与安装，图中必须注明：各杆件与零件的位置尺寸、螺栓的孔洞位置和尺寸、焊缝性质（工厂焊接或工地拼接）和尺寸、轴线到肢背距离等。

（2）构件编号　施工图中应对所有杆件和零件进行编号。完全相同或正反面对称的杆件或零件可编为同一个号。编号顺序一般为从左到右按主次关系依次编号。

例如，上、下弦杆，腹杆，节点板，零件等。

（3）文字说明　内容包括钢材的钢号及保证项目、焊条型号、焊接方法及焊接质量要求、图中未注明的焊缝和螺栓孔的尺寸、防锈处理、运输与安装要求等。

（4）材料表　列出所有杆件和零件的编号、规格尺寸、长度、数量（正、反）和重量并计算出整榀钢屋架的用钢量。

9.4　钢屋架设计例题

9.4.1　设计资料

某地区一金加工车间。厂房总长度为 72m，柱距 6m，跨度为 24m。车间内设有两台中级工作制桥式吊车。该地区冬季最低温度为 −20℃。

屋面采用 1.5m×6.0m 预应力大型屋面板，屋面坡度为 $i = 1:10$。上铺 80mm 厚泡沫混凝土保温层和三毡四油防水层等。屋面活荷载标准值为 $0.7kN/m^2$，雪荷载标准值为 $0.5kN/m^2$，积灰荷载标准值为 $0.75kN/m^2$。屋架采用梯形钢屋架，其两端铰支于钢筋混凝土柱上。柱头截面为 $400mm \times 400mm$，所用混凝土强度等级为 C25。

根据该地区的温度及荷载性质，钢材采用 Q235·A·F，其设计强度 $f = 215kN/m^2$，焊条采用 E43 型，手工焊接。构件采用钢板及热轧型钢，构件与支撑的连接用 M20 普通螺栓。

屋架的计算跨度：$L_0 = 24000 - 2 \times 150 = 23700mm$，端部高度：$h = 1990mm$（轴线处），$h = 2005mm$（计算跨度处），屋架跨中起拱 50mm（$\approx L/500$）。

9.4.2 结构形式与布置

屋架形式及几何尺寸见图 9-14 所示。

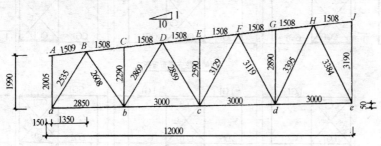

图 9-14 屋架形式及几何尺寸

屋架支撑布置见图 9-15 所示。

9.4.3 荷载与内力计算

1. 荷载计算

屋面活荷载与雪荷载不会同时出现，故取两者较大的活荷载计算。

永久荷载标准值

防水层（三毡四油上铺小石子）	$0.35kN/m^2$
找平层（20mm 厚水泥砂浆）	$0.02 \times 20 = 0.40kN/m^2$
保温层（80mm 厚泡沫混凝土）	$0.08 \times 6 = 0.48kN/m^2$
预应力混凝土大型屋面板	$1.40kN/m^2$
钢屋架和支撑自重	$0.12 + 0.011 \times 24 = 0.38kN/m^2$
管道设备自重	$0.10kN/m^2$

总计　$3.11kN/m^2$

可变荷载标准值

屋面活荷载	$0.70kN/m^2$
积灰荷载	$0.75kN/m^2$

总计　$1.45kN/m^2$

永久荷载设计值　$1.2 \times 3.11 = 3.73kN/m^2$
可变荷载设计值　$1.4 \times 1.45 = 2.03kN/m^2$

2. 荷载组合

设计屋架时，应考虑以下三种组合：

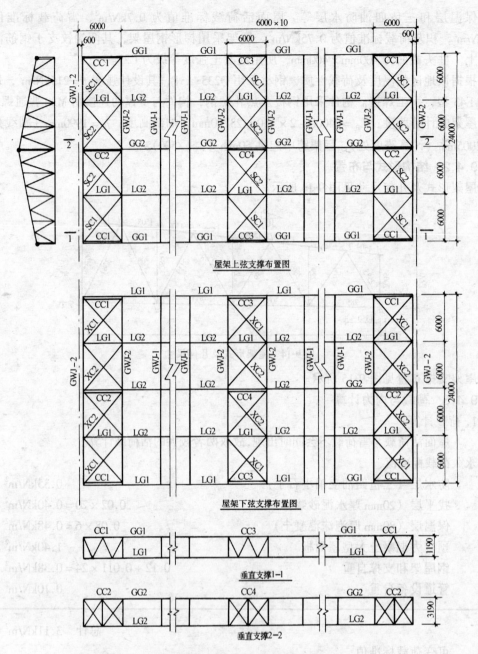

符号说明——GWJ—（钢屋架）；SC—（上弦支撑）；XC—（下弦支撑）；
CC—（垂直支撑）；GG—（刚性系杆）；LG—（柔性系杆）；

图 9-15 屋架支撑布置图

组合一　全跨永久荷载 + 全跨可变荷载
　　　　屋架上弦节点荷载 $P = (3.73 + 2.03) \times 1.5 \times 6 = 51.84 \text{kN/m}^2$

组合二　全跨永久荷载 + 半跨可变荷载
　　　　屋架上弦节点荷载 $P_1 = 3.73 \times 1.5 \times 6 = 33.57 \text{kN/m}^2$

$$P_2 = 2.03 \times 1.5 \times 6 = 18.27 \text{kN/m}^2$$

组合三　全跨屋架及支撑自重 + 半跨大型屋面板重 + 半跨屋面活荷载

屋架上弦节点荷载 $P_3 = 0.38 \times 1.2 \times 1.5 \times 6 = 4.10\text{kN/m}^2$

$$P_4 = (1.4 \times 1.2 + 0.7 \times 1.4) \times 1.5 \times 6 = 23.94\text{kN/m}^2$$

3. 内力计算

本设计采用图解法计算杆件在单位节点力作用下各杆件的内力系数，见表 9-9。

由表内三种组合可见：组合一，对杆件计算主要起控制作用；组合三，可能引起中间几根斜腹杆发生内力变号。但如果施工过程中，在屋架两侧对称均匀铺设屋面板，则可避免内力变号而不用组合三。

9.4.4　杆件截面设计

腹杆最大内力，$N = 458.76\text{kN}$（压），由屋架节点板厚度参考表可知：支座节点板厚度取 12mm；其余节点板与垫板厚度取 10mm。

屋架杆件内力组合表　　　　　　　　　　表 9-9

杆件名称		内力系数（P=1）			组合一 $P \times ①$	组合二 $P_1 \times ① + P_2 \times ②$ $P_1 \times ① + P_2 \times ③$		组合三 $P_3 \times ① + P_4 \times ②$ $P_3 \times ① + P_4 \times ③$		计算内力（kN）
		全跨 ①	左半跨 ②	右半跨 ③						
	AB	0.0	0.0	0.0	0.0	0.0		0.0		0.0
上弦杆	BCD	−8.7	−6.15	−2.55	−451.0	−403.81	−338.04	−182.66	−96.62	−451.0
	DEF	−13.5	−8.92	−4.2	−699.84	−615.21	−528.98	−268.89	−155.9	−699.84
	FGH	−15.25	−9.1	−6.4	−790.56	−677.13	−627.80	−280.38	−215.74	−790.56
	HJ	−14.75	−7.3	−7.3	−764.64	−627.50	636.63	−235.24	−247.21	−764.64
下弦杆	a−b	4.7	3.42	1.35	243.65	219.93	182.11	101.14	51.59	243.65
	b−c	11.5	7.9	3.7	596.16	529.58	452.84	236.28	135.73	596.16
	c−d	14.6	9.3	5.6	756.86	659.01	591.41	282.50	193.92	756.86
	d−e	15.2	8.4	6.7	787.97	662.67	638.92	263.42	232.29	787.97
斜腹杆	Ba	−8.85	−6.5	−2.5	−458.78	−415.23	−342.15	−191.90	−96.14	−458.78
	Bb	−6.9	4.7	2.2	357.7	317.02	271.34	141.81	80.96	357.7
	Db	−5.5	−3.4	−2.1	−258.12	−246.37	−222.62	−103.95	−72.82	−258.12
	Dc	3.71	1.9	1.9	192.33	140.91	140.91	60.70	60.70	192.33
	Fc	−2.5	−0.7	−1.85	−129.6	−96.54	−117.55	−27.01	−54.54	−129.6
	Fd	1.1	−0.5	1.65	57.02	27.72	67.00	−7.46	44.01	67.00　−7.46
	Hd	0.5	1.6	−1.6	25.92	45.98	−12.48	40.35	−36.25	45.98　−36.25
	He	−1.0	−2.5	1.5	−51.84	−79.18	−6.10	−63.95	31.81	−79.18　31.81
竖杆	Aa	−0.5	−0.5	0.0	−25.92	−25.89	−16.75	−14.02	−2.05	−25.92
	Cb	−1.0	−1.0	0.0	−51.84	−51.77	−33.50	−28.04	−4.10	−51.84
	Ec	−1.0	−1.0	0.0	−51.84	−51.77	−33.50	−28.04	−4.10	−51.84
	Gd	−1.0	−1.0	0.0	−51.84	−51.77	−33.50	−28.04	−4.10	−51.84
	Je	−1.0	−1.0	−0.5	−51.84	−42.64		−16.07		−51.84

注：表内负值表示压力；正值表示拉力。

1. 上弦杆

整个上弦杆采用同一截面，按最大内力计算，$N = 790.56 \text{kN}$（压）

计算长度　屋架平面内取节间轴线长度 $l_{0x} = 150.8 \text{cm}$

屋架平面外根据支撑和内力变化取 $l_{0y} = 2 \times 150.8 = 301.6 \text{cm}$

因为 $2l_{0x} = l_{0y}$，故截面宜选用两个不等肢角钢，且
短肢相并，见图 9-16。

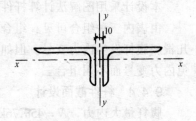

图 9-16　上弦截面

设 $\lambda = 60$，查轴心受力稳定系数表，$\varphi = 0.807$

需要截面积 $A^* = \dfrac{N}{\varphi \cdot f} = \dfrac{790.56 \times 10^3}{0.807 \times 215} = 4556 \text{mm}^2$

需要回转半径 $i_x^* = \dfrac{l_{0x}}{\lambda} = \dfrac{1508}{60} = 2.51 \text{cm}$

$$i_y^* = \frac{l_{0y}}{\lambda} = \frac{3016}{60} = 5.03 \text{cm}$$

根据需要的 A^*、i_x^*、i_y^* 查角钢型钢表，选用 2 $\llcorner$ $140 \times 90 \times 12$，$A = 5280 \text{mm}^2$，
$i_x = 2.54 \text{cm}$，$i_y = 6.81 \text{cm}$。

按所选角钢进行验算

$$\lambda_x = \frac{l_{0x}}{i_x} = \frac{150.8}{2.54} = 59.37 \qquad \lambda_y = \frac{l_{0y}}{i_y} = \frac{301.6}{6.81} = 44.29$$

满足允许长细比：$< [\lambda] = 150$ 的要求。

由于 $\lambda_x > \lambda_y$，只需求出 $\varphi_{\min} = \varphi_x$，查轴心受力稳定系数表，$\varphi_x = 0.811$

$$\frac{N}{\varphi_x A} = \frac{790.56 \times 10^3}{0.811 \times 5280} = 184.62 \text{N/mm}^2 < 215 \text{N/mm}^2 \quad \text{所选截面合适。}$$

2. 下弦杆

整个下弦杆采用同一截面，按最大内力计算，$N = 787.97 \text{kN}$（拉）

计算长度：屋架平面内取节间轴线长度 $l_{0x} = 3000 \text{mm}$

屋架平面外根据支撑布置取 $l_{0y} = 6000 \text{mm}$

计算需要净截面面积

$$A_n^* = \frac{N}{f} = \frac{787.97 \times 10^3}{215} = 3665 \text{mm}^2$$

选用 2 $\llcorner$ $125 \times 80 \times 10$（短肢相并），见图 9-17。

$A = 3942 \text{mm}^2$，$i_x = 2.26 \text{cm}$，$i_y = 6.11 \text{cm}$。

按所选角钢进行截面验算，取 $A_n = A$

（若螺栓孔中心至节点板边缘距离大于 100mm，则可不计截面削弱影响）

$$\frac{N}{A_n} = \frac{787.97 \times 10^3}{3942} = 199.89 \text{N/mm}^2 < 215 \text{N/mm}^2$$

$$\lambda_x = \frac{l_{0x}}{i_x} = \frac{300}{2.26} = 132.74 < [\lambda] = 350$$

$$\lambda_y = \frac{l_{0y}}{i_y} = \frac{600}{6.11} = 98.2 < [\lambda] = 350 \quad \text{所选截面满足要求。}$$

3. 端斜杆 aB

已知 $N = 458.78$kN（压），$l_{0x} = l_{0y} = 253.5$cm

因为 $l_{0x} = l_{0y}$，故采用不等肢角钢，长肢相并，使 $i_x = i_y$

选用角钢 $2 \llcorner 125 \times 80 \times 10$，见图 9-18。

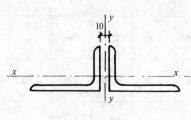

图 9-17　下弦截面

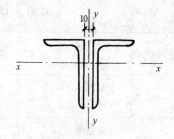

图 9-18　端斜杆截面

$A = 3942$mm^2，$i_x = 3.98$cm，$i_y = 3.31$cm。

截面验算

$$\lambda_x = \frac{l_{0x}}{i_x} = \frac{253.5}{3.98} = 63.69 < [\lambda] = 150$$

$$\lambda_y = \frac{l_{0y}}{i_y} = \frac{253.5}{3.31} = 76.59 < [\lambda] = 150$$

$$\varphi_{min} = \varphi_y = 0.710$$

$\dfrac{N}{\varphi_y A} = \dfrac{458.78 \times 10^3}{0.710 \times 3942} = 163.92N/mm^2 < 215$N/mm^2　所选截面满足要求。

4. 中竖杆 Je

已知　$N = 51.84$kN（压），

$l_0 = 0.9l = 0.9 \times 319 = 287.1$cm

根据螺栓排布要求，中间竖杆最小应当选用
$2 \llcorner 63 \times 5$ 的角钢，并采用十字形截面，$A = 1229$mm^2，
$i_{x0} = 2.45$cm，

$$\lambda_{x0} = \frac{l_0}{i_{x0}} = \frac{287.1}{2.45} = 117.18 < [\lambda] = 150$$

查表得　$\varphi = 0.452$

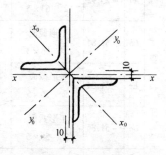

$\dfrac{N}{\varphi A} = \dfrac{51.84 \times 10^3}{0.452 \times 1229} = 93.32N/mm^2 < 215$N/mm^2

所选截面满足要求。

其余各杆件截面选择过程不一一列出，计算结果见
表 9-10。

图 9-19　中竖杆截面

9.4.5　节点设计

用 E43 焊条时，角焊缝的抗拉、抗压和抗剪强度设计值 $f_f^w = 160$N/mm^2
各杆件内力由表 9-9 查得。最小焊缝长度不应小于 $8h_f$。

1. 下弦节点 b（见图 9-20）

杆件名称编号	内力 kN	截面规格	面积(cm²)	计算长度(cm)		回转半径(cm)		长细比	[λ]	φmin	应力(N/mm²)
				L_{ox}	L_{oy}	i_x	i_y	λ_{max}			
上弦	-790.56	∏ 2∟140×90×12	52.80	150.8	301.6	2.54	6.81	59.37	150	0.811	-184.62
下弦	787.97	∏ 2∟125×80×10	39.42	300	600	2.26	6.11	132.74	350		199.89
斜腹杆 Ba	-458.78	长肢相并 2∟125×80×10	39.42	253.5		3.98	3.31	76.59	150	0.710	-163.92
Bb	357.7	T形截面 2∟80×6	18.80	208.6	260.8	2.47	3.65	84.47	350		190.27
Db	-258.12	T形截面 2∟90×6	21.27	229.5	286.9	2.79	4.05	82.27	150	0.656	-204.34
Dc	192.33	T形截面 2∟63×5	12.29	228.7	285.9	1.94	2.97	117.9	350		156.49
Fc	-129.6	T形截面 2∟80×6	18.80	250.3	312.9	2.47	3.65	85.73	150	0.650	-106.06
Fd	67.0 / -7.64	T形截面 2∟63×5	12.29	249.5	311.9	1.94	2.97	128.6	150	0.389	54.52 / -15.98
Hd	45.98 / -36.25	T形截面 2∟63×5	12.29	271.6	339.5	1.94	2.97	140.0	150	0.345	37.41 / -85.5
He	-79.18	T形截面 2∟63×5	12.29	270.8	338.5	1.94	2.97	139.6	150	0.349	-184.6
竖杆 Aa	-25.92	T形截面 2∟63×5	12.29	179.1		1.94	2.97	92.32	150	0.606	-34.80
Cb	-51.84	T形截面 2∟56×5	10.83	183.2	229.0	1.72	2.69	106.5	150	0.514	-93.12
Ec	-51.84	T形截面 2∟56×5	10.83	207.2	259.0	1.72	2.69	120.5	150	0.433	-110.55
Gd	-51.84	T形截面 2∟56×5	10.83	231.2	289.0	1.72	2.69	134.4	150	0.368	-130.07
Je	-51.84	十字形截面 2∟63×5	12.29	287.1		$i_{min}=2.45$		117.18	150	0.452	93.32

（1）斜杆 Bb 与节点板连接焊缝计算：$N = 357.7$ kN

设肢背与肢尖的焊脚尺寸分别为 6mm 和 5mm。所需焊缝长度为：

肢背　$l_w = \dfrac{0.7 \times 357.7 \times 10^3}{2 \times 0.7 \times 6 \times 160} + 10 = 196.3$ mm，取 $l_w = 200$ mm

肢尖　$l_w' = \dfrac{0.3 \times 357.7 \times 10^3}{2 \times 0.7 \times 5 \times 160} + 10 = 105.8$ mm，取 $l_w' = 110$ mm

（2）斜杆 Db 与节点板的连接焊缝计算：$N = 258.12\text{kN}$

设肢背与肢尖的焊角尺寸分别为 6mm 和 5mm。所需焊缝长度为

$$肢背\ l_w = \frac{0.7 \times 285.12 \times 10^3}{2 \times 0.7 \times 6 \times 160} + 10 = 158.5\text{mm}，取\ l_w = 160\text{mm}$$

$$肢尖\ l'_w = \frac{0.3 \times 258.5 \times 10^3}{2 \times 0.7 \times 5 \times 160} + 10 = 86.37\text{mm}，取\ l'_w = 90\text{mm}$$

（3）竖杆 Cb 与节点板连接焊缝计算：$N = 51.84\text{kN}$

因其内力很小，焊缝尺寸可按构造确定，取焊脚尺寸 $h_f = 5\text{mm}$，
焊缝长度 $l_w \geqslant 50\text{mm}$。

（4）下弦杆与节点板连接焊缝计算：焊缝受力为左右下弦杆的内力差 $\Delta N = 596.16 - 243.65 = 352.51\text{kN}$，设肢尖与肢背的焊脚尺寸 6mm。所需焊缝长度为

$$肢背\ l_w = \frac{0.75 \times 352.51 \times 10^3}{2 \times 0.7 \times 6 \times 160} + 10 = 206.7\text{mm}，取\ l_w = 210\text{mm}$$

$$肢尖\ l'_w = \frac{0.25 \times 352.51 \times 10^3}{2 \times 0.7 \times 6 \times 160} + 10 = 65.57\text{mm}，取\ l'_w = 80\text{mm}$$

（5）节点板尺寸：根据以上求得的焊缝长度，并考虑杆件之间应有的间隙和制作装配等误差，按比例作出构造详图，从而定出节点板尺寸。本设计确定节点板尺寸可在施工图中完成，校核各焊缝长度不应小于计算所需的焊缝长度。

2. 上弦节点 B（见图 9-21）

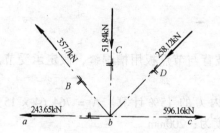

图 9-20　下弦节点"b"

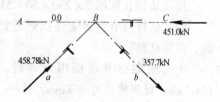

图 9-21　上弦节点"B"

（1）斜杆 Bb 与节点板连接焊缝计算，与下弦节点 b 中 Bb 杆计算相同。

（2）斜杆 Ba 与节点板连接焊缝计算，$N = 458.78\text{kN}$。

设肢背与肢尖的焊脚尺寸分别为 10mm 和 6mm。所需焊缝长度

$$肢背\ l_w = \frac{0.65 \times 458.78 \times 10^3}{2 \times 0.7 \times 10 \times 160} + 10 = 143.13\text{mm}，取\ l_w = 160\text{mm}$$

$$肢尖\ l'_w = \frac{0.35 \times 458.78 \times 10^3}{2 \times 0.7 \times 6 \times 160} + 10 = 129.47\text{mm}，取\ l'_w = 140\text{mm}$$

（3）上弦杆与节点板连接焊缝计算：为了便于在上弦上搁置大型屋面板，上弦节点板的上边缘可缩进上弦肢背80mm。用槽焊缝将上弦角钢和节点板连接起来。槽焊缝可按两条焊缝计算，计算时可略去屋架上弦坡度的影响，而假定集中荷载 P 与上弦垂直。

假定集中荷载 P 由槽焊缝承受，$P = 51.84\text{kN}$

所需槽焊缝长度为

$$l_w = \frac{P}{2 \times 0.7 \times h_f \times f_f^w} + 10 = \frac{51.84 \times 10^3}{2 \times 0.7 \times 5 \times 160} + 10 = 56.29mm,$$

取 $l_w \geqslant 60mm$

上弦肢尖焊缝受力为左右上弦杆的内力差 $\Delta N = 451.0 - 0.0 = 451.0kN$,

偏心距 $e = 90 - 21.2 = 68.8mm$

设肢尖焊脚尺寸 8mm。需焊缝长度为 410mm,则

$$\tau_f = \frac{\Delta N}{2h_e \Sigma l_w} = \frac{451.0 \times 10^3}{2 \times 0.7 \times 8 \times (410 - 10)} = 100.67mm$$

$$\sigma_f = \frac{M}{W_f} = \frac{6 \times 451.0 \times 10^3 \times 68.8}{2 \times 0.7 \times 8 \times (410 - 10)^2} = 103.89mm$$

$$\sqrt{(\sigma_f/1.22)^2 + (\tau_f)^2} = \sqrt{(103.89/1.22)^2 + 100.67^2} = 131.86N/mm^2 < 160N/mm^2$$

(4) 节点板尺寸:方法同前,在施工图上确定。

3. 屋脊节点 H (见图 22)

(1) 弦杆与拼接角钢连接焊缝计算:弦杆一般用与上弦杆同号角钢进行拼接,为使拼接角钢与弦杆之间能够密合,并便于施焊,需将拼接角钢进行切肢、切棱。拼接角钢的这部分削弱可以靠节点板来补偿。拼接一侧的焊缝长度可按弦杆内力计算。$N = 764.64kN$

设肢尖、肢背焊脚尺寸为 8mm。则需焊缝长度为

$$l_w = \frac{N}{4 \times 0.7 \times h_f \times f_f^w} + 10 = \frac{764.64 \times 10^3}{4 \times 0.7 \times 8 \times 160} + 10 = 223.34mm,$$

取 $l_w = 230mm$

拼接角钢长度取 $2 \times 230 + 50 = 510mm$

(2) 弦杆与节点板的连接焊缝计算:上弦肢背与节点板用槽焊缝,假定承受节点荷载,验算从略。

上弦肢尖与节点板用角焊缝,按上弦杆内力的 15% 计算。$N = 764.64 \times 15\% = 114.7kN$,设焊脚尺寸为 8mm,弦杆一侧焊缝长度为:200mm

$$\tau_f = \frac{N}{2h_e \Sigma l_w} = \frac{114.7 \times 10^3}{2 \times 0.7 \times 8 \times (200 - 10)} = 53.9mm,$$

$$\sigma_f = \frac{M}{W_f} = \frac{6 \times 114.7 \times 10^3 \times 68.8}{2 \times 0.7 \times 8 \times (200 - 10)^2} = 117.11mm,$$

$$\sqrt{(\sigma_f/1.22)^2 + (\tau_f)^2} = \sqrt{(117.11/1.22)^2 + 53.9^2} = 110.09N/mm^2 < 160N/mm^2$$

(3) 中竖杆与节点板的连接焊缝计算:$N = 51.84kN$

此杆内力很小,焊缝尺寸可按构造确定,取焊脚尺寸 $h_f = 5mm$,

焊缝长度 $l_w \geqslant 50mm$。

4. 下弦跨中节点 e (见图 9-23)

(1) 弦杆与拼接角钢连接焊缝计算:拼接角钢与下弦杆截面相同,传递弦杆内力 $N = 787.97N$

设肢尖、肢背焊脚尺寸为 8mm。则需焊缝长度为

$$l_w = \frac{N}{4 \times 0.7 \times h_f \times f_f^w} + 10 = \frac{787.97 \times 10^3}{4 \times 0.7 \times 8 \times 160} + 10 = 229.86mm,$$

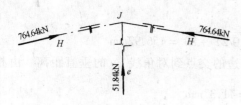

图 9-22　屋脊节点"J"

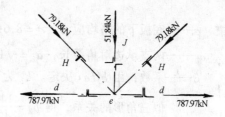

图 9-23　下弦跨中节点"e"

取 $l_w = 230$mm

拼接角钢长度不小于 $2 \times 230 + 10 = 470$mm

（2）弦杆与节点板连接焊缝计算：按下弦杆内力的 15% 计算。$N = 787.97 \times 15\% = 118.2$kN

设肢背、肢尖焊脚尺寸为 6mm，弦杆一侧需焊缝长度为

肢背 $l_w = \dfrac{0.75 \times 118.2 \times 10^3}{2 \times 0.7 \times 6 \times 160} + 10 = 75.96$mm，取 $l_w \geqslant 80$mm

肢尖 $l_w' = \dfrac{0.25 \times 118.2 \times 10^3}{2 \times 0.7 \times 6 \times 160} + 10 = 31.99$mm，按构造要求。

（3）腹杆与节点板连接焊缝计算，计算过程省略（内力较小可按构造要求设计）。

5. 端部支座节点 a（见图 9-24）

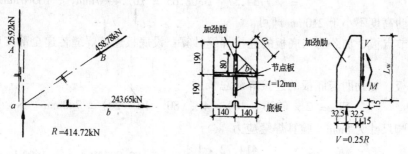

图 9-24　支座节点"a"

为便于施焊，下弦角钢水平肢的底面与支座底板间的距离一般不应小于下弦伸出肢的宽度，故可取为 160mm。在节点中心线上设置加劲肋，如劲肋的高度与节点板的高度相同，厚度同端部节点板为 12mm。

（1）支座底板计算：支座反力 $R = 51.84 \times 17 + 2 \times (0.5 \times 51.84) = 414.72$kN

取加劲肋的宽度为 80mm，考虑底板上开孔，按构造要求取底板尺寸为 280mm × 380mm，偏安全地取有加劲肋部分的底板承受支座反力，则承压面积为

$$280 \times (2 \times 80 + 12) = 48160 \text{mm}^2$$

验算柱顶混凝土的抗压强度：

$$\sigma = \frac{R}{A_n} = \frac{414.72 \times 10^3}{48160} = 8.61 \text{N/mm}^2 < f_c = 12.5 \text{N/mm}^2 \quad （满足）$$

底板的厚度按支座反力作用下的弯矩计算，节点板和加劲肋将底板分成四块，每块板为两边支承而另两相邻边自由的板，每块板的单位宽度的最大弯矩为

$$M = \beta\sigma a_2^2$$

式中 σ——底板下的平均应力，$\sigma = 8.61\text{N/mm}^2$

   a_2——两支承边对角线长，$a_2 = \sqrt{(140 - 10/2)^2 + 80^2} = 156.92\text{mm}$

   β——系数，由 b_2/a_2 决定。b_2 为两支承边的交点到对角线 a_2 的垂直距离。由相

似三角形的关系，得 $b_2 = \dfrac{140 \times 80}{156.92} = 71.37\text{mm}$

$b_2/a_2 = 0.43$ 查表得 $\beta = 0.0452$

故 $M = 0.0452 \times 8.61 \times 156.92^2 = 9582.9\text{N}\cdot\text{mm}$

底板厚度 $t = \sqrt{6M/f} = \sqrt{6 \times 9582.9/215} = 16.35\text{mm}$ 取 $t = 20\text{mm}$。

（2）加劲肋与节点板的连接焊缝计算：偏安全地假定一个加劲肋的受力为支座反力的 1/4，则焊缝受力

$$V = \frac{414.72 \times 10^3}{4} = 103.68 \times 10^3\text{N}$$

$$M = Ve = 103.68 \times 10^3 \times 47.5 = 4.925 \times 10^6\text{N}\cdot\text{mm}$$

设焊脚尺寸为 6mm，焊缝长度 210mm，则焊缝应力为

$$\sqrt{\left(\frac{\sigma_\text{f}}{1.22}\right)^2 + \tau_\text{f}^2} = \sqrt{\left(\frac{6 \times 4.925 \times 10^6}{2 \times 0.7 \times 6 \times 200^2}\right)^2 + \left(\frac{103.68 \times 10^3}{2 \times 0.7 \times 6 \times 200}\right)^2}$$

$$= \sqrt{7734.57 + 3808.65} = 107.44\text{N/mm}^2 < 160\text{N/mm}^2$$

加劲肋高度不小于 210mm 即可。

（3）节点板、加劲肋与底板的连接焊缝计算：设底板连接焊缝传递全部支座反力 $R = 414.72\text{kN}$

节点板、加劲肋与底板的连接焊缝总长度

$$\Sigma l_\text{w} = 2 \times (280 - 10) + 4 \times (80 - 10 - 20) = 740\text{mm}$$

设焊脚尺寸为 8mm，验算焊缝应力

$$\sigma_\text{f} = \frac{R}{1.22 \times h_\text{e}\Sigma l_\text{w}} = \frac{414.72 \times 10^3}{1.22 \times 0.7 \times 8 \times 740} = 82.033\text{N/mm}^2 < 160\text{N/mm}^2，满足$$

（4）下弦杆、腹杆与节点板的连接焊缝计算：杆件与节点板连接焊缝的计算同前，此处计算过程从略。

9.4.6 施工图（GWJ—2）

施工图见 9-25。

9.5 课程设计出题参考

（1）本设计题目可以组合出 84 种不尽相同的设计类型，教师可根据所指导的学生数量而具体指定设计内容，使每个学生都有不完全相同的设计数据及结构类型。

（2）教师在讲授钢结构课程屋架一章时，即可布置设计任务。使学生边学习，边以作业的形式完成结构方案布置、荷载计算及内力组合。集中设计时间可从杆件截面设计开始进行。

（3）因时间或图面内容所限，建议材料表可附在计算书后。

（4）杆件截面设计部分，可要求学生在计算书内详细写出以下杆件设计过程，其余则填表即可。

梯形屋架：上弦杆、下弦杆、端斜杆、中竖杆。

三角形屋架：上弦杆、下弦杆、内力较大的拉杆和压杆。

钢屋架课程设计选题表　　　　　　　　　　　　表9-11

恒载					d			e			f		
活载　屋架形式			a	b	c	g	h	m	g	h	m	g	h	m
6m柱距	三角形	A												
		B												
	梯形	C												
		D												
		E												
		F												
12m柱距	三角形	A												
		B												
	梯形	C												
		D												
		E												
		F												

注：在空白格内填学号或姓名。

（5）屋架节点设计部分，可要求学生在计算书内对以下节点详细写出计算过程，并画出计算简图。节点板形状和尺寸可放在施工图中确定。

1）一般上弦节点

2）一般下弦节点

3）中央上弦拼接节点

4）下弦拼接节点

5）端部支座节点

9.6　评分标准及办法

1. 质量要求

结构计算基本正确，且应能满足使用安全、经济合理的要求，计算内容较全面。图面应整洁、布局合理，符合制图规范；尺寸标注正确，节点构造合理，能满足施工图要求。设计期间，对于口试问题回答基本正确。

2. 评分标准

评分标准应根据计算书、施工图、口试、考勤四个方面考虑。成绩可先按百分制判分，然后再换为优、良、中、及格、不及格五个等级（表9-12）。

评 分 标 准 表9-12

	优 100～90	良 89～80	中 79～70	及 格 69～60	不 及 格 ＜59
1. 学习态度	刻苦、守纪律	认真、守纪律	较认真	应付、纪律一般	经常不在教室
2. 结构概念	清 晰	清 楚	较清楚	尚 可	模 糊
3. 理论计算	准 确	正 确	较正确	无原则性错误	问题很多
4. 图面质量	整洁、全面	整洁、较全面	较整洁、较全面	一 般	错误较多

9.7 思 考 题

结构布置及选型

1. 屋面材料的常见类型及特点；
2. 屋面材料与屋盖结构的制约关系；
3. 无檩和有檩方案的比较；
4. 试区分纵向天窗、横向天窗和井式天窗并指出它们的特点；
5. 在屋盖结构的选型中主要考虑的因素；
6. 确定屋架间距时要考虑的主要因素；
7. 屋盖支撑布置的宗旨；
8. 试区分各种屋盖支撑及其设置的基本原则；
9. 屋盖支撑截面设计方法，屋盖支撑节点板厚度的常用值；
10. 屋架的类型及特点。

荷载及内力分析

11. 屋架荷载的类型；
12. 风荷载和雪荷载的计算；
13. 需要考虑积灰荷载的情形；
14. 计算单元的划分；
15. 内力组合的基本原则及类型；
16. 屋架内力分析的力学模型；
17. 端部刚接屋架的分析方法；
18. 设有悬吊装置时屋架的内力分析；
19. 施工荷载的处理；
20. 试讨论屋架次内力的特点。

杆件及节点设计

21. 杆件平面内外计算长度确定的原则；
22. 需要考虑拉杆屋架平面外长细比的情形；
23. 不等边角钢的长肢相拼方案和短肢相拼方案的比较；

24. 用缀（填）板连接两肢件而成的构件作为实腹式构件处理的前提；

25. 不考虑弦杆由于孔洞削弱的截面积的情形；

26. 节间荷载在杆件设计中的处理；

27. 忽略不同型号角钢拼接弦杆引起偏心的条件；

28. 节点板设计步骤及用于控制节点板稳定的一般条件；

29. 节点板缩进弦杆方案和伸出弦杆方案的计算特点；

30. 拼接节点和支座节点的设计方法。

施工图绘制

31. 完整的钢结构构件图包含的内容；

32. 绘制屋架施工图所用比例的特点；

33. 屋架正面图中可不标明的内容；

34. 杆件和节点板定位尺寸的标注方法；

35. 杆件编号的要求及标注方法；

36. 拼接节点的标注内容；

37. 材料表内容；

38. 板件切角和角钢斜切的注意事项；

39. 起拱的标注方法；

40. 文字说明的内容。

10. 桩基础课程设计

10.1 教学要求

根据教学大纲要求，通过《土力学地基基础》课程的学习和桩基础的课程设计，使学生能基本掌握主要承受竖向力的桩基础的设计步骤和计算方法。

本课程设计拟结合上部结构为钢筋混凝土框架结构的多层、高层办公楼，已知其柱底荷载、框架平面布置、工程地质条件、拟建建筑物的环境及施工条件进行桩基础设计计算，并绘制施工图，包括桩位平面布置图、承台配筋图、桩配筋图及施工说明。

桩基设计依据:《建筑桩基技术规范(JGJ94—94)》与《混凝土结构设计规范(GBJ10—89)》。

10.2 桩基础的设计方法与步骤

10.2.1 桩基础设计的基本原则

根据承载能力极限状态和正常使用极限状态的要求，对主要受竖向力的桩基应进行以下的计算和验算:

(1) 桩基础竖向承载力计算:对桩数超过3根的非端承桩宜考虑由桩群、土、承台作用产生的承载力群桩效应;

(2) 对桩身及承台承载力进行计算:对于桩侧为可液化土、极限承载力小于50kPa(或不排水抗剪强度小于10kPa)土层中的细长桩尚应进行桩身压屈验算;对于钢筋混凝土预制桩尚应按施工阶段的吊装、运输、堆放和锤击作用进行强度验算;

(3) 当桩端平面以下存在软弱下卧层时，应验算软弱下卧层的承载力;

(4) 对位于坡地、岸边的桩基础应验算整体稳定性;

(5) 按现行《建筑抗震设计规范》规定，对应进行抗震验算的桩基，应验算其抗震承载力;

(6) 桩端持力层为软弱土的一、二级建筑桩基础以及桩端持力层为粘性土、粉土或存在软弱下卧层的一级建筑桩基础应验算沉降。

10.2.2 桩基础设计的基本资料

(1) 工程地质勘察资料:包括土层分布及各土层物理力学指标、地下水位、试桩资料或邻近类似桩基工程资料、液化土层资料等;

(2) 建筑物情况:包括建筑物的荷载、建筑物平面布置、结构类型、安全等级、对变形的要求、抗震设防烈度等;

(3) 建筑环境条件和施工条件:包括相邻建筑物情况、地下管线与地下构筑物分布、施工机械设备条件、施工对周围环境的影响等。

10.2.3 桩基础的一般构造要求

1. 混凝土预制桩

(1) 混凝土预制桩的截面边长不应小于 200mm；预应力混凝土预制桩的截面边长不宜小于 350mm；预应力混凝土离心管桩的外径不宜小于 300mm。

(2) 预制桩的最小配筋率不宜小于 0.8%，有采用静压法沉桩时，其最小配筋率不宜小于 0.4%。桩的主筋直径不宜小于 $\phi14$，打入桩桩顶 $2 \sim 3d$（d 为桩径或边长）长度范围内箍筋应加密，并设置钢筋网片。

(3) 预制桩的混凝土强度等级不宜低于 C30，采用静压法沉桩时，可适当降低，但不宜低于 C20；预应力混凝土桩的混凝土强度等级不宜低于 C40。预制桩纵向钢筋的混凝土保护层厚度不宜小于 30mm。

2. 混凝土灌注桩

(1) 桩的长径比应符合以下规定：穿越一般粘性土、砂土的端承桩宜取 $l/d \leqslant 60$；穿越淤泥、自重湿陷性黄土的端承桩宜取 $l/d \leqslant 40$。

(2) 对主要受竖向力作用的桩基础，当桩顶轴向压力符合下式规定时，桩身可按构造要求配筋，即

$$\gamma_0 N \leqslant \psi_c A f_c \tag{10-1}$$

式中　γ_0——建筑桩基重要性系数，对一、二、三级桩基础分别取 $\gamma_0 = 1.1$、1.0、0.9；
　　　　　　对于柱下单桩按提高一级考虑，一级桩基取 $\gamma_0 = 1.2$；

　　　N——桩顶轴向压力设计值；

　　　f_c——混凝土轴心抗压强度设计值；

　　　A——桩身截面面积；

　　　ψ_c——桩的施工工艺系数，对于干作业非挤土灌注桩 $\psi_c = 0.9$；泥浆护壁和套管护壁非挤土灌注桩、部分挤土灌注桩、挤土灌注桩 $\psi_c = 0.8$。

灌注桩桩身构造配筋要求如下：

1) 一级建筑桩基础，应配置桩顶与承台的连接钢筋笼，其主筋采用 $6 \sim 10$ 根 $\phi12 \sim 14$,配筋率不小于 0.2%，锚入承台 30 倍主筋直径，伸入桩身长度不小于 10 倍桩身直径，且不小于承台下软弱土层层底深度。

2) 二级建筑桩基础，根据桩径大于配置 $4 \sim 8$ 根 $\phi10 \sim 12$ 的桩顶与承台连接钢筋，锚入承台至少 30 倍主筋直径且伸入桩身长度不小于 5 倍桩身直径；对于沉管灌注桩，配筋长度不应小于承台下软弱土层层底深度。

3) 三级建筑桩基础可不配构造钢筋。

(3) 桩顶轴向力不满足式（10-1）的灌注桩，应按下列规定配筋：

1) 当桩身直径为 $300 \sim 2000$mm，截面配筋率可取 0.65% ~ 0.20%（小桩径取高值，大直径取低值），对嵌岩端承桩根据计算确定配筋率。

2) 端承桩宜沿桩身通长配筋；对于单桩竖向承载力较高的摩擦端承桩宜沿深度分段变截面配通长或局部长度钢筋；对承受负摩阻力和位于坡地岸边的基桩应通长配筋。

3) 对抗压桩，主筋不应少于 $6\phi10$，纵向主筋应沿桩身周边均匀布置，其净距不应小于 60mm，并尽量减少钢筋接头。

4) 箍筋采用 $\phi6 \sim 8@200 \sim 300$mm，宜采用螺旋式箍筋；受水平力较大的桩基础和抗

震桩基础，桩顶 3～5 倍桩身直径范围内箍筋应适当加密；当钢筋笼长度超过 4m 时，应每隔 2m 左右设一道 $\phi12～18$ 焊接加劲筋。

(4) 混凝土强度等级不得低于 C15，水下灌注混凝土时不得低于 C20，混凝土预制桩尖不得低于 C30。

(5) 主筋的混凝土保护层厚度不应小于 35mm，水下灌注混凝土不得小于 50mm。

3. 承台

(1) 承台尺寸：

1) 承台最小宽度不应小于 500mm，承台边缘至边桩中心的距离不宜小于桩的直径或边长，且边缘挑出部分不应小于 150mm。对于条形承台边缘挑出部分不应小于 75mm。

2) 条形承台和柱下独立桩基础承台的厚度不应小于 300mm。

3) 承台埋深应不小于 600mm，且应满足冻胀等要求。

(2) 承台的混凝土：承台混凝土强度等级不宜小于 C15，采用Ⅱ级钢筋时混凝土强度等级不宜小于 C20；承台底面钢筋的混凝土保护层厚度不宜小于 70mm，当设素混凝土垫层时，保护层厚度可适当减小；垫层厚度宜为 100mm，强度等级宜为 C7.5。

(3) 承台构造配筋要求：

1) 承台梁纵向主筋直径不宜小于 $\phi12$，架立筋直径不宜小于 $\phi6$。

2) 柱下独立桩基承台的受力钢筋应通长配筋。矩形承台板配筋宜按双向均匀布置，钢筋直径不宜小于 $\phi10$，间距应满足 100～200mm；三桩承台按三向板带均匀配置，最里面三根钢筋围成的三角形应位于柱截面范围以内。

3) 筏形承台板分布构造筋采用 $\phi10～12$，间距 150～200mm。当仅考虑局部弯曲作用按倒楼盖法计算内力时，考虑到整体弯曲的影响，纵横两方向的支座钢筋应有 1/2～1/3，且配筋率不小于 0.15% 贯通全跨配置；跨中钢筋按计算配筋率全部连通。

4) 箱形承台顶、底板的配筋应综合考虑承受整体弯曲钢筋的配筋部位，以充分发挥各截面钢筋的作用。当仅按局部弯曲作用计算内力时，考虑到整体弯曲的影响，纵横两方向支座钢筋尚应有 1/2～1/3 且配筋率分别不小于 0.15%、0.10% 贯通全跨配置；跨中钢筋应按实际配筋率全部连通。

(4) 桩与承台的连接

1) 桩顶嵌入承台的长度，对大直径桩不宜小于 100mm，对中等直径桩不宜小于 50mm。

2) 桩顶主筋伸入承台内的锚固长度不宜小于 30 倍主筋直径；对预应力混凝土桩可采用钢筋与桩头钢板焊接连接；钢桩可采用在桩头加焊锅型板或钢筋与承台连接。

10.2.4 桩基础的设计与计算

1. 桩型与成桩工艺选择

桩型与成桩工艺选择应根据建筑结构类型、荷载性质与大小、桩的使用功能、穿越土层的性质、桩端持力层土类、地下水位、施工设备、施工环境、施工经验、制桩材料供应条件等，选择经济合理、安全适用的桩型和成桩工艺。选择时可参考《建筑桩基技术规范》(JGJ94—94) 附录 A。

2. 桩基础持力层的选择

一般应选择压缩性低而承载力高的较硬土层作为持力层，同时考虑桩所负荷载特性、桩身强度、沉桩方法等因素，根据桩基承载力、桩位布置、桩基沉降的要求，并结合有关经济指标综合评定确定。

桩端全断面进入持力层的深度，对于粘性土、粉土不宜小于 $2d$，砂土不宜小于 $1.5d$，碎石类土不宜小于 $1d$，当存在软弱下卧层时，桩基以下硬持力层厚度不宜小于 $4d$（d 为桩径）。

同一结构单元宜避免采用不同类型的桩。同一基础相邻桩的桩底标高差，对于非嵌岩端承桩不宜超过相邻桩的中心距，对于摩擦型桩，在相同土层中不宜超过桩长的 1/10。

当持力层较厚且施工条件许可时，桩端全断面进入持力层的深度宜达到桩端阻力的临界深度。砂与碎石类土的临界深度为 $(3 \sim 10)d$，随其密度提高而增大；粉土、粘土的临界深度为 $(2 \sim 6)d$，随土的孔隙比和液性指数的减小而增大。

3. 桩截面的选择

桩截面的选择主要根据上部荷载的情况、桩型、楼层数、地基土的性质、现场施工条件及经济指标等初步确定截面尺寸，然后验算其截面的抗压强度。常用的桩截面与楼层数的经验关系可参考表 10-1。

楼层数与桩截面（mm）的经验关系　　　　　　　　　　　　　表 10-1

桩　型 ＼ 楼层数	< 10	10 ~ 20	20 ~ 30	30 ~ 40
预 制 桩	300 ~ 400	400 ~ 500	450 ~ 550	500 ~ 550（预应力）ϕ800（钢管桩）
灌 注 桩	ϕ500 ~ 800	ϕ800 ~ 1000	ϕ1000 ~ 1200	大于 ϕ1200

4. 桩基础竖向承载力

（1）单桩竖向极限承载力标准值 Q_{uk}：应按下列规定确定：一级建筑桩基采用现场静载荷试验，并结合静力触探、标准贯入等原位测试方法综合确定；二级建筑桩基根据静力触探、标准贯入、经验公式等估算，并参照地质条件相同的试桩资料综合确定，当缺乏可参照的试桩资料或地质条件复杂时应由现场静载荷试验确定；对三级建筑桩基，如无原位测试资料时，可利用承载力经验参数估算。

1）根据静载荷试验确定单轴竖向极限承载力标准值 Q_{uk}，其方法见《建筑桩基技术规范》（JGJ94—94）附录 C。采用该方法确定 Q_{uk} 时，在同一条件下的试桩数量不宜小于总桩数的 1%，且不应小于 3 根，当总桩数不超过 50 根时，试桩数可为 2 根。

2）根据现场静力触探资料确定混凝土预制桩单桩极限承载力标准值 Q_{uk} 可按下式计算

$$Q_{uk} = Q_{sk} + Q_{pk} \tag{10-2}$$

其中 Q_{sp}、Q_{pk} 分别为单桩总极限侧阻力标准值和总极限端阻力标准值，可按单桥探头或双桥探头静力触探资料分别进行计算。

根据单桥头静力触探资料，Q_{sk} 与 Q_{pk} 按下式计算

$$Q_{sk} = u \Sigma q_{sik} l_i \tag{10-3}$$

$$Q_{pk} = \alpha_p p_{sk} A_p \tag{10-4}$$

式中　u——桩身周长；

q_{sik}——用静力触探比贯入阻力值估算的桩周第 i 层土的极限侧阻力标准值；

l_i——桩穿越第 i 层土的厚度；

α_p——桩端阻力修正系数，按表 10-2 查取；

p_{sk}——桩端附近的静力触探比贯入阻力标准值（平均值）；

A_p——桩端面积。

q_{sik} 值应结合土工试验资料，依据土的类别、埋藏深度、排列次序，按图 10-1 折线取值，当桩端穿越粉土、粉砂、细砂及中砂层底面时，折线 D 估算的 q_{sik} 值需乘以表 10-3 中系数 ξ_s 值；

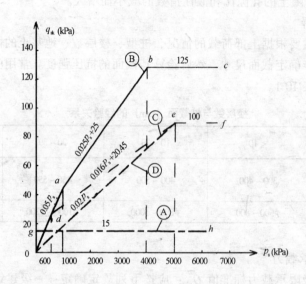

图 10-1　q_{sk}—p_s 曲线

注：图中，直线Ⓐ（线段 gh）适用于地表下 6m 范围内的土层；折线Ⓑ（线段 0abc）适用于粉土及砂土土层以上（或无粉土及砂土土层地区）的粘性土；折线Ⓒ（线段 0def）适用于粉土及砂土土层以下的粘性土；折线Ⓓ（线段 0ef）适用于粉土、粉砂、细砂及中砂。

桩端阻力修正系数 α_p 值　　　　　　　　　　　　　　表 10-2

桩入土深度	$H < 15$	$15 \leqslant h \leqslant 30$	$30 < h \leqslant 60$
α_p	0.75	0.75 ~ 0.90	0.90

注：桩入土层深度 $15 \leqslant h \leqslant 30$ 时，α 值按 h 值线性内插；h 为基底至桩端全断面的距离。

系　数　ξ_5 值　　　　　　　　　　　　　　表 10-3

p_a / p_{s1}	$\leqslant 5$	7.5	$\geqslant 10$
ξ_s	1.00	0.50	0.33

注：1. P_s 为桩端穿越的中密—密实砂土、粉土的比贯入阻力平均值；p_{s1} 为砂土、粉土的下卧软土层的比贯入阻力平均值；

2. 采用的单桥探头，圆锥底面积为 1500mm^2，底部带 70mm 高滑套，锥角 60°。

p_{sk}可按下式计算：

当 $p_{sk1} \leqslant p_{sk2}$ 时

$$p_{sk} = \frac{1}{2}(p_{sk1} + \beta p_{sk2}) \tag{10-5}$$

当 $p_{sk1} > p_{sk2}$ 时

$$p_{sk} = p_{sk2} \tag{10-6}$$

式中　p_{sk1}——桩端全截面以上 8 倍桩径范围内的比贯入阻力平均值；

　　　　p_{sk2}——桩端全截面以下 4 倍桩径范围内的比贯入阻力平均值，如桩端持力层为密实的砂土层，其比贯入阻力平均值 p_s 超过 20MPa 时，则需乘以表 10-4 中系数 C 予以折减后，再计算 p_{sk2} 及 p_{sk1} 值；

　　　　β——折减系数，按 p_{sk2}/p_{sk1} 值从表 10-5 中选用。

系　数　C　　　　　　　　　　表 10-4

p_a（MPa）	20 ~ 30	35	>40
系数 C	5/6	2/3	1/2

折减系数 β　　　　　　　　　　表 10-5

p_a/p_{s1}	≤5	7.5	12.5	≥15
β	1	5/6	2/3	1/2

注：表 10-4、表 10-5 可内插取值。

3）根据土的物理指标与承载力参数之间的经验关系确定 Q_{uk}，其经验公式为

$$Q_{uk} = Q_{sk} + Q_{pk} = u\Sigma q_{ski}l_i + q_{pk}A_p \tag{10-7}$$

式中　q_{ski}、q_{pk}——桩侧第 i 层土的极限阻力标准值、极限端阻力标准值，一般按地区经验取值，当无当地经验时可按《建筑桩基技术规范》取值；

　　　　u——桩身周长；

　　　　l_i——桩穿越第 i 层土的厚度；

　　　　A_p——桩端截面积。

（2）桩基竖向承载力设计值：

1）按土层支承力计算：

对于桩数不超过 3 根的桩基，基桩的竖向承载力设计值为

$$R = \frac{Q_{sk}}{\gamma_s} + \frac{Q_{pk}}{\gamma_p} \tag{10-8}$$

当根据静载荷试验确定竖向极限承载力标准值时基桩竖向承载力设计值为

$$R = \frac{Q_{uk}}{\gamma_{sp}} \tag{10-9}$$

对于桩数超过 3 根的非端承桩宜考虑桩群、土、承台的相互作用效应，其复合基桩的竖向承载力设计值为

$$R = \eta_s \frac{Q_{sk}}{\gamma_s} + \eta_p \frac{Q_{pk}}{\gamma_p} + \eta_c \frac{Q_{ck}}{\gamma_c} \qquad (10\text{-}10)$$

当根据静载荷试验确定竖向极限承载力标准值时，基桩竖向承载力设计值为

$$R = \eta_{sp} \frac{Q_{sk}}{\gamma_{sp}} + \eta_c \frac{Q_{ck}}{\gamma_c} \qquad (10\text{-}11)$$

上述各式中　　Q_{sk}、Q_{pk}——单桩总极限侧阻力和总极限端阻力标准值；

$\qquad\qquad Q_{uk}$——单桩竖向极限承载力标准值；

$\qquad\qquad Q_{ck}$——相应于任一复合基桩的承台底地基土总极限阻力标准值

$$Q_{ck} = q_{ck} A_c / n \qquad (10\text{-}12)$$

$\qquad\qquad q_{ck}$——承台底 $\frac{1}{2}$ 承台宽度深度范围（$\leqslant 5\text{m}$）内地基土极限阻力标准值；

$\qquad\qquad A_c$——承台底地基土净面积；

$\qquad\qquad \eta_s$、η_p、η_{sp}——桩侧阻群桩效应系数、桩端阻群桩效应系数及桩侧阻端阻综合群桩效应系数，按表 10-6 取值。

$\qquad\qquad \eta_c$——承台底土阻力群桩效应系数，

$$\eta_c = \eta_c^i \frac{A_c^i}{A_c} + \eta_c^e \frac{A_c^e}{A_c} \qquad (10\text{-}13)$$

侧阻、端阻群桩效应系数及侧阻端阻综合群桩效应系数　　　表 10-6

效应系数		S_a/d（粘性土）				S_a/d（粉土、砂土）			
		3	4	5	6	3	4	5	6
η_s	$\leqslant 0.20$	0.80	0.90	0.96	1.00	1.20	1.10	1.05	1.00
	0.40	0.80	0.90	0.96	1.00	1.20	1.10	1.05	1.00
	0.60	0.79	0.90	0.96	1.00	1.09	1.10	1.05	1.00
	0.80	0.73	0.85	0.94	1.00	0.93	0.97	1.03	1.00
	$\geqslant 1.00$	0.67	0.78	0.86	0.93	0.78	0.82	0.89	0.95
η_p	$\leqslant 0.20$	1.64	1.35	1.18	1.06	1.26	1.18	1.11	1.06
	0.40	1.68	1.40	1.23	1.11	1.32	1.25	1.20	1.15
	0.60	1.72	1.44	1.27	1.16	1.37	1.31	1.26	1.22
	0.80	1.75	1.48	1.31	1.20	1.41	1.36	1.32	1.28
	$\geqslant 1.00$	1.79	1.52	1.35	1.24	1.44	1.40	1.36	1.33
η_{sp}	$\leqslant 0.20$	0.93	0.97	0.99	1.01	1.21	1.11	1.06	1.01
	0.40	0.93	0.97	1.00	1.02	1.22	1.12	1.07	1.02
	0.60	0.93	0.98	1.01	1.02	1.13	1.13	1.08	1.03
	0.80	0.89	0.95	0.99	1.03	1.01	1.03	1.07	1.04
	$\geqslant 1.00$	0.84	0.89	0.94	0.97	0.88	0.91	0.96	1.00

注：1. B_c、l 分别为承台宽度和桩的入土长度，s_a 为桩中心距，当不规则布桩时按规范规定计算。

2. 当 $s_a/d > 6$ 时，取 $\eta_s = \eta_p = \eta_{sp} = 1$；桩基两向的 s_a 不等时，s_a/d 取均值。

3. 当桩侧阻为成层土时，η_s 可按主要土层或分别按各土层类别取值；

4. 对于孔隙比 $e > 0.8$ 的非饱和粘性土和松散粉土、砂类土中的挤土群桩，表列系数可提高 5%，对于密实粉砂、砂类土中的群桩，表列系数宜降低 5%。

A_c^i、A_c^e——承台内区(外围桩边包络线)和外区的净面积，$A_c = A_c^i + A_c^e$，见图10-2；

η_c^i、η_c^e——承台内、外区土阻力群桩效应系数，按表10-7取值；

γ_s、γ_p、γ_{sp}、γ_c——桩侧阻抗力分项系数、桩端阻抗力分项系数、桩侧阻端阻综合阻抗力分项系数，以及承台底土阻抗力分项系数，按表10-8取值。

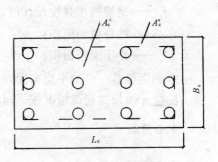

图 10-2　承台底分区图

承台内、外区土阻力群桩效应系数　　　　　　表 10-7

s_a/d B_c/l	η_c^i				η_c^e			
	3	4	5	6	3	4	5	6
≤0.20	0.11	0.14	0.18	0.21				
0.40	0.15	0.20	0.25	0.30				
0.60	0.18	0.25	0.31	0.37	0.63	0.75	0.88	1.00
0.80	0.21	0.29	0.36	0.43				
≥1.00	0.24	0.32	0.40	0.48				

桩基承载力抗力分项系数　　　　　　表 10-8

桩 型 与 工 艺	$\gamma_s = \gamma_p = \gamma_{sp}$		γ_c
	静载试验法	经验参数法	
预制桩、钢管桩	1.60	1.65	1.70
大直径灌注桩（清底干净）	1.60	1.65	1.65
泥浆护壁钻（冲）孔灌注桩	1.62	1.67	1.65
干作业钻孔灌注桩（$d > 0.8m$）	1.65	1.70	1.65
沉管灌注桩	1.70	1.75	1.70

当承台底面以下存在可液化土、湿陷性黄土、高灵敏度软土、欠固结土、新填土，或可能出现震陷、降水、沉桩过程产生高孔隙水压和土体隆起时，不考虑承台效应，即取 $\eta_c = 0$，η_s、η_p、η_{sp} 取表10-6中 $B_c/l = 0.2$ 一栏的对应值。

2）按桩身强度计算：

将桩视作轴心受压构件，则桩身强度为：

对预制桩　　　　　　　　$R = \varphi(\psi f_c A + f_y' A_s')$　　　　　（10-14）

对灌注桩　　　　　　　　$R = \varphi \psi f_c A$　　　　　（10-15）

式中　φ——稳定系数，低承台桩在一般情况下考虑土的侧压力作用，取 $\varphi = 1.0$；

　　　ψ——桩基施工工艺系数；

　　　f_c——混凝土轴心抗压强度设计值；

f_y'——钢筋抗压强度设计值；

A——桩身截面面积；

A_s'——受压钢筋面积。

5. 确定桩数、桩的平面布置

桩数 n 可根据荷载情况按下面的公式初步确定：

中心荷载
$$n \geqslant \frac{F + G}{R} \qquad (10-16)$$

偏心荷载
$$n \geqslant (1.1 \sim 1.2) \frac{F + G}{R} \qquad (10-17)$$

式中　F——作用于桩基础承台顶面的竖向力设计值；

　　　G——桩基础承台和承台上土自重设计值（自重荷载分项系数当其效应对结构不利时取 1.2；有利时取 1.0），对地下水位以下部分应扣除水的浮力。

桩的平面布置应根据上部结构形式与受力要求，结合承台平面尺寸情况布置成矩形或梅花形等形式，其最小中心距应符合表 10-9 的要求。

桩 的 最 小 中 心 距　　　　　　表 10-9

土类与成桩工艺		排数不少于 3 排且桩数不少于 9 根的摩擦型桩基	其 他 情 况
非挤土和部分挤土灌注桩		3.0d	2.5d
挤土灌注桩	穿越非饱和土	3.5d	3.0d
	穿越饱和软土	4.0d	3.5d
挤土预制桩		3.5d	3.0d
打入式敞口管桩和 H 型钢桩		3.5d	3.0d

布桩时，须使群桩重心与上部竖向力的重心尽量重合。

6. 桩基础中各桩受力验算

（1）荷载效应基本组合

1）中心荷载作用

单桩受力
$$N = \frac{F + G}{n} \qquad (10-18)$$

设计要求
$$\gamma_0 N \leqslant R \qquad (10-19)$$

2）偏心荷载作用

各桩受力
$$N_i = \frac{F + G}{n} \pm \frac{M_x y_i}{\Sigma y_i^2} \pm \frac{M_y x_i}{\Sigma x_i^2} \qquad (10-20)$$

设计要求
$$\gamma_0 N_{max} \leqslant 1.2R \qquad (10-21)$$
$$\gamma_0 \overline{N} \leqslant R \qquad (10-22)$$

式中　N_{max}、$\overline{N}$——单桩受力的最大值和平均值；

　　　γ_0——桩基础重要性系数；当上部结构内力分析中所考虑的 γ_0 取值与桩基

础规范中的规定一致时，则荷载效应项中不再代入 γ_0 计算，不一致时，应乘以桩基与上部结构 γ_0 的比值；

R——桩基础中复合基桩或基桩的竖向承载力设计值。

（2）地震作用效应组合

中心荷载作用设计要求

$$N \leqslant 1.25R \tag{10-23}$$

偏心荷载作用设计要求

$$\overline{N} \leqslant 1.25R \tag{10-24}$$

$$N_{\max} \leqslant 1.5R \tag{10-25}$$

7. 软弱下卧层验算

当桩端持力层厚度有限，其下具有软弱下卧层时，应验算软卧层的承载力，要求冲剪锥体底面压应力设计值不超过下卧层的承载力设计值（图 10-3）：

$$\sigma_z + \gamma_z z \leqslant f_z \tag{10-26}$$

对于桩距 $s_a \leqslant 6d$ 的群桩基础（图 10-3a）

$$\sigma_z = \frac{\gamma_0(F+G) - 2(A_0 + B_0) \cdot \Sigma q_{sik} l_i}{(A_0 + 2t \cdot \mathrm{tg}\theta)(B_0 + 2t \cdot \mathrm{tg}\theta)} \tag{10-27}$$

对于桩距 $s_a > 6d$、且硬持力层厚度 $t < (s_a - D_e) \cdot \mathrm{ctg}\dfrac{\theta}{2}$ 的群桩基础（图 10-3b），以及单桩基础

$$\sigma_z = \frac{4(\gamma_0 N - u\Sigma q_{sik} l_i)}{\pi(D_e + 2t \cdot \mathrm{tg}\theta)^2} \tag{10-28}$$

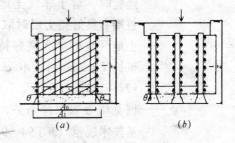

图 10-3 软弱下卧层承载力验算

式中 σ_z——作用于软卧层顶面处的附加应力；

γ_z——软卧层顶面以上各土层的加权平均重度；

z——地面至软卧层顶面的深度；

f_z——软卧层经深度修正的地基承载力设计值；

F——作用于桩基础承台顶面的竖向力设计值；

G——桩基础承台和承台上土自重设计值；

N——桩顶轴向压力设计值；

t——桩端平面至软卧层顶面的深度；

A_0、B_0——桩群外缘矩形面积的长、短边长；

q_{ski}——桩侧第 i 层土的极限侧阻力标准值；

l_i——第 i 层土的厚度；

γ_0——桩基础重要性系数；

D_e——桩端等代直径，对于圆形桩端，$D_e = D$；方桩，$D_e = 1.13b$（b 为桩的边长）；按表 10-10 确定 θ 时，$B_0 = D_e$；

θ——桩端硬持力层压力扩散角，按表 10-10 取值。

E_{s1}/E_{s2}	$t = 0.5B_0$	$T \geq 0.50B_0$
1	4°	12°
3	6°	23°
5	10°	25°
10	20°	30°

注：1. E_{s1}、E_{s2} 为硬持力层、软下卧层的压缩模量；

    2. 当 $t < 0.25B_0$ 时，θ 降低取值。

8. 群桩的沉降计算

当桩中心距 $s_a \leq 6d$ 时，可采用等效作用分层总和法（计算模式如图 10-4）计算桩基础内任意点的最终沉降量 s：

$$s = \psi\psi_e \sum_{j=1}^{m} p_{oj} \sum_{i=1}^{n} \frac{z_{ij}\bar{\alpha}_{ij} - z_{(i-1)j}\bar{\alpha}_{(i-1)j}}{E_{si}} \qquad (10\text{-}29)$$

式中 ψ —— 桩基础沉降计算经验系数，当无当地经验时，对于非软土地区和软土地区桩端有良好持力层时取 $\psi = 1$；对于软土地区且桩端无良好持力层时，则当桩长 $l \leq 25\text{m}$ 时，取 $\psi = (5.9l - 20)/(7l - 100)$；

    ψ_e —— 桩基础等效沉降系数，根据《建筑桩基技术规范（JGJ 94—94）》确定；

    m —— 角点法计算点对应的矩形荷载分块数；

    E_{si} —— 桩端平面以下第 i 层土的压缩模量（MPa）；

    z_{ij}、$z_{(i-1)j}$ —— 桩端平面第 j 块荷载至第 i 层土、第 $i-1$ 层土底面的距离（m）；

    $\bar{\alpha}_{ij}$、$\bar{\alpha}_{(i-1)j}$ —— 桩端平面第 j 块荷载计算点至第 i 层土、第 $i-1$ 层土底面深度范围内平均附加应力系数，按《建筑桩基技术规范》附录 G 采用。

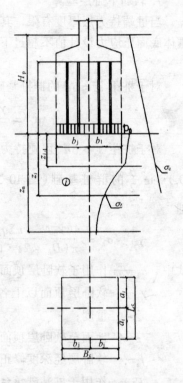

图 10-4   等效作用分层总和法计算简图

桩端平面下压缩层厚度 z_n 可按应力比法确定，即 z_n 处附加应力 σ_z 与土的自重应力 σ_{cz} 应符合下式要求：

$$\sigma_z \leq 0.2\sigma_c \qquad (10\text{-}30)$$

$$\sigma_z = \sum_{j=1}^{m} \alpha'_j p_{oj} \qquad (10\text{-}31)$$

式中 α'_j —— 附加应力系数，根据角点法划分的矩形长宽比及深宽比查《建筑桩基技术规范》附录 G。

9. 桩身结构强度验算

（1）混凝土预制桩：混凝土预制桩的桩身结构强度除需满足使用荷载下桩的承载力外，还需要验算桩在施工过程中起吊、运输、吊立时可能产生的最大内力，对一级建筑桩基、桩身有抗裂要求和处于腐蚀性土中的打入桩还需验算锤击打入时的锤击拉、压应力。

1）预制桩起吊、运输、吊立时的桩身内力：桩在起吊、运输和置于打桩机的吊立过程中，桩身所受的荷载仅为自重，可将桩视为受弯构件。桩在起吊时一般采用2个吊点，桩在吊立时只有一个吊点，因桩内主筋通常都是沿桩长均匀布置的，所以吊点位置应按桩身正负弯矩相等的原则确定（图10-5）。

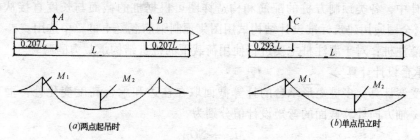

(a)两点起吊时　　　　　　　　　　　(b)单点吊立时

图 10-5　预制桩的吊点位置和弯矩图

两点起吊 $\qquad\qquad\qquad M_1 = M_2 = 0.0214 K q l^2 \qquad\qquad$ (10-32)

单点吊立 $\qquad\qquad\qquad M_1 = M_2 = 0.0429 K q l^2 \qquad\qquad$ (10-33)

式中　　q——桩单位长度的重量；

　　　　l——桩长；

　　　K——考虑吊运过程中桩可能受到冲撞和振动而取的动力系数，一般取 $K = 1.3$。

桩在运输或堆放时的支点应放在起吊吊点处。

2）打入桩的锤击拉、压应力：

锤击压应力可按下式计算

$$\sigma_\mathrm{p} = \frac{\alpha \sqrt{2eE\gamma_\mathrm{p} H}}{\left[1 + \dfrac{A_\mathrm{C}}{A_\mathrm{H}}\sqrt{\dfrac{E_\mathrm{C}\gamma_\mathrm{C}}{E_\mathrm{H}\gamma_\mathrm{H}}}\right]\left[1 + \dfrac{A}{A_\mathrm{C}}\sqrt{\dfrac{E\gamma_\mathrm{p}}{E_\mathrm{C}\gamma_\mathrm{C}}}\right]} \qquad (10\text{-}34)$$

式中　　　α——锤型系数，自由落锤，$\alpha = 1$；柴油锤，$\alpha = \sqrt{2}$；

　　　　　e——锤击效率系数，自由落锤，$e = 0.6$；柴油锤，$e = 0.8$；

A_H、A_C、A——锤、桩垫、桩的实际断面积；

E_H、E_C、E——锤、桩垫、桩的纵向弹性模量；

γ_H、γ_C、γ_p——锤、桩垫、桩的重度；

　　　　　H——锤的落距。

锤击拉应力包括桩身轴向最大拉应力和与最大锤击压力相应的某一横截面的环向拉应力（圆形或环形截面）或侧向拉应力（方形或矩形截面）。当无实测资料时，可按《建筑桩基技术规范》（JGJ94—94）的建议取值（表10-11）。

要求锤击压应力应小于桩身材料的轴心抗压强度设计值，锤击轴向最大拉应力值应小于桩身材料的抗拉强度设计值。

应 力 类 别	建 议 值 （kPa）	出 现 部 位
桩轴向拉应力	$(0.25 \sim 0.33)\,\sigma_p$	1. 桩刚穿越软土层时； 2. 距桩尖 $(0.5 \sim 0.7)\,l$ 处。 l——桩入土深度； σ_p——锤击压应力值
桩截面环向拉应力或侧向拉应力	$(0.22 \sim 0.25)\,\sigma_p$	最大锤击压应力相应的截面

在设计中，各类预制方桩的配筋和构造详图可根据桩的截面与长度直接从标准图集 JSJT—89《全国通用建筑标准设计结构试用图集预制钢筋混凝土桩》中选用。

（2）灌注桩：对于灌注桩主要进行使用荷载下的桩身结构承载力的验算。

10. 承台设计计算

（1）受弯计算：多桩矩形承台的计算截面取在柱边和承台高度变化处，垂直于 y 轴和垂直于 x 轴方向计算截面的弯矩设计值分别为

$$M_x = \Sigma Q_i y_i \tag{10-35}$$

$$M_y = \Sigma Q_i x_i \tag{10-36}$$

式中　　Q_i——扣除承台和承台上土自重设计值后第 i 桩竖向净反力设计值，当不考虑承台效应时，则为第 i 桩竖向总反力设计值；

x_i、y_i——分别为第 i 桩轴线至垂直于 y 轴方向计算截面和垂直于 x 轴方向计算截面的距离（图 10-6）。

三桩三角形承台弯矩计算截面取在柱边（图 10-7），其弯矩设计值按下式计算

$$M_I = M_y = Q_x \cdot x \tag{10-37}$$

$$M_{II} = M_x = Q_y \cdot y \tag{10-38}$$

钢筋截面面积为

$$A_s \approx \frac{M}{0.9 f_y h_0} \tag{10-39}$$

式中　　M——计算截面处的弯矩设计值；

f_y——钢筋抗拉强度设计值；

h_0——承台有效高度。

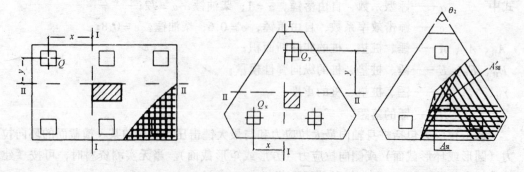

图 10-6　矩形承台弯矩计算及配筋示意　　　　图 10-7　三桩承台弯矩计算及配筋示意

对于三桩三角形承台计算弯矩截面不与主筋方向正交时，须对主筋方向角进行换算。

即
$$A_{sI} = \frac{M_I}{0.9 f_y h_0} \tag{10-40}$$

$$A'_{sII} = \frac{A_{sII}}{2\cos\dfrac{\theta_2}{2}} = \frac{M_{II}}{2 \times 0.9 f_y h_0 \cos\dfrac{\theta_2}{2}} \tag{10-41}$$

(2) 冲切验算

1) 柱对承台的冲切验算：冲切破坏锥体采用自柱（墙）边和承台变阶处至相应桩顶边缘连线所构成的截锥体，且锥体斜面与承台底面夹角≥45°（图10-8）。

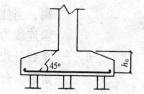

冲切承载力按下列公式计算

$$\gamma_0 F_l \le \alpha f_t u_m h_0 \tag{10-42}$$

$$F_l = F - \Sigma Q_i \tag{10-43}$$

$$\alpha = \frac{0.72}{\lambda + 0.2} \tag{10-44}$$

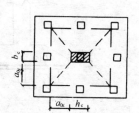

式中　F_l——作用于冲切破坏锥体上的冲切力设计值；

　　　　f_t——承台混凝土抗拉强度设计值；

　　　　u_m——冲切破坏锥体一半有效高度处的周长；

　　　　h_0——承台冲切破坏锥体的有效高度；

　　　　α——冲切系数；

图 10-8　柱对承台的冲切验算

　　　　F——作用于柱（墙）底的竖向荷载设计值；

　　　　ΣQ_i——冲切破坏锥体范围内各基桩的净反力设计值之和；

　　　　λ——冲跨比，$\lambda = \alpha_0/h_0$，α_0 为冲跨，即柱（墙）边或承台变阶处到桩边的水平距离；

　　　　当 $\alpha_0 < 0.2 h_0$ 时，取 $\alpha_0 = 0.2 h_0$，当 $\alpha_0 > h_0$ 时，取 $\alpha_0 = h_0$，λ 满足 $0.2 \sim 1.0$。

对于圆柱及圆桩，计算时应将截面换处成方柱及方桩，即取换算柱截面边宽 $b_c = 0.8 d_c$，换算桩截面边宽 $b_p = 0.8 d$。

对柱下矩形独立承台受柱冲切的承载力可按下式计算

$$\gamma_0 F_e \le 2[\alpha_{ox}(b_c + a_{oy}) + \alpha_{oy}(h_c + a_{ox})] f_t h_0 \tag{10-45}$$

式中　α_{ox}、α_{oy}——冲切系数，分别用 $\lambda_{ox} = a_{ox}/h_0$，$\lambda_{oy} = a_{oy}/h_0$ 代入式（10-44）求得；

　　　　h_c、b_c——柱截面长、短边尺寸；

　　　　a_{ox}——自柱长边到最近桩边的水平距离；

　　　　a_{oy}——自柱短边到最近桩边的水平距离。

当有变阶时，将变阶处截面尺寸看作为扩大了的柱截面尺寸，计算方法相同。

2) 角桩对承台的冲切验算：四桩（含四桩）以上承台受角桩冲切（图10-9）的承载力按下列公式计算

$$\gamma_0 N_l = \left[\alpha_{1x}\left(c_2 + \frac{a_{1y}}{2}\right) + \alpha_{1y}\left(c_1 + \frac{a_{1x}}{2}\right) f_t h_0\right] \tag{10-46}$$

$$\alpha_{1x} = \frac{0.48}{\lambda_{1x} + 0.2}$$

$$\alpha_{1y} = \frac{0.48}{\lambda_{1y} + 0.2} \tag{10-47}$$

式中　N_l——作用于角桩顶的竖向压力设计值；

α_{1x}、α_{1y}——角桩冲切系数；

λ_{1x}、λ_{1y}——角桩冲跨比，$\lambda_{1x} = a_{1x}/h_0$，$\lambda_{1y} = a_{1y}/h_0$，其值满足 0.2～1.0；

c_1、c_2——角桩的内边缘至承台外边缘的距离；

a_{1x}、a_{1y}——从承台底角桩内边缘引 45°冲切线与承台顶面相交点至桩内边缘的水平距离，当柱或承台变阶处位于该 45°线以内时，则取由柱边或变阶处与桩内边缘连线为冲切锥体的锥线；

h_0——承台外边缘的有效高度。

对三桩三角形承台（图 10-10）可按下列公式验算：

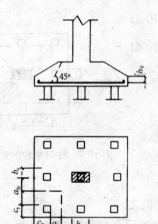

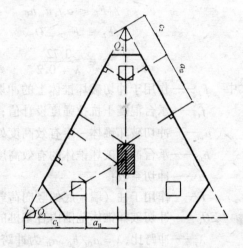

图 10-9　角桩对承台的冲切验算　　　　图 10-10　三桩三角形承台角桩冲切验算

底部角桩

$$\gamma_0 N_l \leqslant \alpha_{11}(2c_1 + a_{11})\mathrm{tg}\frac{\theta_1}{2}f_t h_0 \tag{10-48}$$

$$\alpha_{11} = \frac{0.48}{\lambda_{11} + 0.2} \tag{10-49}$$

顶部角桩

$$\gamma_0 N_l \leqslant \alpha_{12}(2c_2 + a_{12})\mathrm{tg}\frac{\theta_2}{2}f_t h_0 \tag{10-50}$$

$$\alpha_{12} = \frac{0.48}{\lambda_{12} + 0.2} \tag{10-51}$$

式中　λ_{11}、λ_{12}——角桩冲跨比，

$$\lambda_{11} = \frac{a_{11}}{h_0}，\lambda_{12} = \frac{a_{12}}{h_0}；$$

a_{11}、a_{12}——从承台底角桩内边缘向相邻承台边引 45°冲切线与承台顶面相交点至角桩内边缘的水平距离，当柱位于该 45°线以内时，则取柱边与桩内边级连线为冲切锥体的锥线。

（3）斜截面抗剪验算：抗剪承载力的验算截面为通过柱边（墙边）和桩边连线形成的

斜截面（图 10-11），验算公式为

$$\gamma_0 V \leqslant \beta f_c b_0 h_0 \qquad (10\text{-}52)$$

当 $0.3 \leqslant \lambda < 1.4$ 时 $\quad \beta = \dfrac{0.12}{\lambda + 0.3} \qquad (10\text{-}53)$

当 $1.4 \leqslant \lambda \leqslant 3.0$ 时 $\quad \beta = \dfrac{0.2}{\lambda + 1.5} \qquad (10\text{-}54)$

式中　　V——斜截面的最大剪力设计值；

f_c——混凝土轴心抗压强度设计值；

h_0——承台计算截面处的有效高度；

b_0——承台计算截面处的计算宽度；

λ——计算截面的剪跨比，$\lambda_x = \dfrac{\alpha_x}{h_0}$，

$\lambda_y = \dfrac{\alpha_y}{h_0}$，其中 a_x、a_y 为柱边（墙边）或承台变阶处至 x、y 方向一排桩的桩边的水平距离，当 $\lambda > 3$ 时，取 $\lambda = 3$。

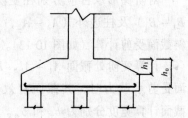

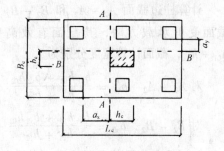

图 10-11　承台的斜截面抗剪验算

当柱边（墙边）外有多排桩形成多个剪切斜截面时，对每一个斜截面都应进行受剪承载力计算。

对于锥形承台应对Ⅰ—Ⅰ及Ⅱ—Ⅱ两个截面进行受剪承载力计算，其截面有效高度均为 h_0，截面的计算宽度（即折算宽度）分别取（图 10-12）：

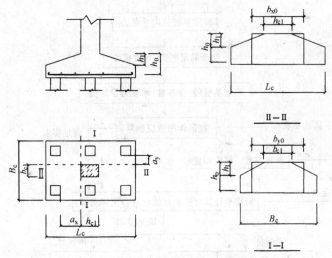

图 10-12　锥形承台受剪计算

Ⅰ—Ⅰ截面 $\qquad b_{y0} = \left[1 - 0.5 \dfrac{h_1}{h_0} \left(1 - \dfrac{b_{c1}}{B_c} \right) \right] B_c \qquad (10\text{-}55)$

对　Ⅱ—Ⅱ截面 $\qquad b_{x0} = \left[1 - 0.5 \dfrac{h_1}{h_0} \left(1 - \dfrac{b_{c1}}{L_c} L_c \right) \right] \qquad (10\text{-}56)$

然后分别用 b_{y0}、b_{x0} 代替式（10-52）中的 b_0 进行计算。

对阶梯形承台应分别在变阶处（$A_1 - A_1$，$B_1 - B_1$）及柱边外（$A_2 - A_2$，$B_2 - B_2$）进行斜截面受剪计算（如图 10-13）。

计算变阶处截面 $A_1 - A_1$，$B_1 - B_1$ 的斜截面受剪承载力时，其截面有效高度均为 h_{01}，截面计算宽度分别为 b_{y1} 和 b_{x1}。

计算柱边截面 $A_2 - A_2$ 和 $B_2 - B_2$ 处的斜截面受剪承载力时，其截面有效高度均为 $h_{01} + h_{02}$，截面计算宽度分别为

对 $A_2 - A_2$ $b_{y0} = \dfrac{b_{y1} h_{01} + b_{y2} h_{02}}{h_{01} + h_{02}}$ (10-57)

对 $B_2 - B_2$ $b_{x0} = \dfrac{b_{x1} h_{01} + b_{x2} h_{02}}{h_{01} + h_{02}}$ (10-58)

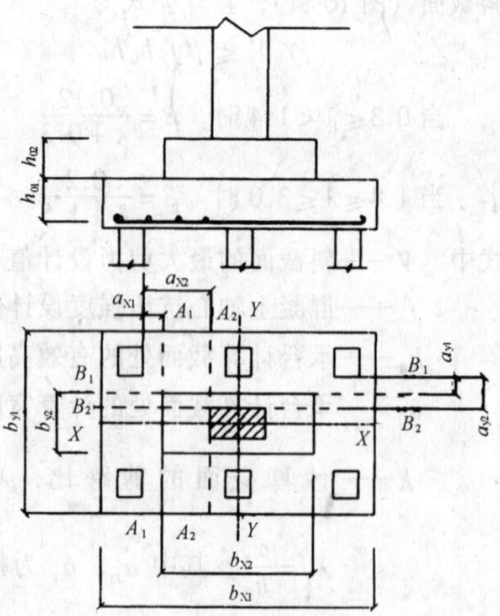

（4）承台的局部受压验算：当承台混凝土强度等级低于柱的强度等级时，应验算承台的局部受压承载力，验算方法可按《混凝土结构设计规范（GBJ10)》的规定进行。

桩基础设计框图见图 10-14。

图 10-13   阶形承台斜截面受剪计算

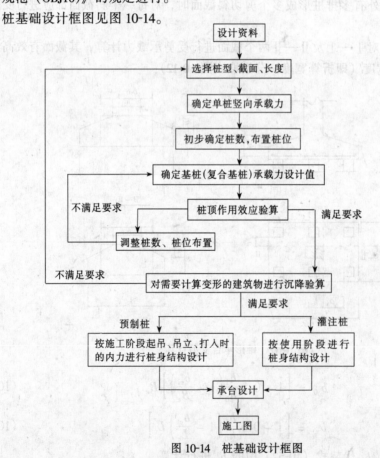

图 10-14   桩基础设计框图

302

10.3 桩基础设计实例

10.3.1 设计资料

1．上部结构资料

某教学实验楼，上部结构为七层框架，其框架主梁、次梁、楼板均为现浇整体式，混凝土强度等级 C30。底层层高 3.4m（局部 10m，内有 10t 桥式吊车），其余层高 3.3m，底层柱网平面布置及柱底荷载见图 10-15。

2．建筑物场地资料

拟建建筑场地位于市区内，地势平坦，建筑物平面位置见图 10-16。

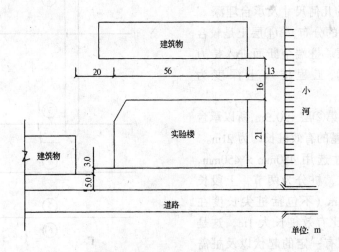

图 10-16　建筑物平面位置示意图

建筑场地位于非地震区，不考虑地震影响。

场地地下水类型为潜水，地下水位离地表 2.1m，根据已有分析资料，该场地地下水对混凝土无腐蚀性。

建筑地基的土层分布情况及各土层物理、力学指标见表 10-12。

地基各土层物理、力学指标　　　　　　　表 10-12

土层编号	土 层 名 称	层底埋深（m）	层厚（m）	γ (kN/m³)	e	w (%)	I_L	c (kPa)	φ (°)	E_s (MPa)	f_k (kPa)	P_s (MPa)
1	杂填土	1.8	1.8	17.5								
2	灰褐色粉质粘土	10.1	8.3	18.4	0.90	33	0.95	16.7	21.1	5.4	125	0.72
3	灰色淤泥质粉质粘土	22.1	12.0	17.8	1.06	34	1.10	14.2	18.6	3.8	95	0.86
4	黄褐色粉土夹粉质粘土	27.4	5.3*	19.1	0.88	30	0.70	18.4	23.3	11.5	140	3.44
5	灰-绿色粉质粘土	>27.4		19.7	0.72	26	0.46	36.5	26.8	8.6	210	2.82

10.3.2　选择桩型、桩端持力层、承台埋深

1. 选择桩型

因框架跨度大而且不均匀，柱底荷载大，不宜采用浅基础。

根据施工场地、地基条件以及场地周围的环境条件，选择桩基础。因钻孔灌注桩泥水排泄不便，为了减小对周围环境的污染，采用静压预制桩，这样可较好地保证桩身质量，并在较短施工工期完成沉桩任务，同时，当地的施工技术力量、施工设备及材料供应也为采用静压桩提供了可能性。

2. 选择桩的几何尺寸及承台埋深

依据地基土的分布，第④层土是较合适的桩端持力层。桩端全断面进入持力层 1.0m（$> 2d$），工程桩入土深度为 23.1m。

承台底进入第②层土 0.3m，所以承台埋深为 2.1m，桩基的有效桩长即为 21m。

桩截面尺寸选用 $450\text{mm} \times 450\text{mm}$，由施工设备要求，桩分为两节，上段长 11m，下段长 11m（不包括桩尖长度在内），实际桩长比有效桩长大 1m，这是考虑持力层可能有一定的起伏以及桩需嵌入承台一定长度而留有的余地。

桩基及土层分布示意图见图 10-17。

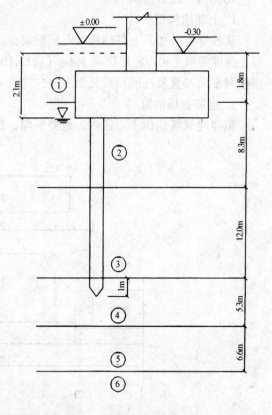

图 10-17　桩基及土层分布示意图

10.3.3　确定单桩极限承载力标准值

本设计属二级建筑桩基，采用经验参数法和静力触探法估算单桩极限承载力标准值。

根据单桥探头静力触探资料 p_s 按图 10-1 确定桩侧极限阻力标准值：

$p_\text{s} < 1000\text{kPa}$ 时，$q_\text{sk} = 0.05 p_\text{s}$

$p_\text{s} > 1000\text{kPa}$ 时，$q_\text{sk} = 0.025 p_\text{s} + 25$

桩端阻力的计算公式为

$$p'_\text{sk} = a_\text{p} p_\text{sk} = a_\text{p} \frac{1}{2}(p_\text{sk1} + \beta p_\text{sk2})$$

根据桩尖入土深度（$H = 23.1\text{m}$），由表 10-2 取桩端阻力修正系数 $a_\text{p} = 0.83$；p_sk1 为桩端全断面以上 8 倍桩径范围内的比贯入阻力平均值，计算时，由于桩尖进入持力层深度较浅，并考虑持力层可能的起伏，所以这里不计持力层土的 p_sk，p_sk2 为桩端全断面以下 4 倍桩径范围内的比贯入阻力平均值，故 $p_\text{sk1} = 860\text{kPa}$，$p_\text{sk2} = 3440\text{kPa}$；$\beta$ 为折减系数，因为 $p_\text{sk2}/p_\text{sk1} < 5$，取 $\beta = 1$。

依据静力触探比贯入阻力值和按土层及其物理指标查表法估算的极限桩侧，桩端阻力标准值列于表 10-13。

极限桩侧、桩端阻力标准值   表 10-13

层　　序		静力触探法		经验参数法	
		q_{sk} (kPa)	ap_{sk} (kPa)	q_{sk} (kPa)	q_{pk} (kPa)
②	粉质粘土	15 ($h \leqslant 6$) 36		35	
③	淤泥质粉质粘土	43		29	
④	粉质粘土	111	1784.5	55	2200

按静力触探法确定单桩竖向极限承载力标准值

$Q_{uk} = Q_{sk} + Q_{pk}$

$\quad = 4 \times 0.45 \times (15 \times 3.9 + 36 \times 4.1 + 43 \times 12 + 111 \times 1) + 0.45^2 \times 1784.5$

$\quad = 1500 + 361 = 1861 \text{kN}$

估算的单桩竖向承载力设计值（$\gamma_s = \gamma_p = 1.60$）

$$R_1 = \frac{Q_{sk}}{\gamma_s} + \frac{Q_{pk}}{\gamma_p} = \frac{1861}{1.6} = 1663 \text{kN}$$

按经验参数法确定单桩竖向极限承载力标准值

$Q_{uk} = Q_{sk} + Q_{pk}$

$\quad = 4 \times 0.45 \times (35 \times 8 + 29 \times 12 + 55$

$\qquad \times 1) + 0.45^2 \times 2200$

$\quad = 1229 + 446 = 1675 \text{kN}$

估算的单桩竖向承载力设计值（$\gamma_s = \gamma_p = 1.65$）

$$R_2 = \frac{1675}{1.65} = 1015 \text{kN}$$

最终按经验参数法计算单桩承载力设计值，采用 $R_2 = 1015 \text{kN}$，初步确定桩数。

10.3.4 确定桩数和承台底面尺寸

以下各项计算均以轴线⑦为例。

1. A 柱

最大轴力组合的荷载：$F_A = 4239 \text{kN}$，$M_{XA} = 100 \text{kN-m}$，$Q_{YA} = 52 \text{kN}$

初步估算桩数：

$$n \geqslant \frac{F}{R_2} \times 1.1 = \frac{4239}{1015} \times 1.1 = 4.6 (\text{根})$$

取 $n = 5$，桩距 $s_a \geqslant 3d = 1.35 \text{m}$。

桩位平面布置如图 10-18，承台底面

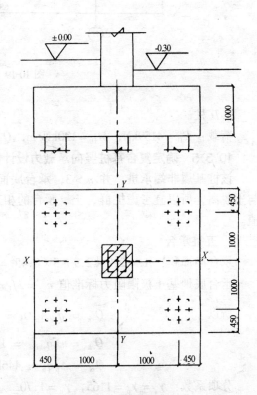

图 10-18　五桩桩基础

尺寸为 $2.9m \times 2.9m$。

2. B、C 柱

因两柱间距较小，荷载较大，故将此做成联合承台。

B 柱荷载：$F_B = 3338kN$，$M_B = 7kN \cdot m$，$Q_B = 11kN$

C 柱荷载：$F_C = 5444kN$，$M_C = 158kN \cdot m$，$Q_C = 42kN$

合力作用点距 C 轴线的距离

$$x = \frac{3338 \times 3}{3338 + 5444} = 1.15m \qquad 取\ x = 1.2m$$

桩数 $n \geqslant \frac{3338 \times 5444}{1015} \times 1.1 = 9.5$ （根）

取 $n = 10$，$s_a = 1.4m$，承台底尺寸为 $6.5m \times 2.3m$，桩位平面布置如图 10-19。

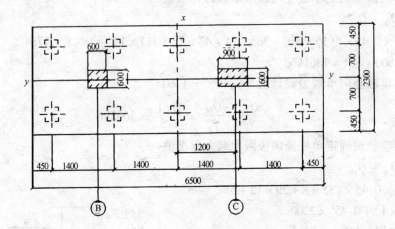

图 10-19　联合承台

3. D 柱

荷载：$F_D = 4159kN$，$M_D = 120kN \cdot m$，$Q_D = 38kN$，桩位布置同 A 柱。

10.3.5　确定复合基桩竖向承载力设计值

该桩基属非端承桩，并 $n > 3$，承台底面下并非欠固结土、新填土等，故承台底不会与土脱离，所以宜考虑桩群、土、承台的相互作用效应，按复合基桩计算竖向承载力设计值。

1. 五桩承台

承台净面积：$A_c = 2.9 \times 2.9 - 5 \times 0.45^2 = 7.4m^2$

承台底地基土极限阻力标准值 $q_{ck} = 2f_k = 2 \times 125 = 250kPa$

所以

$$Q_{ck} = q_{ck}A_c/n = \frac{250 \times 7.4}{5} = 370kN$$

$$Q_{sk} = u\Sigma q_{ski}l_i = 1229kN$$

$$Q_{pk} = A_p q_p = 446kN$$

分项系数：$\gamma_s = \gamma_p = 1.65$，$\gamma_c = 1.70$

因布桩不规则，所以

306

$$\frac{s_a}{d} = 0.886 \frac{\sqrt{A_e}}{\sqrt{nb}} = 0.886 \times \frac{\sqrt{2.9 \times 2.9}}{\sqrt{5} \times 0.45} = 2.55$$

$$\frac{B_c}{l} = \frac{2.9}{21} = 0.138$$

查表 10-6 得群桩效应系数 $\eta_s = 0.8$，$\eta_p = 1.64$

承台外区净面积 $A_c^e = 2.9 \times 2.9 - (2.9 - 0.45)(2.9 - 0.45) = 2.41\text{m}^2$

承台内区净面积 $A_c^i = A_c - A_c^e = 7.4 - 2.41 = 4.99\text{m}^2$

查表 10-7 得 $\eta_c^i = 0.11$，$\eta_c^e = 0.63$

$$\eta_c = \eta_c^i \frac{A_c^I}{A_c} + \eta_c^e \frac{A_c^e}{A_c} = 0.11 \times \frac{4.99}{7.4} + 0.63 \times \frac{2.41}{7.4} = 0.28$$

复合基桩竖向承载力设计值

$$R = \eta_s \frac{Q_{sk}}{\gamma_s} + \eta_p \frac{Q_{pk}}{\gamma_p} + \eta_c \frac{Q_{ck}}{\gamma_c}$$

$$= 0.8 \times \frac{1229}{1.65} + 1.64 \times \frac{446}{1.65} + 0.28 \times \frac{370}{1.70} = 1100\text{kN}$$

2. B 柱与 C 柱的联合承台

$$A_c = 6.5 \times 2.3 - 10 \times 0.45^2 = 12.93\text{m}^2$$

$$A_c^e = 6.5 \times 2.3 - (6.5 - 0.45)(2.3 - 0.45) = 3.76\text{m}^2$$

$$A_c^e = 12.93 - 3.76 = 9.17\text{m}^2$$

$$\frac{s_a}{d} = \frac{1.4}{0.45} = 3.1 \qquad \frac{B_c}{l} = \frac{2.3}{21} = 0.11$$

查表得 $\gamma_s = \gamma_p = 1.65$ $\gamma_c = 1.70$

$\eta_s = 0.81$ $\eta_p = 1.61$ $\eta_c^i = 0.11$ $\eta_c^e = 0.63$

$$\eta_c = 0.11 \times \frac{9.17}{12.93} + 0.63 \times \frac{3.76}{12.93} = 0.26$$

$$Q_{ck} = \frac{2 \times 125 \times 12.93}{10} = 323.25\text{kN}$$

所以 $R = 0.81 \times \frac{1229}{1.65} + 1.61 \times \frac{446}{1.65} + 0.26 \times \frac{323.25}{1.70} = 1088\text{kN}$

10.3.6 桩顶作用效应验算

1. 五桩承台

（1）荷载取 A 柱 N_{max} 组合：$F = 4239\text{kN}$ $M = 100\text{kN·m}$ $Q = 52\text{kN}$

设承台高度 $H = 1.0\text{m}$（等厚），荷载作用于承台顶面处。

本工程安全等级为二级，建筑物重要性系数 $\gamma_0 = 1.0$。

因该柱为边柱，故承台埋深 $d = \frac{1}{2}(2.4 + 2.1) = 2.25\text{m}$。

作用在承台底形心处的竖向力

$$F + G = 4239 + 20 \times 2.9 \times 2.9 \times 2.25 \times 1.2 = 4239 + 454 = 4693\text{kN}$$

作用在承台底形心处的弯矩：

$$\Sigma M = 100 + 52 \times 1 = 152\text{kN - m}$$

桩顶受力

$$N_{max} = \frac{F + G}{n} + \frac{\Sigma M \cdot y_{max}}{\Sigma y_i^2} = \frac{4693}{5} + \frac{152 \times 1.0}{4 \times 1.0^2} = 938.6 + 38 = 976.6kN$$

$$N_{min} = 938.6 - 38 = 900.6kN$$

$$\overline{N} = \frac{F + G}{n} = 938.6kN$$

$$\gamma_0 N_{max} = 976.6kN < 1.2R$$

$$\gamma_0 \overline{N} = 938.6kN < R = 1100kN$$

$$\gamma_0 N_{min} > 0$$

（2）荷载取 D 柱 M_{max} 组合： $F = 4071kN$ $M = 324kN\text{-}m$ $Q = 79kN$

$$F + G = 4071 + 454 = 4525kN$$

$$\Sigma M = 324 + 79 \times 1 = 403kN\text{-}m$$

$$\gamma_0 N_{max} = \frac{4525}{5} + \frac{403 \times 1.0}{4 \times 1.0^2} = 905 + 101 = 1006kN < 1.2R$$

$$\gamma_0 \overline{N} = 905kN < R$$

$$N_{min} = 905 - 101 = 804kN > 0 \qquad \text{满足要求}$$

2. 联合承台

（1）荷载取 N_{max} 组合

B 柱： $F = 3338kN$ $M = 7kN\text{-}m$ $Q = 11kN$

C 柱： $F = 5444kN$ $M = 158kN\text{-}m$ $Q = 42kN$

承台厚度 $H = 1.0m$ ，埋深 $d = 2.4m$。

$$F + G = 3338 + 5444 + 20 \times 6.5 \times 2.3 \times 2.4 \times 1.2 = 8782 + 861 = 9643kN$$

$$\Sigma M = 7 + 158 + （11 + 42）\times 1.0 = 211kN\text{-}m$$

$$\Sigma y_i^2 = 4 （2.8^2 + 1.4^2）= 39.2m^2$$

$$\gamma_0 N_{max} = \frac{9643}{10} + \frac{211 \times 2.8}{39.2} = 964.3 + 15.1 = 979.4kN < 1.2R$$

$$\gamma_0 \overline{N} = 964.3kN < R = 1088kN$$

$$\gamma_0 N_{min} = 964.3 - 15.1 = 949.2kN > 0 \qquad \text{满足要求}$$

（2）荷载取 M_{max} 组合

B 柱 $F = 3008kN$ $M = 114kN \cdot m$ $Q = 58kN$

C 柱 $F = 5033kN$ $M = 479kN \cdot m$ $Q = 107kN$

$$F + G = 3008 + 5003 + 861 = 8902kN$$

$$\Sigma M = 114 + 497 + （58 + 107）\times 1.0 = 758kN \cdot m$$

$$\gamma_0 N_{max} = \frac{890.2}{10} + \frac{758 \times 2.8}{39.2} = 890.2 + 54.1 = 944.3kN < 1.2R$$

$$\gamma_0 \overline{N} = 890.2kN < R = 1088kN$$

$$\gamma_0 N_{min} = 890.2 - 54.1 = 836.1kN > 0 \qquad \text{满足要求}$$

10.3.7 桩基础沉降计算

采用长期效应组合的荷载标准值进行桩基础沉降计算。

因本桩基础的桩中心距小于 $6d$，可采用等效作用分层总和法计算最终沉降量。

1. A 柱

竖向荷载标准值 $F = 3261\text{kN}$

基底压力 $p = \dfrac{F + G}{A} = \dfrac{3261 + 454}{2.9 \times 2.9} = 441.7\text{kPa}$

基底附加压力 $p_0 = p - \overline{\gamma}_0 d = 441.7 - \dfrac{17.5 \times 1.8 + 18.4 \times 0.3}{2.1} = 404.7\text{kPa}$

桩端平面下土的自重应力 σ_c 和附加应力 σ_z（$\sigma_z = 4\alpha' p_0$）计算结果见表 10-14。

σ_c, σ_z 的计算结果（五桩桩基础）　　　　表 10-14

z (m)	σ_c (kPa)	l/b	$2z/b$	α_i'	σ_z (kPa)
0	206.9	1	0	0.250	404.7
4.3	246.0	1	3.0	0.045	7.28
5.5	257.7	1	3.8	0.030	48.6

在 $z = 5.5\text{m}$ 处，$\sigma_z/\sigma_c = 48.6/257.1 = 0.19 < 0.2$，本基础取 $z_n = 5.5\text{m}$。计算沉降量 s' 的计算结果见表 10-15。

计算沉降量（五桩桩基础）　　　　表 10-15

z (mm)	l/b	$2z/b$	α_i	$\alpha_i z_i$ (mm)	$\alpha_i z_i - \alpha_{i-1} z_{i-1}$ (mm)	E_{si} (kPa)	$\Delta S_i = 4\dfrac{p_0}{E_{si}}(\alpha_i z_i - \alpha_{i-1} z_{i-1})$
0	1	0	0.2500	0			
4300	1	3.0	0.1369	588.7	588.7	11500	82.3
5500	1	3.8	0.1158	636.9	48.2	8600	9.0

$$s' = 82.3 + 9.0 = 91.3\text{mm}$$

桩基础持力层土性能良好，取沉降经验系数 $\psi = 1.0$。

短边方向桩数 $n_b = \sqrt{nB_c/L_c} = \sqrt{5} = 2.24$，由等效距径比 $s_a/d = 2.55$，长径比 $l/d = 21/0.45 = 46.7$，承台长宽比 $L_c/B_c = 1.0$，查表得：$c_0 = 0.039$，$c_1 = 1.755$，$c_2 = 14.256$，所以桩基础等效沉降系数为：

$$\psi_e = c_0 + \dfrac{n_b - 1}{c_1(n_b - 1) + c_2} = 0.039 + \dfrac{2.24 - 1}{1.755 \times (2.24 - 1) + 14.256} = 0.114$$

故五桩桩基础最终沉降量 $s = \psi\psi_e s' = 1.0 \times 0.114 \times 91.3 = 10.4\text{mm}$，能满足设计要求。

2. 联合承台

荷载：$F_B = 2568\text{kN}$ 　　 $F_C = 4188\text{kN}$

$$p_0 = \dfrac{2568 + 4188}{6.5 \times 2.3} - (17.5 \times 1.8 + 18.7 \times 0.3) = 509.5 - 37.11 = 472.4\text{kPa}$$

$B_c = 2.3\text{m}$，$L_c = 6.5\text{m}$，自重应力和附加应力计算见表 10-16。

z (m)	σ_c (kPa)	l/b	$2z/b$	α_i'	σ_z (kPa)
0	206.9	2.8	0	0.250	472.4
4.3	246.0	2.8	3.7	0.064	120.9
5.5	257.7	2.8	4.8	0.044	83.1
7.5	277.1	2.8	6.5	0.027	51.0

取 $z_n = 7.5\text{m}$，在该处 $\sigma_z/\sigma_c = 51.0/277.1 = 0.18 < 0.2$。计算沉降量的计算结果见表 10-17。

计算沉降量（联合桩基础）　　　表 10-17

z (mm)	l/b	$2z/b$	α_i	$\alpha_i z_i$ (mm)	$\alpha_i z_i - \alpha_{i-1} z_{i-1}$ (mm)	E_{si} (kPa)	$\Delta s_i' = 4\dfrac{p_0}{E_{si}}(\alpha_i z_i - \alpha_{i-1} z_{i-1})$
0	2.8	0	0.2500	0			
4300	2.8	3.7	0.1505	647.2	647.2	11500	106.3
7500	2.8	6.5	0.1039	779.3	132.1	8600	29.0

$$s' = 106.3 + 29.0 = 135.3\text{mm}$$

$$n_b = 2,\quad s_a/d = 1.4/0.45 = 3.1,\quad l/d = 46.7,\quad L_c/B_c = 2.8$$

查表得 $C_0 = 0.096$，$C_1 = 1.768$，$C_2 = 8.745$，故

$$\psi_e = 0.096 + \frac{2-1}{1.768 \times (2-1) + 8.745} = 0.191$$

$$\psi = 1.0$$

$$s = 1.0 \times 0.19 \times 135.3 = 25.8\text{mm}\qquad 满足要求$$

两桩基础的沉降差 $\quad \Delta = 25.8 - 10.4 = 15.4\text{m}$

两桩基础的中心距离 $\quad l_0 = 7800\text{mm}$

变形容许值 $[\Delta] = 0.002 l_0 = 15.6\text{mm} > \Delta = 15.4\text{mm}\qquad 满足设计要求$

10.3.8　桩身结构设计计算

两段桩长各 11m，采用单点吊立的强度计算进行桩身配筋设计。吊点位置在距桩顶、桩端平面 $0.293L$（$L = 11\text{m}$）处，起吊时桩身最大正负弯矩 $M_{\max} = 0.0429 K q L^2$，其中，$K = 1.3$；$q = 0.45^2 \times 25 \times 1.2 = 6.075\text{kN/m}$，为每延长米桩的自重（1.2 为恒荷载分项系数）。桩身长采用混凝土强度等级 C30，Ⅱ级钢筋，故

$$M_{\max} = 0.0429 \times 1.3 \times 6.075 \times 11^2 = 41.0\text{kN·m}$$

桩身截面有效高度 $h_0 = 0.45 - 0.04 = 0.41\text{m}$

$$\alpha_s = \frac{M}{f_{cm} b h_0^2} = \frac{41.0 \times 10^6}{16.5 \times 450 \times 410^2} = 0.033$$

查《混凝土结构设计规范》（GBJ10—89）附表 3 得 $\gamma_s = 0.98$，桩身受拉主筋配筋量

$$A_s = \frac{M}{\gamma_s f_y h_0} = \frac{41.0 \times 10^6}{0.98 \times 310 \times 410} = 329.2\text{mm}^2$$

选用2Φ18，因此整个截面的主筋为4Φ18（$A_s = 1017mm^2$），其配筋率 $\rho = \dfrac{1017}{450 \times 410} =$

$0.55\% > \rho_{min} = 0.4\%$。其他构造钢筋见施工图。

桩身强度　$\varphi\left(\psi_c f_c A + f_y A_s\right) = 1.0 \times\left(1.0 \times 15 \times 450 \times 410 + 310 \times 1017\right)$

$$= 3352.8kN > R \qquad 满足要求$$

10.3.9　承台设计计算

承台混凝土强度等级采用C20。

1. 五桩承台

由单桩受力可知，桩顶最大反力 $N_{max} = 1006kN$，平均反力 $\overline{N} = 938.6kN$，故桩顶的净反力为

$$N_{jmax} = N_{max} - \frac{G}{n} = 1006 - \frac{454}{5} = 915.2kN$$

$$\overline{N_j} = \overline{N} - \frac{G}{n} = 938.6 - \frac{454}{5} = 847.8kN$$

（1）柱对承台的冲切：由图 10-20，
$a_{0x} = a_{0y} = 475mm$。承台厚度 $H = 1.0m$，计
算截面处的有效高度

$h_0 = 1.0 - 0.08 = 0.92m$，（承台底主筋
的保护层厚度取 7cm）。

冲跨比　$\lambda_{0x} = \lambda_{0y} = \dfrac{a_{0x}}{h_0} = \dfrac{475}{920} = 0.516$

冲切系数　$\alpha_{0x} = \alpha_{0y} = \dfrac{0.72}{\lambda_{0x} + 0.2}$

$$= \dfrac{0.72}{0.516 + 0.2} = 1.006$$

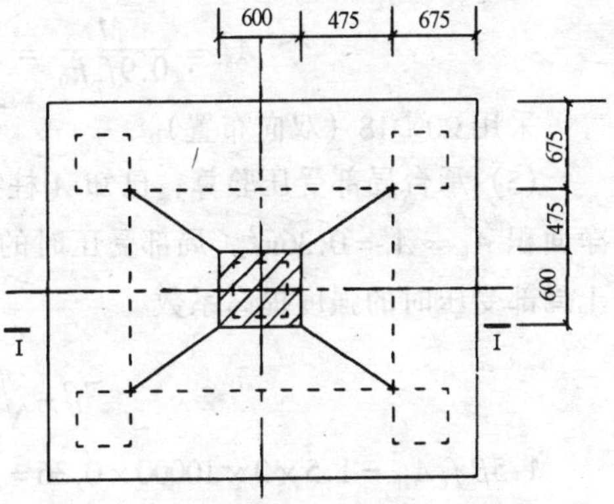

图 10-20　五桩承台结构计算简图

A 柱截面尺寸 $b_c \times a_c = 600mm \times 600mm$。
混凝土的抗拉强度设计值 $f_t = 1100kPa$。

冲切力设计值　$F_l = F - \Sigma Q_i = 4239 - 847.8 = 3391.2kN$

$$u_m = 4 \times\left(600 + 475\right) = 4300mm = 4.3m$$

由式（10-42）　$\alpha f_t u_m h_0 = 1.006 \times 1100 \times 4.3 \times 0.92$

$$= 4378kN > \gamma_0 F_l = 3391.2kN \qquad 满足要求$$

（2）角桩对承台的冲切：由图 10-20，$a_{1x} = a_{1y} = 475mm$，$c_1 = c_2 = 675mm$，

角桩冲跨比　$\lambda_{1x} = \lambda_{1y} = \dfrac{a_{1x}}{h_0} = \dfrac{475}{920} = 0.516$

角桩冲切系数　$\alpha_{1x} = \alpha_{1y} = \dfrac{0.48}{\lambda_{1x} + 0.2} = \dfrac{0.48}{0.516 + 0.2} = 0.670$

由式（10-46），$\left[\alpha_{1x}\left(c_2 + \dfrac{a_{1y}}{2}\right) + a_{1y}\left(c_1 + \dfrac{a_{1x}}{2}\right)\right] f_t h_0$

$$= 2 \times 0.67 \times\left(0.675 + \frac{0.475}{2}\right) \times 1100 \times 0.92$$

$$= 1237.4 \text{kN} > \gamma_0 N_{j\text{max}} = 915.2 \text{kN} \qquad \text{满足要求}$$

（3）斜截面抗剪验算：计算截面为Ⅰ—Ⅰ，截面有效高度 $h_0 = 0.92 \text{m}$，截面的计算宽度 $b_0 = 2.9 \text{m}$，混凝土的轴心抗压强度 $f_c = 10000 \text{kPa}$，该计算截面上的最大剪力设计值 $V = 2N_{j\text{max}} = 2 \times 915.2 = 1830.4 \text{kN}$。

由图 10-19，$a_x = a_y = 475 \text{mm}$

剪跨比 $\quad \lambda_x = \lambda_y = \dfrac{a_x}{h_0} = \dfrac{0.475}{0.92} = 0.516$

剪切系数 $\quad \beta = \dfrac{0.12}{\lambda_x + 0.3} = \dfrac{0.12}{0.516 + 0.3} = 0.147$

由式（10-52） $\quad \beta f_c b_0 h_0 = 0.147 \times 10000 \times 2.9 \times 0.92 = 3922 \text{kN} > \gamma_0 V \qquad \text{满足要求}$

（4）受弯计算：由图 10-20，承台Ⅰ—Ⅰ截面处最大弯矩为

$$M = 2N_{j\text{max}} y = 1830.4 \times 0.7 = 1281.3 \text{kN·m}。$$

混凝土弯曲抗压强度设计值 $f_{cm} = 11 \times 10^3 \text{kPa}$，Ⅱ级钢 $f_y = 310 \text{N/mm}^2$，故

$$A_s = \frac{M}{0.9 f_y h_0} = \frac{1281.3 \times 10^6}{0.9 \times 310 \times 920} = 4992 \text{mm}^2$$

采用 20⌀18（双向布置）。

（5）承台局部受压验算：已知 A 柱截面面积 $A_t = 0.6 \times 0.6 = 0.36 \text{m}^2$，混凝土局部受压净面积 $A_{ln} = A_t = 0.36 \text{m}^2$，局部受压时的计算底面积 $A_b = 3 \times 0.6 \times 3 \times 0.6 = 3.24 \text{m}^2$，混凝土局部受压时的强度提高系数

$$\beta = \sqrt{\frac{A_b}{A_t}} = \sqrt{\frac{3.24}{0.36}} = 3$$

$1.5 \beta f_c A_{ln} = 1.5 \times 3 \times 10000 \times 0.36 = 16200 \text{kN} > F_A = 4239 \text{kN} \qquad \text{满足要求}$

2. 联合承台

C 柱截面尺寸 $900 \times 600 \text{mm}^2$，B 柱截面尺寸 $600 \times 600 \text{mm}^2$。

（1）柱对承台的冲切

1）按图 10-21，对每个柱分别进行冲切验算。

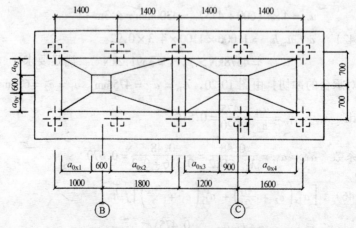

图 10-21 两柱脚下的冲切破坏锥体

对 B 柱：$h_c = b_c = 0.6\text{m}$

$a_{0x1} = 1.0 - 0.3 - 0.225 = 0.475\text{m}$

$a_{0x2} = 1.8 - 0.3 - 0.225 = 1.275\text{m} > h_0$ 取 $a_{0x2} = 0.92\text{m}$

$a_{0y} = 0.7 - 0.3 - 0.225 = 0.175\text{m}$

$F_l = F_B = 3338\text{kN}$

冲跨比 $\lambda_{0x1} = \dfrac{a_{0x1}}{h_0} = \dfrac{0.475}{0.92} = 0.516$

$\lambda_{0x2} = \dfrac{a_{0x2}}{h_0} = \dfrac{0.92}{0.92} = 1.0$

$\lambda_{0y} = \dfrac{a_{0x}}{h_0} = \dfrac{0.175}{0.92} = 0.19 < 0.2$ 取 $\lambda_{0y} = 0.2$

冲切系数 $\alpha_{0x1} = \dfrac{0.72}{0.516 + 0.2} = 1.006$

$\alpha_{0x2} = \dfrac{0.72}{1.0 + 0.2} = 0.6$

$\alpha_{0y} = \dfrac{0.72}{0.2 + 0.4} = 1.8$

所以 $[\alpha_{0x1}(a_{0y} + b_c) + \alpha_{0x2}(a_{0y} + b_c) + \alpha_{0y}(2h_c + a_{0x1} + a_{0x2})]f_t h_0$

$= [1.006 \times (0.175 + 0.6) + 0.6 \times (0.175 + 0.6) + 1.8 \times (2 \times 0.6 + 0.475 + 0.92)]$

$\times 1100 \times 0.92$

$= 5987\text{kN} > \gamma_0 F_l = 3338\text{kN}$

对 C 柱：$b_c = 0.6\text{m}$ $h_c = 0.9\text{m}$

$a_{0x3} = 1.2 - 0.225 - 0.45 = 0.525\text{m}$

$a_{0x4} = 1.6 - 0.225 - 0.45 = 0.925\text{m} > 0.92\text{m}$ 取 $a_{0x4} = 0.92\text{m}$

$a_{0y} = 0.175\text{m}$

$F_l = F_C = 5444\text{kN}$

冲跨比 $\lambda_{0x3} = \dfrac{0.525}{0.92} = 0.571$ $\lambda_{0x4} = 1.0$

$\lambda_{0y} = \dfrac{0.175}{0.92} = 0.19 < 0.2$ 取 $\lambda_{0y} = 0.2$

冲切系数 $\alpha_{0x3} = \dfrac{0.72}{0.571 + 0.2} = 0.934$ $\alpha_{0x4} = 0.6$

$\alpha_{0y} = 1.8$

所以 $[a_{0x3}(b_c + a_{0y}) + \alpha_{0x4}(b_c + a_{0y}) + \alpha_{0y}(2h_c + a_{0x3} + a_{0x4})]f_t h_0$

$= [0.934(0.6 + 0.175) + 0.6 \times (0.6 + 0.175) + 1.8 \times (2 \times 0.9 + 0.525 + 0.92)]$

$\times 1100 \times 0.92$

$= 7114\text{kN} > \gamma_0 F_l = 5444\text{kN}$ 满足要求

2）对双柱联合的承台，除应考虑在每个柱脚下的冲切破坏锥体外，尚应按图 10-22 考虑在两个柱脚的公共周边下的冲切破坏情况。

由图 10-22 知，$h_c = 0.3 + 0.45 + 3.0 = 3.75\text{m}$

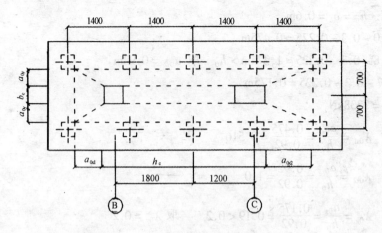

图 10-22 双柱下公共周边的冲切破坏锥坏

$$b_c = 0.6\text{m}$$

$$a_{0x1} = 0.475\text{m}$$

$$a_{0x2} = 0.925\text{m} > 0.92\text{m} \quad 取\ a_{0x2} = 0.92\text{m}$$

$$a_{0y} = 0.175\text{m}$$

冲切力　　$F_l = F_B + F_C = 3338 + 5444 = 8782\text{kN}$

冲跨比　　$\lambda_{0x1} = 0.516 \qquad \lambda_{0x2} = 1.0 \qquad \lambda_{0y} = 0.2$

冲切系数：$\alpha_{0x1} = 1.006 \qquad \alpha_{0x2} = 0.6 \qquad \alpha_{0y} = 1.8$

所以　　$[\alpha_{0x1}\ (b_c + a_{0y}) + \alpha_{0x2}\ (b_c + a_{0y}) + \alpha_{0y}\ (2h_c + a_{0x1} + a_{0x2})]f_t h_0$

$= [1.006 \times\ (0.6 + 0.175) + 0.6 \times\ (0.6 + 0.175) + 1.8 \times\ (2 \times 3.75 + 0.475 +$

$0.92)] \times 1100 \times 0.92$

$= 17463\text{kN} > \gamma_0 F_l = 8782\text{kN} \qquad 满足要求$

（2）角桩对承台的冲切（图 10-23）

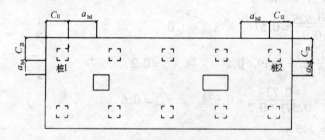

图 10-23 双柱下的角柱冲切

冲切力　　$F_l = N_{j\max} = N_{\max} - \dfrac{G}{n} = 979.4 - \dfrac{861}{10} = 893.3\text{kN}$

对桩 1

$$a_{1x1} = 0.475\text{m} \qquad a_{1y1} = 0.175\text{m} \qquad c_{11} = c_{21} = 0.45 + \frac{1}{2} \times 0.45 = 0.675\text{m}$$

314

冲跨比　$\lambda_{1x} = \dfrac{a_{1xl}}{h_0} = 0.516$

$\lambda_{1y} = \dfrac{a_{1yl}}{h_0} = 0.19 < 0.2$　　取 $\lambda_{1y} = 0.2$

冲切系数　$\alpha_x = \dfrac{0.48}{\lambda_{1x} + 0.2} = 0.670$　　$\alpha_{1y} = 1.2$

所以　　$\left[\alpha_{1x} \left(c_{21} + \dfrac{1}{2} \alpha_{1yl} \right) + \alpha_{1y} \left(c_{11} + \alpha_{1xl} \right) \right] f_t h_0$

$= \left[0.67 \times \left(0.675 + \dfrac{1}{2} \times 0.175 \right) + 1.2 \times \left(0.675 + \dfrac{1}{2} \times 0.475 \right) \right] \times 1100 \times 0.92$

$= 1625.1 \text{kN} > \gamma_0 F_l = 893.3 \text{kN}$

对桩 2

$a_{x2} = 0.925 \text{m} > 0.92 \text{m}$　　取 $a_{1x2} = 0.92 \text{m}$

$a_{1y} = 0.175 \text{m}$

$c_{12} = c_{22} = 0.675 \text{m}$

冲跨比　$\lambda_{1x} = 1.0$　　　$\lambda_{1y} = 0.2$

冲切系数　$\alpha_{1x} = 0.4$　　　$\alpha_{1y} = 1.2$

$\left[\alpha_{1x} \left(c_{22} + \dfrac{1}{2} a_{1y2} \right) + \alpha_{1y} \left(c_{12} + \dfrac{1}{2} a_{1x2} \right) \right] f_t h_0$

$= \left[0.4 \times \left(0.675 + \dfrac{1}{2} \times 0.175 \right) + 1.2 \times \left(0.675 + 0.92 \right) \right] \times 1100 \times 0.92$

$= 1687.0 \text{kN} > \gamma_0 F_l = 893.3 \text{kN}$　　满足要求

(3) 斜截面抗剪验算：将承台沿长向视作一静定梁，其上作用柱荷载和桩净反力，梁的剪力值见图 10-24 (c)、(d)，可知柱边最不利截面为 Ⅰ—Ⅰ 和 Ⅰ′—Ⅰ′，另一方向的不利截面为 Ⅱ—Ⅱ [图 10-24 (a)]。

对 Ⅰ—Ⅰ 截面

剪力　$V = 2 N_{j\max} = 1786.6 \text{kN}$

　　　$\alpha_{2xl} = 0.925 \text{m}$

剪跨比　$\lambda_{2x} = \dfrac{a_{2xl}}{h_0} = \dfrac{0.925}{0.92} = 1.005$　$\begin{array}{l} < 1.4 \\ > 0.3 \end{array}$

剪切系数　$\beta_x = \dfrac{0.12}{\lambda_{2x} + 0.3} = \dfrac{0.12}{1.005 + 0.3} = 0.09$

所以，$\beta f_c b_0 h_0 = 0.09 \times 10 \times 10^3 \times 2.3 \times 0.92 = 1904 \text{kN}$　　$> \gamma_0 V = 1786.6 \text{kN}$

对 Ⅰ′—Ⅰ′ 截面

剪力　$V = 1976.5 \text{kN}$

　　　$a_{2x\text{Ⅰ}'} = 1.2 - 0.225 - 0.45 = 0.525 \text{m}$

剪跨比　$\lambda_{2x} = \dfrac{0.525}{0.92} = 0.571$

剪切系数　$\beta_x = \dfrac{0.12}{0.571 + 0.3} = 0.138$

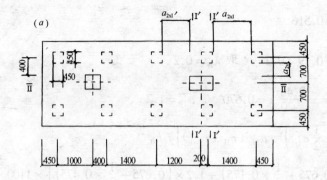

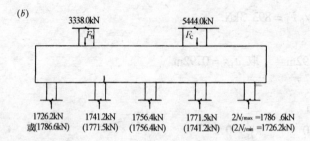

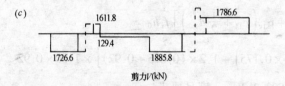

剪力V(kN)

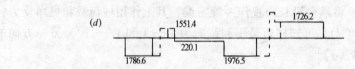

剪力V(kN)(采用(b)中括号内桩顶净反力时)

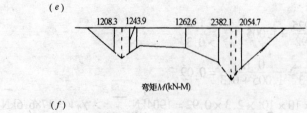

弯矩M(kN-M)

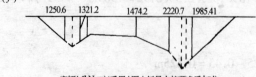

弯矩M(kN-m)(采用b图中括号内桩顶净反力时)

图 10-24 双柱承台的剪力，弯矩计算示意图

$$\beta f_c b_0 h_0 = 0.138 \times 10 \times 10^3 \times 2.3 \times 0.92 = 2920.1 \text{kN} > \gamma_0 V$$

对 Ⅱ—Ⅱ 截面

剪力　$V = 5\overline{N}_j = 5 \times \left(\overline{N} - \dfrac{G}{n}\right) = 5 \times \left(964.3 - \dfrac{86.1}{10}\right) = 4391 \text{kN}$

$a_{2y} = 0.175 \text{m}$

剪跨比　$\lambda_{2y} = \dfrac{0.175}{0.92} = 0.19 < 0.3$　　取 $\lambda_{2y} = 0.3$

剪切系数　$\beta_y = \dfrac{0.12}{0.3 + 0.3} = 0.2$

所以，$\beta f_c b_0 h_0 = 0.2 \times 10 \times 10^3 \times 6.5 \times 0.92 = 11960 \text{kN} > \gamma_0 V$

故抗剪强度能满足要求，不需配箍筋。

(4) 受弯计算：配置长向钢筋取图 10-24（e）中截面 Ⅰ′—Ⅰ′ 处的弯矩值，$M_{\text{I}'} = 2382.1 \text{kN·m}$

$$A_s = \frac{M_{\text{I}'}}{0.9 h_0 f_y} = \frac{2382.1 \times 10^6}{0.9 \times 930 \times 310} = 9180.6 \text{mm}^2$$

选用 19$\oplus$25（$A_s = 9327.1 \text{mm}^2$）

配置短向钢筋取用 Ⅱ—Ⅱ 处截面的弯矩。

$$M_{\text{II}} = 5\overline{N}_j \times 0.4 = 5 \times 1756.4 \times 0.4 = 3512.8 \text{kN·m}$$

$$A_s = \frac{M_{\text{II}}}{0.9 f_y (h_0 - d)} = \frac{3512 \times 10^6}{0.9 \times 310 \times (930 - 25)} = 13912.4 \text{mm}^2$$

选用 45$\oplus$20（$A_s = 14139.0 \text{mm}^2$）

(5) 承台局部受压验算

对 B 柱　$A_{1n} = A_t = 0.36 \text{m}^2$　$A_b = 3.24 \text{m}^2$　$\beta = 3$

$1.5 \beta f_c A_{1n} = 16200 \text{kN} > F_B = 3338 \text{kN}$

对 C 柱：$A_{1n} = A_t = 0.9 \times 0.6 = 0.54 \text{m}^2$

$A_b = 3 \times 0.9 \times 3 \times 0.6 = 4.86 \text{m}^2$

$$\beta = \sqrt{\frac{A_b}{A_t}} = \sqrt{\frac{4.86}{0.54}} = 3$$

$1.5 \beta f_c A_{1n} = 16200 \text{kN} > F_c = 5444 \text{kN}$

其他桩基础的计算从略。

连系梁 LL 尺寸取 600mm × 400mm，计算从略。

桩基施工图见图 10-25、10-26。图 10-25 为桩的构造及平台；10-26 为桩位平面布置图。

本课程设计的使用说明：

学生在做本桩基础课程设计时，可以根据所给的荷载采用其他桩型或选择不同的桩长、桩径进行桩位布置，然后按自己的设计方案选择 2～3 个柱下桩基进行计算；也可按本课程设计选择其他（2～3 个）桩位组成不同的选题组合，供学生使用。

10.4 思 考 题

1. 什么情况下可以采用桩基础?
2. 桩基础设计时应具备哪些资料?
3. 简述桩基础设计的基本原则和主要内容。
4. 如何选择桩型、桩长、桩径?
5. 单桩竖向承载力如何确定?
6. 桩位布置时应符合哪些要求?
7. 试述单桩、基桩、复合基桩的区别?
8. 在计算桩的竖向承载力设计值时,什么情况下宜考虑群桩效应?
9. 在计算桩的竖向承载力设计值时,什么情况下不考虑承台效应?
10. 桩基础沉降计算与浅基础沉降计算有何不同?
11. 在哪些情况下,应验算桩基础沉降?
12. 在哪些情况下应进行群桩基础软弱下卧层验算?
13. 当软弱下卧层承载力验算满足要求时是否可以不进行桩基础沉降验算?
14. 钢筋混凝土预制桩桩身强度如何确定?
15. 承台的设计有哪些内容?
16. 如何进行承台冲切验算?
17. 承台剪切破坏面如何确定?
18. 桩与承台连接的构造要求是什么?

10.5 成绩评定标准

课程设计的成绩由平时成绩和评阅成绩两部分组成,按优、良、中、及格、不及格五个等级进行评定:

课程设计成绩可按下列标准进行评定:

1. 优

(1) 能熟练地综合运用所学知识,全面完成设计任务;

(2) 设计计算正确,数据可靠;

(3) 图面质量完美,能很好地表达设计意图;

(4) 计算书表达清楚,文理通顺,书写工整。

2. 良

(1) 能综合运用所学知识,全面完成设计任务;

(2) 设计计算基本正确;

(3) 图面质量整洁,能很好地表达设计意图;

(4) 计算书表达清楚,文理通顺,书写工整,仅个别之处不够完全确切。

3. 中

(1) 能运用所学知识,按期完成设计任务;

(2) 能基本掌握设计计算方法；

(3) 图面质量一般，能较好表达设计意图；

(4) 计算书表达尚可，有少数不够确切之处。

4. 及格

(1) 尚能运用所学知识，按期完成设计任务；

(2) 设计无原则性错误，计算无重大错误；

(3) 图面质量不够完整，能一般表达设计意图；

(4) 计算书表达一般，有少数错误之处。

5. 不及格

(1) 运用所学知识能力差，不能按期完成设计任务；

(2) 设计计算中有严重错误；

(3) 图面不整洁，表达不清楚；

(4) 计算书不完整，且有不少错误之处。